STARTKLAR

Prüfe dein Vorwissen und starte erfolgreich ins Kapitel! Die STARTKLAR-Seite bereitet dich gezielt auf die Inhalte des Kapitels vor.

WIEDERHOLEN

Hast du einige Startklar-Aufgaben nicht auf Anhieb verstanden? Hier kannst du nochmal gezielt nachschlagen und dein Vorwissen auffrischen.

PROJEKT

Entdecke die Mathematik in spannenden Anwendungen. Auf den PROJEKT-Seiten lernst du, wie du mathematische Probleme lösen und deine Ergebnisse präsentieren kannst.

BLEIB FIT

Mathematik ist wie Sport – Übung macht den Meister! Auf den Seiten „BLEIB FIT" kannst du gezielt an deinen grundlegenden Fähigkeiten arbeiten und Inhalte aus früheren Kapiteln wiederholen.

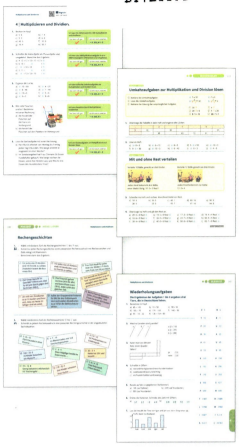

ZUSAMMENFASSUNG

Die ZUSAMMENFASSUNG gibt dir einen Überblick über die neuen Themen des Kapitels. Hier findest du die wichtigsten Merksätze und Beispiele auf einen Blick.

TRAINER

Bereite dich perfekt auf deine nächste Prüfung vor! Mit dem TRAINER kannst du dein Wissen zu allen Themen des Kapitels festigen und vertiefen. Die Lösungen zu den Aufgaben findest du am Ende des Buches.

ABSCHLUSSAUFGABE

Beweise dein Können in der praxisnahen ABSCHLUSSAUFGABE am Ende des Kapitels. Zeig, was du drauf hast und überprüfe deine Ergebnisse am Ende des Buches.

westermann

Herausgegeben von
Tim Baumert
Dr. Elke Mages
Peter Welzel

ERLEBNIS
Mathematik

5

Herausgegeben und bearbeitet von

Tim Baumert, Volker Eisenmann, Cornelia Friedrich, R.-Michael Kienast, Nicole Krebber,
Dr. Elke Mages, Ludwig Mayer, Michael Siegbert, Peter Welzel

Mit Beiträgen von

Kerstin Cohrs-Streloke, Dr. Martina Lenze, Anette Lessmann, Jürgen Ruschitz, Dr. Max Schröder, Prof. Bernd Wurl

Zusatzmaterialien zu Erlebnis Mathematik 5

Für Lehrerinnen und Lehrer:

Schülerband für Lehrkräfte	978-3-14-117757-2
Lösungen zum Schülerband	978-3-14-117763-3
BiBox für Lehrerinnen und Lehrer (Einzellizenz)	WEB-14-117787
BiBox für Lehrerinnen und Lehrer (Kollegiumslizenz)	WEB-14-117793
Online-Diagnose zu Erlebnis Mathematik 5	www.onlinediagnose.de

Für Schülerinnen und Schüler:

Arbeitsheft	978-3-14-117769-5
Arbeitsheft mit interaktiven Übungen	978-3-14-145122-1
Arbeitsbuch Inklusion	978-3-14-117775-6
BiBox (Einzellizenz für 1 Schuljahr)	WEB-14-117805

© 2023 Westermann Bildungsmedien Verlag GmbH, Georg-Westermann-Allee 66, 38104 Braunschweig
www.westermann.de

Das Werk und seine Teile sind urheberrechtlich geschützt. Jede Nutzung in anderen als den gesetzlich zugelassenen bzw. vertraglich zugestandenen Fällen bedarf der vorherigen schriftlichen Einwilligung des Verlages. Nähere Informationen zur vertraglich gestatteten Anzahl von Kopien finden Sie auf www.schulbuchkopie.de.

Für Verweise (Links) auf Internet-Adressen gilt folgender Haftungshinweis: Trotz sorgfältiger inhaltlicher Kontrolle wird die Haftung für die Inhalte der externen Seiten ausgeschlossen. Für den Inhalt dieser externen Seiten sind ausschließlich deren Betreiber verantwortlich. Sollten Sie daher auf kostenpflichtige, illegale oder anstößige Inhalte treffen, so bedauern wir dies ausdrücklich und bitten Sie, uns umgehend per E-Mail davon in Kenntnis zu setzen, damit beim Nachdruck der Verweis gelöscht wird.

Druck A^2 / Jahr 2023
Alle Drucke der Serie A sind im Unterricht parallel verwendbar.

Redaktion: Jessica Bader, Dr. Frances Beier, Anton Berg
Umschlag: LIO Design, Braunschweig
Layout: Janssen Kahlert, Hannover
Illustration: Felix Rohrberg, Moers
Zeichnungen: Michael Wojczak, Braunschweig
Druck und Bindung: Westermann Druck GmbH, Georg-Westermann-Allee 66, 38104 Braunschweig

ISBN 978-3-14-**117751**-0

INHALT

STARTKLAR Zahlen und Daten 7

1 Zahlen und Daten 8

PROJEKT Daten erheben und darstellen 10
Diagramme 12
PROJEKT Tabellen und Diagramme mit Tabellenkalkulation .16
Natürliche Zahlen am Zahlenstrahl 18
Stellenwerttafel 20
Zahlen vergleichen und ordnen 22
Zahlen runden 24
Große Zahlen 26
Schätzen 28
Römische Zahlen 30

ZUSAMMENFASSUNG 32
TRAINER 34
ABSCHLUSSAUFGABE Zahlen und Daten 36

STARTKLAR Addieren und Subtrahieren 37

2 Addieren und Subtrahieren 38

Im Kopf addieren und subtrahieren 40
Rechenregeln 44
PROJEKT Auf der Hühnerwiese 48
BLEIB FIT Wiederholungsaufgaben 49
Überschlagen und schriftliches Addieren 50
Schriftliches Subtrahieren 52
PROJEKT Ferien auf dem Huberthof 54

ZUSAMMENFASSUNG 56
TRAINER 57
ABSCHLUSSAUFGABE Addieren und Subtrahieren 60

INHALT

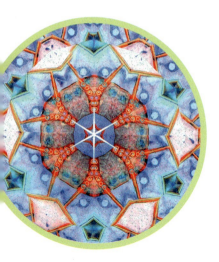

STARTKLAR Grundlagen der Geometrie 61

3 Grundlagen der Geometrie 62

Strecke, Strahl und Gerade 64
Zueinander senkrechte und parallele Geraden 66
Abstand 70
Das Koordinatensystem 72
PROJEKT Schatzsuche 76
BLEIB FIT Wiederholungsaufgaben 77
Achsensymmetrie und Achsenspiegelung 78
PROJEKT Zeichnen mit dynamischer Geometriesoftware ... 82
Die Verschiebung 84

ZUSAMMENFASSUNG 86
TRAINER 88
ABSCHLUSSAUFGABE Grundlagen der Geometrie 92

STARTKLAR Multiplizieren und Dividieren 93

4 Multiplizieren und Dividieren 94

Natürliche Zahlen multiplizieren und dividieren 96
Multiplizieren und Dividieren mit Zehnerzahlen 100
Rechenregeln 102
Geschicktes Rechnen 104
Lösen von Sachaufgaben 106
PROJEKT Rechengeschichten 108
BLEIB FIT Wiederholungsaufgaben 109
Überschlagen und halbschriftliches Multiplizieren 110
Schriftliches Multiplizieren 112
Schriftliches Dividieren 116
Division mit Rest 120
PROJEKT Schwarzwaldhotel 122
PROJEKT Wir planen unsere Klassenfahrt 123

ZUSAMMENFASSUNG 124
TRAINER 125
ABSCHLUSSAUFGABE Multiplizieren und Dividieren 128

STARTKLAR Größen 129

5 Größen 130

Geld 132
Länge 134
Kommaschreibweise bei Längen 136
Maßstab 140
PROJEKT Ausflug nach Borkum 144
BLEIB FIT Wiederholungsaufgaben 145
Masse 146
Zeit 150

ZUSAMMENFASSUNG 154
TRAINER 155
ABSCHLUSSAUFGABE Größen 158

STARTKLAR Umfang und Flächeninhalt 159

6 Umfang und Flächeninhalt 160

Rechteck und Quadrat 162
Umfang einer Fläche 164
Umfang von Rechteck und Quadrat 166
Flächeninhalte vergleichen 168
PROJEKT Flächen auslegen und vergleichen 170
BLEIB FIT Wiederholungsaufgaben 171
Einheitsflächen: m^2, dm^2, cm^2, mm^2 172
Ar, Hektar, Quadratkilometer 176
Flächeninhalt von Rechteck und Quadrat 178
Sachaufgaben 180
Zusammengesetzte Flächen 182

ZUSAMMENFASSUNG 184
TRAINER 185
ABSCHLUSSAUFGABE Umfang und Flächeninhalt 188

INHALT

STARTKLAR Brüche 189

7 Brüche 190

PROJEKT Brüche zum Anfassen 192
Bruchteile erkennen und darstellen 194
Bruchteile von Größen bestimmen 198
PROJEKT Brüche im Alltag 200
BLEIB FIT Wiederholungsaufgaben 201
Brüche am Zahlenstrahl 202
Brüche größer als ein Ganzes 204
Brüche mit gleichem Nenner addieren und subtrahieren 206

ZUSAMMENFASSUNG 208
TRAINER 209
ABSCHLUSSAUFGABE Brüche 212

Wiederholen 213
Lösungen 230
Bildquellenverzeichnis 255
Stichwortverzeichnis 256

1 | Zahlen und Daten

1. Lieblingstiere der Klasse 5b

Hund	Katze	Pferd	Sonstige
ℍℍ ℍℍ	ℍℍ ℍ	ℍℍ ℍℍ ℍℍ	ℍℍ

a) Notiere jeweils die Anzahl der genannten Lieblingstiere in der Klasse.
b) Wie viele Personen wurden insgesamt befragt?

> Ich kann Anzahlen aus Strichlisten ablesen.
> Das kann ich gut. | Ich bin noch unsicher.
> → S. 213, Aufgabe 1

2. Gib zu den markierten Stellen die richtige Zahl an.

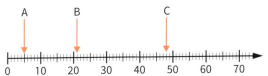

> Ich kann Zahlen vom Zahlenstrahl ablesen.
> Das kann ich gut. | Ich bin noch unsicher.
> → S. 213, Aufgabe 2, 3

3. Ordne den Zahlen ihre Namen zu.
Ⓐ 85 Ⓑ 58 Ⓒ 8050 Ⓓ 8005 Ⓔ 580

1: achttausendfünfzig   2: achttausendfünf
3: fünfundachtzig
4: fünfhundertachtzig   5: achtundfünfzig

> Ich kann Zahlen und Zahlworte einander zuordnen.
> Das kann ich gut. | Ich bin noch unsicher.
> → S. 214, Aufgabe 1, 2

4. Vergleiche die Zahlen. Übertrage sie in dein Heft und setze eines der Zeichen < oder > ein.
a)   19 ▪ 11   b)   36 ▪ 63
c) 314 ▪ 98   d) 878 ▪ 887
e) 3045 ▪ 3054   f) 5454 ▪ 5544

> Ich kann Zahlen vergleichen.
> Das kann ich gut. | Ich bin noch unsicher.
> → S. 214, Aufgabe 3, 4

5. a) Bestimme die beiden Nachbarzehner.
  ① 76   ② 315   ③ 692
b) Bestimme die beiden Nachbarhunderter.
  ① 410   ② 182   ③ 999

> Ich kann zu einer Zahl die Nachbarzehner und die Nachbarhunderter angeben.
> Das kann ich gut. | Ich bin noch unsicher.
> → S. 215, Aufgabe 1, 2

EINSTIEG

Die neuen Fünftklässler der Astrid-Lindgren-Schule haben sich zum Gruppenfoto versammelt.
Wie viele Fünftklässler sind es schätzungsweise?

Wie viele fünfte Parallelklassen gibt es wohl an der Astrid-Lindgren-Schule?

1 | Zahlen und Daten

Die Schulleitung möchte herausfinden, ob die Schülerinnen und Schüler mit dem Schulhof zufrieden sind. Beschreibe das Ergebnis der Klasse 6a.

In diesem Kapitel lernst du, …

… wie du Anzahlen in Strichlisten, Tabellen, Diagrammen und anderen Schaubildern darstellst,

… wie du Zahlen am Zahlenstrahl darstellst und abliest,

… wie du Zahlen in eine Stellenwerttafel einträgst,

… wie du Zahlen vergleichst, ordnest und rundest,

… wie du große Anzahlen schätzen kannst.

Wie viele Schülerinnen und Schüler haben in der Klasse 6a abgestimmt?

Daten erheben und darstellen

In der Klasse 5a wurde zu Beginn des Schuljahres ein Fragebogen mit 5 Fragen erstellt. Die Anworten der Schülerinnen und Schüler wurden an die Pinnwand im Klassenzimmer gehängt.

1. a) Übertrage die angefangene Strichliste „Alter" in dein Heft und vervollständige sie mit Hilfe der Zettel an der Pinnwand.
   b) Stelle mit einer Strichliste dar, wie die Schülerinnen und Schüler der 5a zur Schule kommen.
   c) Wie viele Schülerinnen und Schüler benötigen für ihren Schulweg mehr als eine Viertelstunde?
   d) Wie kommen die meisten Mädchen zur Schule?

2. Auch die Klasse 5b hat einen Fragebogen ausgefüllt und zum Ergebnis ein Diagramm erstellt.
   a) Beschreibe das Diagramm. Folgende Formulierungen kannst du dabei benutzen:
      In dem Diagramm sind…dargestellt.
      Jede Säule steht für …
      Ein Kästchen steht für …
      Das beliebteste Fach ist …
      … wurde am wenigsten genannt.
      … und … sind in der 5b gleich beliebt.
   b) Erstelle mit den Informationen von der Pinnwand ein Diagramm für die Lieblingsfächer der Klasse 5a.

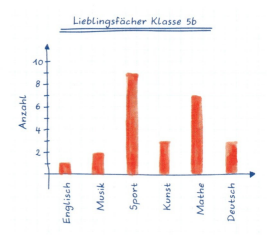

3. a) Bildet Dreier- oder Vierergruppen und erstellt einen Fragebogen mit etwa 5 Fragen.
      Im Video findet ihr ein paar Vorschläge, wonach ihr fragen könnt.
      Befragt mit dem erstellten Fragebogen alle Schülerinnen und Schüler in eurer Klasse.
   b) Wertet die Ergebnisse aus und stellt sie übersichtlich auf einem Plakat dar.
   c) Präsentiert euer Plakat in der Klasse.

Diagramme

Beschreibe die verschiedenen Darstellungen des Abstimmungsergebnisses.

Erkläre, welche Vorteile und Nachteile die abgebildeten Darstellungen haben.

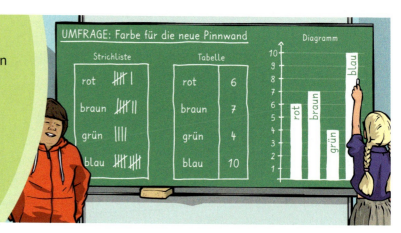

1.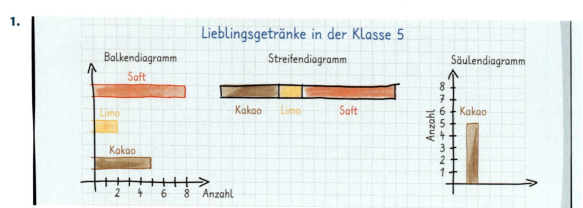

   a) Beschreibe die abgebildeten Diagramme.
   b) Worin unterscheiden sich die Diagramme? Welche Gemeinsamkeiten gibt es?
   c) Übertrage das Säulendiagramm in dein Heft und vervollständige es.

So kannst du Daten bildlich in **Säulen- und Balkendiagrammen** veranschaulichen:
① Beschrifte die Hochachse.
② Beschrifte die Rechtsachse.
③ Zeichne die Säulen und Balken jeweils gleich breit (1 Kästchen oder 1 cm).
④ Trage die Daten ein.

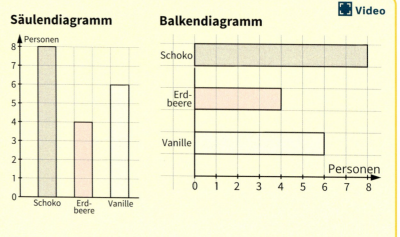

Zahlen und Daten

WES-117751-013

BASIS 13

2. Das Bilddiagramm zeigt, wie viel Liter Fruchtsaft jede Person des Landes durchschnittlich in einem Jahr trinkt.

a) Im Internet findet man folgende Erklärung für den Begriff „Legende":

„Eine Legende ist eine Zeichenerklärung. Dabei werden die verwendeten Symbole und Farben einer Karte oder eines Diagramms beschrieben."

Wo findest du im abgebildeten Bilddiagramm die Legende?

b) Übertrage eine Tabelle mit den genannten Ländern ins Heft und notiere dazu, wie viel Liter Fruchtsaft jeder Einwohner pro Jahr im Durchschnitt trinkt.

c) Überlege, ob du selbst über oder unter dem Durchschnitt in Deutschland liegst.

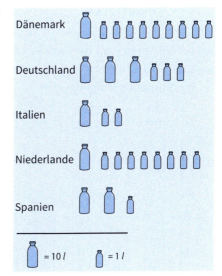

Ein **Bilddiagramm** ist eine besonders anschauliche Art der Darstellung. So erstellst du ein Bilddiagramm:

① Wähle passende Symbole aus.
② Lege fest, für welche Anzahl jedes Symbol steht.
③ Zeichne die passende Anzahl von Symbolen.

Beliebte Autofarben

Legende: = 50 Autos

---

3. Beim Schulfest wird ein Wettschießen auf eine Torwand mit den Klassen 5 und 6 durchgeführt. Die zugehörige Strichliste zeigt das Ergebnis.

a) Veranschauliche das Ergebnis in einem Balkendiagramm. Wähle 1 cm für 5 Tore.

b) Zeichne ein passendes Bilddiagramm. Stelle immer fünf geschossene Tore mit einem kleinen Ball ● dar.

Klasse	Tore
5a	||||| ||||| ||||| ||||| ||||| ||||| |||||
5b	||||| ||||| ||||| ||||| ||||| ||||| |||||
6a	||||| ||||| ||||| ||||| |||||
6b	||||| ||||| ||||| ||||| ||||| ||||| ||||| ||||| ||||| |||||

---

4. Die ersten 250 Besucherinnen und Besucher einer Theateraufführung wurden befragt, wie sie zum Theater gekommen sind. Das Ergebnis ist in einem Bilddiagramm dargestellt.

a) Für welche Anzahl steht eines der Symbole?

b) Zeichne ein passendes Säulendiagramm.

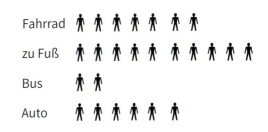

ÜBEN

Aufgabe 1 – 3

1. Nicole hat in ihrer Klasse nach dem Lieblingstier gefragt und das Ergebnis in einem Säulendiagramm dargestellt.

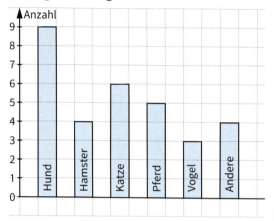

a) Lege eine Tabelle an und trage die zugehörige Zahl in die Tabelle ein.

Lieblingstier	Anzahl
Hund	9

b) Wie viele Personen wurden insgesamt befragt?

c) Stelle das Ergebnis in einem Balkendiagramm dar.

2. Marco befragt die anderen Kinder in der Klasse 5a nach der Länge ihrer Schulwege. Stelle die Werte in einem Säulendiagramm dar.

```
         unter 1 km: ||||  |
1 km bis unter 2 km: ||||
2 km bis unter 3 km: ||||
3 km bis unter 4 km: ||
         4 km und mehr: ||||
```

3. Die Kinder der Klasse 5b werden nach ihrer Herkunftssprache befragt. Ergebnis: 11 deutsch, 9 türkisch, 2 russisch, 1 spanisch. Stelle diese Aufteilung in einer Strichliste und in einem Balkendiagramm dar.

Aufgabe 4 – 6

4. In einer Stadt wurde die Anzahl der Rettungseinsätze mit dem Krankenwagen für die Monate Januar bis März in einem Bilddiagramm dargestellt. Notiere die Anzahl der Rettungseinsätze für die einzelnen Monate in Ziffern und stelle sie in einem Balkendiagramm dar. Wähle 1 mm für einen Einsatz.

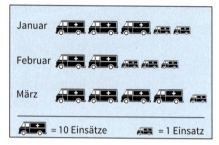

5. Abgebildet siehst du vier der schwersten Tiere der Welt (Buckelwal, Walhai, afrikanischer Elefant und Breitmaulnashorn). Zeichne ein Säulendiagramm zum Gewicht dieser vier Tiere.

20 Tonnen — 18 Tonnen

6 Tonnen — 4 Tonnen

6. Recherchiert im Internet nach Daten zu einem Thema, das euch interessiert. Veranschaulicht die Daten in einem Diagramm eurer Wahl.

 Ich suche nach den erfolgreichsten Torschützinnen der Frauen-Bundesliga.

 Mich interessieren die wertvollsten Sammelkarten.

Zahlen und Daten ÜBEN 15

Aufgabe 7 – 9

7. Emilia und Charlotte haben in der Schulkantine gezählt, wie häufig verschiedene Getränke bestellt wurden. Stelle das Ergebnis in einem Bilddiagramm dar.

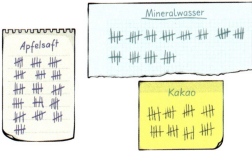

8. Familie Miller machte im Urlaub mehrere Radtouren im Schwarzwald. Am Ende des Urlaubs stellt Herr Miller die täglich gefahrenen km in einem Säulendiagramm dar.
  a) Lies die Länge der einzelnen Tagestouren im Diagramm ab und notiere sie im Heft.
  b) Wie viel km ist die Familie Miller insgesamt mit dem Fahrrad gefahren?

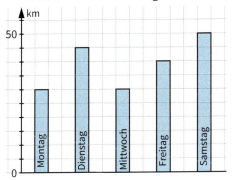

9. In der Nelson-Mandela-Schule wurden 100 Schülerinnen und Schüler gefragt, auf welches Fest sie sich am meisten freuen. Stelle das Ergebnis in einem Balkendiagramm dar. Fasse dabei kleine Ergebnisse mit dem Begriff „Sonstige" zusammen.

Geburtstag:	45	Ostern:	3
Weihnachten:	35	Chanukka:	2
Zuckerfest:	10	Halloween:	5

Aufgabe 10 – 12

10. In den beiden Klassen 5a und 5b wurden die Kinder nach ihrer Lieblingssportart gefragt.

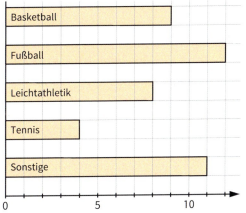

Beurteile für jede Frage, ob du sie mit dem Balkendiagramm beantworten kannst.
① Wie viele Kinder der beiden Klassen mögen Tennis am liebsten?
② Wie viele Kinder gehen in die Klasse 5a?
③ Welches ist die beliebteste Sportart?
④ Welches ist die unbeliebteste Sportart?
⑤ Wie viele Kinder finden eine Ballsportart am besten?

11. Recherchiere im Internet und stelle das Ergebnis in einem geeigneten Diagramm dar.
  a) die fünf höchsten Berge der Welt
  b) die fünf größten Städte Europas

12. Die 20 Schülerinnen und Schüler der Klasse stimmen darüber ab, auf welche Ostseeinsel sie auf Klassenfahrt fahren möchten. Dabei entsteht das abgebildete 5 cm lange *Streifendiagramm*.

| Rügen | Usedom | Poel |

  a) Miss die Längen der einzelnen Abschnitte.
  b) Wie viele Stimmen wurden für die einzelnen Inseln abgegeben? Erkläre deinen Lösungsweg.

Tabellen und Diagramme mit Tabellenkalkulation

1. Mit einem Tabellenkalkulationsprogramm kannst du Tabellen und Diagramme erstellen.
   In der Abbildung siehst du ein Tabellenblatt auf dem Computer-Bildschirm mit einigen wichtigen Begriffen.

   a) Wie werden die Spalten benannt und wie viele Spalten sind in der Abbildung zu sehen?
   b) Wie werden die Zeilen benannt?
   c) In welcher Spalte stehen die Anzahlen der Mädchen?
   d) In welcher Zeile stehen die Anzahlen der 10. Klassen?
   e) Was steht in Zelle *B3*?
   f) In welcher Zelle steht die größte Jungenanzahl?
   g) In welcher Zelle steht die kleinste Mädchenanzahl?

2. Startet ein Tabellenkalkulationsprogramm, z. B. durch Doppelklick auf das Programmsymbol auf dem Startbildschirm.
   Übertragt die neben Aufgabe 1 abgebildete Tabelle in euer Programm.
   ① Klickt in Zelle *A1* und schreibt die Überschrift.
   ② Bestätigt mit der *Enter*-Taste.
   ③ Übernehmt die Tabelle: Schreibt zuerst in Zelle *A3* Klasse , dann in die Zellen *A4* bis *A9* die Zahlen 5 bis 10.
   ④ Übertragt genauso die Daten für die Jungen und die Mädchen.

3. a) Erkundet die „Start"-Funktionen in der Menüleiste, indem ihr folgende Aufträge in eurer Tabelle aus Aufgabe 2 erfüllt:
   ① Stellt die Überschrift in Zelle *A1* in **fetter Schrift** dar.
   ② Färbt die Anzahlen der Jungen blau und die Anzahlen der Mädchen rot.
   ③ Füllt die Zellen der Klassen gelb aus.

   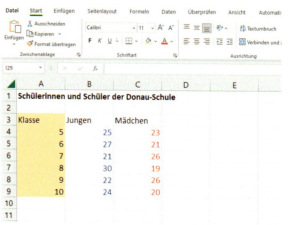

   b) Erkundet weitere Funktionen eures Programms. Gestaltet die Tabelle so, wie es euch gefällt.

4. Arbeitet mit eurer Tabelle aus Aufgabe 3 weiter.
a) Klickt auf die Zelle *D4* und gebt den Text =B4+C4 ein. Bestätigt eure Eingabe mit der Enter-Taste. Was stellt ihr fest?
b) Gebt in Zelle *D5* die Formel =B5+C5 ein, in Zelle *D6* die Formel =B6+C6 u. s. w. . Schreibt danach in die Zelle *D3* eine passende Überschrift.
c) Findet eine Möglichkeit, in der Zelle *D10* die Gesamtanzahl aller Schülerinnen und Schüler der Donau-Schule zu berechnen.

---

5. Startet euer Tabellenkalkulationsprogramm.
a) Übertragt die unten abgebildete Tabelle zum Alter verschiedener Tiere.
b) Erstellt ein Säulendiagramm zu eurer Tabelle.

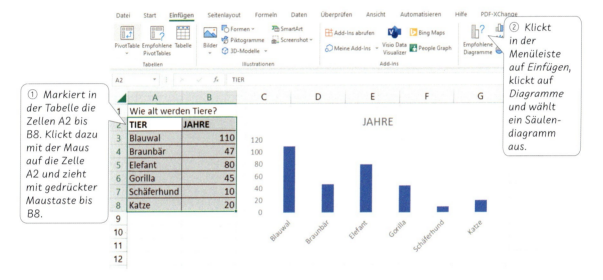

c) Sucht in eurem Tabellenkalkulationsprogramm nach weiteren Diagrammtypen und veranschaulicht damit die gegebenen Daten.

---

6. Recherchiert im Internet nach einer interessanten Statistik. Übertragt sie in ein Tabellenkalkulationsprogramm und veranschaulicht sie mit einem Diagramm.

Natürliche Zahlen am Zahlenstrahl

Wie schrieb man im Jahr 300 v. Chr. in Indien die Zahl 231? Welche Zahlen konnten die Inder damals noch nicht schreiben?

Welche Ziffern haben sich im Laufe der Zeit wenig verändert?

1. Welche Zahlen sind mit den Pfeilen markiert?

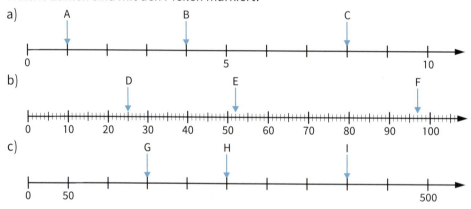

2. Nenne je 3 Zahlen aus dem blauen und dem roten Bereich des Zahlenstrahls.

> 0, 1, 2, 3, 4, … heißen **natürliche Zahlen**. Es gibt unendlich viele natürliche Zahlen.
>
> Die natürlichen Zahlen kannst du am **Zahlenstrahl** veranschaulichen.
> Der Zahlenstrahl beginnt bei 0. Der Abstand zwischen zwei benachbarten natürlichen Zahlen ist immer gleich. Die Pfeilspitze zeigt in die Richtung größer werdender Zahlen.
>
>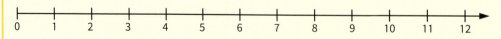

3. Zeichne einen Zahlenstrahl in dein Heft. Beginne bei 0. Der Abstand zwischen zwei aufeinanderfolgenden natürlichen Zahlen soll immer 1 cm sein.
  a) Wie weit kommst du?
  b) Markiere die Zahlen 7, 11 und 19 mit Pfeilen.

Zahlen und Daten   ÜBEN

I□□ Aufgabe 1 – 4

1. Welche Fehler wurden bei dem Zahlenstrahl gemacht?

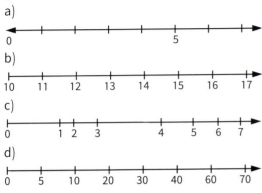

2. Welche Zahlengruppe lässt sich am besten mit welchem Zahlenstrahl darstellen? Ordne zu.

50; 150; 300   50; 75; 150   40; 80; 120

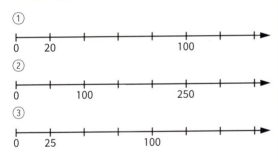

3. Zeichne einen Zahlenstrahl für die Zehnerzahlen 10, 20, 30 … bis 100 und wähle 1 cm Abstand für benachbarte Zehner. Markiere die Zahlen 60, 25 und 85 mit Pfeilen.

4. Welche Zahlen sind am Zahlenstrahl markiert?

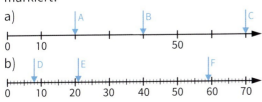

II□ – III Aufgabe 5 – 9

5. Übertrage den Zahlenstrahl in dein Heft und ergänze die fehlenden Zahlen.

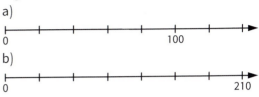

6. Wie heißen die markierten Zahlen?

7. Abgebildet ist der Ausschnitt eines Zahlenstrahls. Welche Zahlen sind mit Pfeilen markiert?

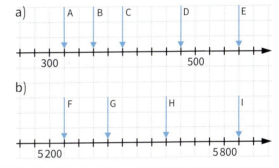

8. Zeichne einen Zahlenstrahl, an dem du die Zahlen eintragen kannst.

a) 12   30   48   60   72

b) 900   1 400   1 800   2 100   2 800

9. Welche Zahl liegt genau in der Mitte zwischen den eingetragenen Zahlen?

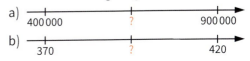

Stellenwerttafel

Erkläre, wie Tamika ihre gelegte Zahl benennt.

Lege mit denselben Zahlenkarten eine größere Zahl und benenne sie.

Welches ist die kleinste Zahl, die du mit allen Karten legen kannst?

1. a) Rechts seht ihr Tom. Er macht beim Zahlendiktat viele Fehler. Erklärt, was er falsch gemacht hat.
   b) Wie werden die Zahlwörter in anderen Sprachen gebildet? Geht es im Englischen, Türkischen, Polnischen oder Russischen logischer zu? Sammelt Informationen im Internet.

In der **Stellenwerttafel** lassen sich große Zahlen übersichtlich darstellen.
Eine Zahl ist die Summe ihrer Stellenwerte.

Es gilt:

1 Million (Mio)	= 10 Hunderttausender (HT)
1 Hunderttausender (HT)	= 10 Zehntausender (ZT)
1 Zehntausender (ZT)	= 10 Tausender (T)
1 Tausender (T)	= 10 Hunderter (H)
1 Hunderter (H)	= 10 Zehner (Z)
1 Zehner (Z)	= 10 Einer (E)

Mio	HT	ZT	T	H	Z	E
6	7	0	1	3	5	9

Summenschreibweise:
6701359 = 6 Mio + 7 HT + 1 T + 3 H + 5 Z + 9 E

Gliederung in Dreierpäckchen:
6 701 359

Zahlwort:
sechs Millionen siebenhunderteintausend dreihundertneunundfünfzig

2. Schreibe die Zahlen aus der Stellenwerttafel in der Summenschreibweise und als natürliche Zahl gegliedert in Dreierpäckchen.

Mio	HT	ZT	T	H	Z	E
	6	0	3	7	1	2
2	1	9	7	5	0	8

3. Trage in eine Stellenwerttafel ein und schreibe als natürliche Zahl gegliedert in Dreierpäckchen.
   a) 3 T + 4 H + 8 E
   b) 1 ZT + 7 T + 9 E
   c) 6 ZT + 7 T + 8 H + 2 E
   d) 7 HT + 5 ZT + 3 T + 1 H + 8 E
   e) 2 Mio + 4 T + 6 E
   f) 3 Mio + 5 HT + 7 ZT + 9 T

Zahlen und Daten

ÜBEN

I○○ Aufgabe 1 – 5

1. Legt eine Stellenwerttafel an, tragt die Zahl ein und lest sie euch vor.

BEISPIEL

1002003

Mio	HT	ZT	T	H	Z	E
1	0	0	2	0	0	3

eine Million zweitausenddrei

a) 96 b) 801 c) 4807
d) 21 643 e) 902 807 f) 4 200 011

2. Schreibe in der Summenschreibweise.

BEISPIEL

Mio	HT	ZT	T	H	Z	E
2	0	5	7	0	9	1

2 Mio + 5 ZT + 7 T + 9 Z + 1 E

	Mio	HT	ZT	T	H	Z	E
a)		5	1	2	8	0	3
b)	4	3	1	9	0	0	8
c)	5	0	0	1	3	5	2

3. Schreibt als natürliche Zahl gegliedert in Dreierpäckchen und lest sie euch vor.
a) 678534 b) 860477
c) 435768 d) 2221110
e) 1020304 f) 9005070

4. Schreibt als natürliche Zahl gegliedert in Dreierpäckchen und lest sie euch vor.
a) 9 T + 5 Z + 5 E b) 3 HT + 4 T + 9 H + 6 Z
c) 7 Mio + 8 ZT + 7 H d) 7 ZT + 3 T + 1 Z + 4 E

5. Schreibe die Zahl mit Ziffern gegliedert in Dreierpäckchen.
a) sechzehntausendfünfhundertelf
b) fünfhunderttausendzweihundertacht
c) vier Millionen achtzigtausendfünf
d) neun Millionen vierzehn

II○ – III Aufgabe 6 – 10

6. Fertigt Ziffernkärtchen mit fünf verschiedenen Ziffern an.
a) Bildet damit
   – die größtmögliche Zahl,
   – die kleinste Zahl,
   – eine Zahl, die möglichst nahe bei 40 000 liegt,
   – die größte Zahl, die kleiner als 65 000 ist.
b) Stellt euch gegenseitig weitere Aufgaben.

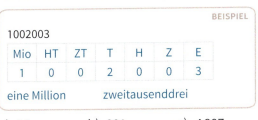

7. In der Zeitung war folgende Notiz zu lesen:

Fehlerkorrektur
In unserem gestrigen Bericht hatte sich ein Fehler eingeschlichen. Es wurden nicht 100 000 € für den Spielplatz bewilligt, wie irrtümlich mitgeteilt, sondern nur 10 000 €.

Wie oft passt 10 000 in 100 000?

8. Gib den Vorgänger und den Nachfolger der Zahl an.
a) 2 080 b) 10 000
c) 400 600 d) 98 989
e) 2 407 899 f) 3 080 000

9. Wie viele vierstellige Zahlen gibt es, die
a) eine 6 als Tausender haben?
b) keine 1 als Hunderter haben?

10. Alle 4 Zahlenkärtchen sollen zu einer Zahl mit 7 Stellen zusammengelegt werden.
a) Notiere die größtmögliche Zahl.
b) Bilde die Differenz aus der größtmöglichen und der kleinsten möglichen Zahl.
c) Wie viele verschiedene Zahlen kannst du insgesamt bilden?

61   506   6   5

Zahlen vergleichen und ordnen

Ordne die rechts stehenden Städte nach der Anzahl der Schülerinnen und Schüler.

Weißt du, wie viele Schülerinnen und Schüler es in deiner Stadt gibt? Mehr oder weniger als 10 000?

Zahl der Schülerinnen und Schüler in den 6 größten Städten Deutschlands (2022)

Hamburg 201 761
Frankfurt a. M. 72 533
Stuttgart 46 881
Berlin 331 049
Köln 108 097
München 130 727

1. Übertrage den Zahlenstrahl ins Heft.
   a) Markiere die ungefähre Position der Zahlen: 235   72   198   97   133   208

   b) Ordne die Zahlen der Größe nach. Beginne mit der kleinsten Zahl.

2. Zum Vergleichen von Zahlen verwenden wir die Zeichen < (kleiner), > (größer) und = (gleich).
   a) Woran erkennt ihr sofort, dass folgende Vergleiche richtig sind: 5 < 780   347 < 1 200   53 213 < 198 769
   b) Begründet, woran ihr erkennen könnt: 412 < 421   2 455 < 2 544   637 824 < 637 924

Vergleichen und Ordnen auf dem Zahlenstrahl
Je weiter rechts eine Zahl steht, desto größer ist sie.

1 500 < 2 500: „1 500 ist kleiner als 2 500."
2 500 > 1 500: „2 500 ist größer als 1 500."

Vergleichen und Ordnen anhand der Stellen
- Je mehr Stellen eine Zahl hat, desto größer ist sie.
- Bei gleich vielen Stellen vergleichst du die Zahlen stellenweise von links nach rechts.

1 497 > 983
989 898 < 1 234 567
1 0 84 < 1 1 72
69 2 5 8 > 69 2 3 9

3. Schreibe ins Heft, setze eines der Zeichen > oder < ein.
   a) 111 ▪ 99
   b) 313 ▪ 315
   c) 33 000 ▪ 221 000
   d) 1 111 111 ▪ 999 999
   e) 789 ▪ 2 001
   f) 6 798 ▪ 6 789
   g) 35 023 ▪ 35 032
   h) 886 644 ▪ 885 744

Zahlen und Daten — ÜBEN

I Aufgabe 1 – 4

1. Setze eines der Zeichen < oder > ein.
- a) 205 ▨ 52 b) 289 ▨ 298
  690 ▨ 1 240 707 ▨ 770
  12 345 ▨ 9 876 1 243 ▨ 1 234
- c) 7 070 ▨ 6 090 d) 3 000 000 ▨ 4 000 000
  9 898 ▨ 9 899 4 545 455 ▨ 4 545 454
  10 101 ▨ 20 220 1 234 567 ▨ 987 654

2. Ordne die Zahlen, beginne mit der kleinsten. Schreibe 2 < 9 < …
- a) 89, 9, 29, 56, 2, 97
- b) 1 032, 956, 1 025, 1 253, 1 301
- c) 27 364, 23 746, 7 346, 27 643, 7 436

3. Sortiere die Preise. Beginne mit dem günstigsten Preis.

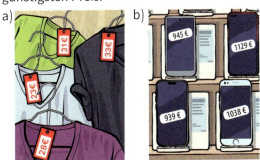

4. Stimmen die Aussagen? Begründet und verbessert falsche Aussagen.

„4 003 ist größer als 403, da 4 003 vierstellig und 403 dreistellig ist."

„99 887 ist größer als 199 888, weil vorne eine 9 steht."

„45 601 ist kleiner als 45 509, weil 1 kleiner als 9 ist."

II – III Aufgabe 5 – 10

5. Setze natürliche Zahlen ein. Gibt es genau eine, keine oder mehrere Möglichkeiten?
- a) 314 < ▨ < 316
- b) 4 567 < ▨ < 4 569
- c) 507 < ▨ < 509
- d) 9 876 < ▨ < 9 877
- e) 123 < ▨ < 124
- f) 1 025 < ▨ < 1 028
- g) 654 < ▨ < 658
- h) 7 777 < ▨ < 8 888

6. Schreibe die Aufgabe ins Heft und setze ein: <, > oder =.
- a) 15 – 9 ▨ 8
- b) 41 ▨ 3 · 14
- c) 35 + 8 ▨ 43
- d) 6 · 12 ▨ 72
- e) 88 – 11 ▨ 66
- f) 39 : 3 ▨ 12
- g) 990 + 9 ▨ 998
- h) 8 ▨ 63 : 7

7. Wie viele natürliche Zahlen gibt es, die du für ▨ einsetzen kannst?
- a) ▨ < 7
- b) 1 003 < ▨ < 1 006
- c) ▨ < 98 989
- d) 124 < ▨ < 240
- e) ▨ > 341
- f) 7 199 > ▨ > 7 235

8. Gib die Nachbarhunderter an.
- a) 345
- b) 916
- c) 3 901
- d) 6 064
- e) 100 003
- f) 809 989

BEISPIEL
275
200 < 275 < 300

9. Ordne die Ergebnisse. Beginne mit der kleinsten Zahl.

489 + 397   1 301 – 402   9 · 9 · 9   2 694 : 3   74 · 12

10. Schreibe alle vierstelligen Zahlen auf, die du mit den Ziffernkarten legen kannst. Es sind insgesamt 24 Zahlen möglich. Ordne sie dann der Größe nach.

7   4   6   5

Zahlen runden

Tom hat auf Hunderter gerundet. Wie hat Noura gerundet?

Wie würdest du die Länge deines eigenen Schulwegs angeben?

1. Entscheidet und begründet: Bei welchen Angaben ist es sinnvoll zu runden und bei welchen nicht?

Lebensalter   Einwohnerzahl eines Landes   Schülerzahl einer Großstadt

Schuhgröße   Preis im Supermarkt   Telefonnummer

Natürliche Zahlen runden

Abrunden, wenn die Ziffer nach der Rundungsstelle eine 0, 1, 2, 3 oder 4 ist.

Die Ziffer an der Rundungsstelle bleibt erhalten. Alle Ziffern rechts davon werden Null.

Aufrunden, wenn die Ziffer nach der Rundungsstelle eine 5, 6, 7, 8 oder 9 ist.

Die Ziffer an der Rundungsstelle wird um 1 erhöht. Alle Ziffern rechts davon werden Null.

Rundung auf Zehner: 7 5**2**8 ≈ 7 530
Rundung auf Hunderter: 7 **5**28 ≈ 7 500
Rundung auf Tausender: **7** 528 ≈ 8 000

Rundungsstelle entscheidet

---

2. Wurde richtig gerundet?

a) Runde auf Zehner:	38 ≈ 40	55 ≈ 50	1 234 ≈ 1 240	8 795 ≈ 8 800
b) Runde auf Hunderter:	144 ≈ 100	750 ≈ 700	8 765 ≈ 8 700	2 468 ≈ 2 500
c) Runde auf Tausender:	13 579 ≈ 14 000	23 999 ≈ 25 000	69 000 ≈ 70 000	125 555 ≈ 125 000

3.
a) Runde auf Zehner: 28   74   145   198   503   995   2 727
b) Runde auf Hunderter: 56   143   161   349   666   1 050   8 642
c) Runde auf Tausender: 749   2 380   5 555   8 099   9 501   15 444   509 050

Zahlen und Daten

ÜBEN

I○○ Aufgabe 1 – 6

1. Runde auf ganze €-Beträge.

a)  9,75 €

b)  92,50 €

c)  18,25 €

d) 8,90 €

2. Runde auf
a) Zehner: 73; 25; 234; 2 468
b) Hunderter: 686; 547; 932; 9 631
c) Tausender: 5 555; 3 479; 9 750; 102 030

3. Runde auf Hunderttausender.
a) 385 777   b) 1 345 678
c) 678 876   d) 2 333 001

4. Runde auf Millionen.
a) 8 533 470   b) 7 497 995
b) 2 573 620   d) 9 901 901

5. Gib 3 Zahlen an, die beim Runden auf Hunderter die Zahl 1 500 ergeben.

6. Welche Rundungen findet ihr sinnvoll, welche nicht? Begründet.

    „Ich bin ungefähr 2 m groß."

    „Gestern waren ungefähr 22 000 Teilnehmer beim Klimastreik."

    „Berlin ist ungefähr 256 120 m von Hannover entfernt."

II○–III Aufgabe 7 – 12

7. a) Schreibe alle natürlichen Zahlen auf, die beim Runden auf Zehner 9 000 ergeben.
b) Eine Schule hat gerundet 800 Schülerinnen und Schüler. Wie viele sind es mindestens, wie viele höchstens?

8. Zeichne ein Säulendiagramm für die Höhe der Bauwerke. Runde zuerst auf Zehner, dann wähle 1 cm für 10 m.

157 m   57 m   93 m

9. Ist es sinnvoll zu runden? Begründe.
a) Das Auto kostet 39 845 €.
b) Beim Fußballspiel waren 58 962 Zuschauer.
c) Frau Müller fuhr im April 2 865 km.
d) Inas Sparbuch hat die Nummer 588 587.
e) Tara war bei ihrer Geburt 49 cm groß.

10. In einem Geschichtsbuch aus dem Jahre 2 000 steht geschrieben: „Die Pyramiden in Ägypten sind rund 5 000 Jahre alt."
Kannst du sagen, wie alt sie heute sind?

11. Runde 2 548 zuerst auf Zehner. Runde dann die gerundete Zahl auf Hunderter. Runde 2 548 direkt auf Hunderter. Vergleiche die beiden Ergebnisse und erläutere sie.

12. Eine Zahl wurde auf Millionen gerundet. Gib die größte und die kleinste Zahl an, aus der die gerundete Zahl entstanden sein kann.
a) 1 000 000   b) 25 000 000

Große Zahlen

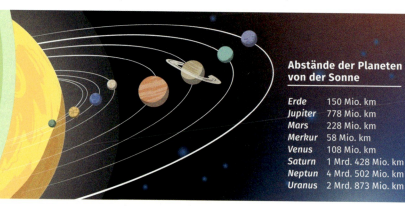

Ordne die Planeten nach ihrer Entfernung zur Sonne.

Schreibe die Kilometerzahlen ausführlich mit Ziffern.

Abstände der Planeten von der Sonne

Erde   150 Mio. km
Jupiter   778 Mio. km
Mars   228 Mio. km
Merkur   58 Mio. km
Venus   108 Mio. km
Saturn   1 Mrd. 428 Mio. km
Neptun   4 Mrd. 502 Mio. km
Uranus   2 Mrd. 873 Mio. km

1. a) Die größte Millionenzahl heißt 999 999 999. Addiert 1 dazu und notiert das Ergebnis. Wie heißt diese Zahl?
b) Die größte Milliardenzahl heißt 999 999 999 999. Addiert 1 dazu und notiert das Ergebnis. Wie heißt diese Zahl?

Zahlwörter für große Zahlen

Billionen (Bill)			Milliarden (Mrd)			Millionen (Mio)			Tausender (T)			H	Z	E
HBill	ZBill	Bill	HMrd	ZMrd	Mrd	HMio	ZMio	Mio	HT	ZT	T			
		2	7	5	3	8	7	1	0	8	6	4	9	3

Gliederung in Dreierpäckchen:
2 753 871 086 493

Zahlwort:
zwei Billionen siebenhundertdreiundfünfzig Milliarden achthunderteinundsiebzig Millionen sechsundachtzigtausendvierhundertdreiundneunzig

mit Abkürzungen:
2 Bill 753 Mrd 871 Mio 86 T 493

2.

Billionen (Bill)			Milliarden (Mrd)			Millionen (Mio)			Tausender (T)			H	Z	E
				3	4	5	6	7	8	9	0	0	0	0
	2	4	6	8	0	1	3	5	0	0	0	0	0	0

Übertrage die Stellenwerttafel in dein Heft.
a) Lies die beiden eingetragenen Zahlen, schreibe sie als natürliche Zahlen gegliedert in Dreierpäckchen und mit Abkürzungen.
b) Trage die beiden Zahlen in die Stellenwerttafel ein und lies sie vor.
16273849506000   223344556677889
c) Trage die Zahl in die Stellenwerttafel ein:
acht Billionen sechshundertzweiundvierzig Milliarden fünfzig Millionen dreihundertunddreitausendvierhundertvierundvierzig

Zahlen und Daten

I Aufgabe 1 – 5

1. Schreibt die Zahl in Dreierpäckchen und lest sie euch gegenseitig vor.
   a) 244005500
   b) 9080706050
   c) 123654888000
   d) 97867564000000

2. Vor so vielen Jahren lebten die abgebildeten Dinosaurier. Schreibe die Jahreszahlen in Dreierpäckchen und notiere sie in Worten.

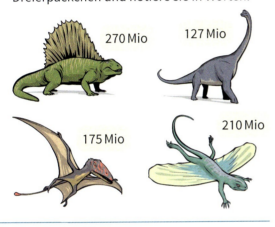

3. Vergleiche die Zahlen und setze ein <, > oder =.
   a) 99 888 777   ▢   109 666 333
   b) 22 220 222   ▢   22 222 220
   c) 500 000 000 ▢   500 Mio.
   d) 35 000 000   ▢   35 Mrd.
   e) 11 000 000 000 ▢ 11 Bill.

4. Zeichne einen Zahlenstrahl von 0 bis 1 Milliarde (Mrd). Zeichne 1 cm für 100 Millionen (Mio). Kennzeichne auf dem Zahlenstrahl die Zahlen:
   A: 200 000 000   B: 500 000 000
   C: 350 000 000   D: 950 000 000

5. Gegeben sind die Bevölkerungszahlen einiger Länder (auf Zehnmillionen gerundet). Zeichne dazu ein Säulendiagramm (1 cm für 10 Millionen Einwohner).
   Ägypten: 100 Mio.   Italien: 60 Mio.
   Deutschland: 80 Mio.   Japan: 130 Mio.

II – III Aufgabe 6 – 9

6. Schreibe zuerst in Dreierpäckchen, runde dann auf Millionen.
   a) 135792468   b) 6070809050
   c) 3045607590   d) 243465687809
   e) 92939495969798   f) 9999999999999

7. Gegeben sind die Bevölkerungszahlen der vier bevölkerungsreichsten Länder der Erde (Stand: 2022). Runde die Zahlen sinnvoll und sortiere sie nach ihrer Größe.

8. a) Das deutsche Wort *Milliarde* wird in den USA mit *billion* übersetzt. Recherchiert im Internet nach den Übersetzungen für *Billion* und *Billiarde*.
   b) Kennt ihr euch in einer anderen Sprache besonders gut aus? Wie übersetzt man die Worte *Milliarde*, *Billion* und *Billiarde* in dieser Sprache?

9. In einem Land gibt es 10 Städte, in jeder Stadt stehen 10 Hochhäuser, jedes Hochhaus hat 10 Stockwerke und in jedem Stockwerk sind 10 Zimmer.
   In jedem Zimmer liegen 10 Pakete, in jedem Paket sind 10 Bücher, jedes Buch hat 10 Kapitel, jedes Kapitel hat 10 Seiten, auf jeder Seite stehen 10 Sätze und jeder Satz hat 10 Wörter.
   Wie viele Wörter sind es insgesamt?

Schätzen

Wie viele Bücher sind ungefähr in diesem Regal, das aus insgesamt 15 Fächern besteht?

Schätzt die Anzahl der Bücher möglichst schnell und genau.

1.

a) Wie findet ihr Karims und Karlas Methoden? Begründet eure Meinungen.
b) Erklärt, wie Noah und Sayena die Anzahl des Buchstabens „a" im Buch schätzen wollen.
c) Schätzt die Anzahl des Buchstabens „a" in diesem Mathebuch.

Beim Schätzen erhältst du einen **Näherungswert**. Dazu zählst du zunächst die Anzahl in einem Teilbereich. Dann schätzt du das Gesamte.

Das Bild ist in 12 gleich große Rasterfelder unterteilt.

In dem rot markierten Feld sind 8 Tauben.
$12 \cdot 8 = 96$

Auf dem Bild sind insgesamt etwa 96 Tauben.

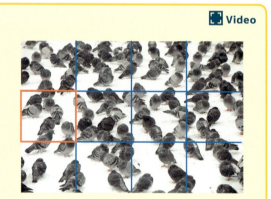

---

2. a) Betrachte das Foto mit den Knöpfen. Wie viele Knöpfe sind abgebildet? Schätze zuerst ohne zu zählen oder zu rechnen. Notiere deinen Schätzwert im Heft.
b) Wähle ein geeignetes Rasterfeld aus und zähle die Knöpfe.
c) Multipliziere das Ergebnis aus Teilaufgabe b) mit der Anzahl der Rasterfelder. Vergleiche mit deinem Wert aus Aufgabenteil a). Wie gut war deine erste Schätzung?

Zahlen und Daten

ÜBEN

Aufgabe 1 – 4

1. Die Zugvögel haben sich auf den Leitungen versammelt, um in den Süden zu fliegen. Schätze die Anzahl der Vögel auf dem Foto.

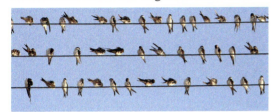

2. Schätze die Anzahl der Früchte in der Schale.
   a)   b)

3. a) Schätzt schnell ohne zu zählen die ungefähre Anzahl der Kinder beim Sporttag.
   b) Schätzt die Anzahl der Kinder genauer mit Hilfe der Rasterfelder.

4. Denkt euch eine hilfreiche Methode aus und schätzt.
   a) Wenn man die Schulranzen von allen Kindern eurer Klasse übereinanderstapelt, wäre dieser Turm höher als euer Klassenraum?
   b) Wie viele Treppenstufen steigt ihr an einem Tag hoch?
   c) Wie viele Karo-Kästchen gibt es in einem ganzen karierten Heft?

Aufgabe 5 – 8

5. Das Foto zeigt die gelagerten Autos einer Autofabrik auf einer Länge von 100 m. Schätze die Anzahl von Autos, die auf der gesamten Länge von 600 m gelagert werden.

6. Wie kannst du herausfinden, wie viele Erbsen ungefähr in dem 1-kg-Glas sind?

7. Der Pulsschlag gibt an, wie oft der Puls in einer Minute schlägt. Die Ärztin zählt nur einige Sekunden, rechnet dann im Kopf und notiert das geschätzte Pulsschlag-Ergebnis.
   a) Wie macht die Ärztin das?
   b) Schätzt auf diese Art gegenseitig euren Pulsschlag.

8. Im Radio wurden 10 km Stau auf der A7 gemeldet. Schätzt mit Hilfe des Ausschnitts, wie viele Autos im Stau auf der A7 stehen.

Römische Zahlen

Im Klassenzimmer der 5a hängt die abgebildete Uhr mit römischen Ziffern.

Was bedeuten V und X?

Wie spät ist es auf dem Bild gerade?

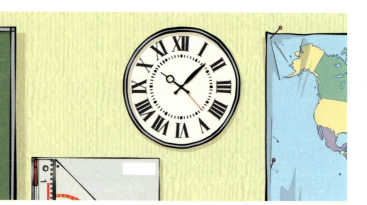

1. In der Tabelle sind römische Zahlen bis 1 000 dargestellt.
   a) Nach welcher Regel werden Zahlen, wie 3, 30 und 300 dargestellt?
   b) Welche Regel gilt für die Schreibweise der Zahlen 4, 40, 400?

I	II	III	IV	V	VI	VII	VIII	IX	X
1	2	3	4	5	6	7	8	9	10
X	XX	XXX	XL	L	LX	LXX	LXXX	XC	C
10	20	30	40	50	60	70	80	90	100
C	CC	CCC	CD	D	DC	DCC	DCCC	CM	M
100	200	300	400	500	600	700	800	900	1 000

Bei der römischen Zahlschreibweise gelten folgende Regeln:
- Es gibt 7 römische Zahlzeichen:
  I = 1   V = 5   X = 10   L = 50   C = 100   D = 500   M = 1 000
- Die Werte der Zahlzeichen werden addiert.
- Ein Zahlzeichen darf höchstens dreimal hintereinander geschrieben werden.
- Steht I, X oder C links vor einem der beiden nächstgrößeren Zeichen, wird subtrahiert.

M C L X X X I = 1 181

1 000 + 100 + 50 + 10 + 10 + 10 + 1 = 1 181

M C M L = 1 950

1 000 + (1 000 − 100) + 50 = 1 950

2. Übersetze die römische Zahl in unser Zehnersystem.
   a) XX   b) XXII   c) LV   d) CV
   e) IX   f) CXC   g) MCMII   h) MCD

   BEISPIEL
   XXXI
   = 10 + 10 + 10 + 1 = 31

3. Schreibe mit römischen Zahlzeichen.
   a) 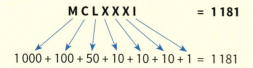 11 12 15 20
   b) 51 61 111 121
   c) 1 005 1 015 1 065 1 075
   d) 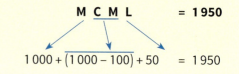 1 500 2 000 3 000 3 500

   BEISPIEL
   120
   = 100 + 10 + 10 = CXX

Zahlen und Daten

I◯◯ Aufgabe 1 – 5

1. Übersetze in unser Zehnersystem.
   a) XXVI b) LXXVII c) CCLXXV
   d) MDCLXVI e) XIV f) CXC
   g) MMCCXXII h) DLV i) DXLV

2. In welchem Jahr wurde das Bauwerk fertiggestellt? Überlegt gemeinsam.

MDCCCXCIV

CDXLVII

MDCCCLXXXIX

MCCCLXXII

3. Schreibe mit römischen Zahlzeichen.
   a) 23 b) 17 c) 61
   d) 85 e) 152 f) 832
   g) 1 600 h) 1 150

4. Schreibe die nächstgrößere römische Zahl.
   XXII   IX   CL   XXIV

5. Cleo hat nur eine Aufgabe richtig gelöst.
   a) Welche Aufgabe ist richtig?
   b) Verbessert die falschen Ergebnisse.

II◐ – III Aufgabe 6 – 11

6. Schreibe mit römischen Zahlzeichen.
   a) 14 b) 45 c) 91
   d) 1 900 e) 452 f) 3 415

7. Auf Friedhöfen werden die Jahreszahlen von Inschriften oft mit römischen Zahlzeichen dargestellt. Auf dem Foto zeigt die obere Zahl das Geburtsjahr, die darunter das Sterbejahr an.

   a) Gib die Geburtsjahre von Conradus und Antonius an.
   b) Wie alt wurden Conradus und Antonius?

8. Knobeln mit römischen Zahlzeichen
   a) Kannst du mit 4 Streichhölzern „tausend" legen?
   b) Zeige mit Streichhölzern: „zwei und eins ist sechs"
   c) Nimm von „neun" eins weg, dann hast du „zehn".
   d) Zeige mit Streichhölzern: Die Hälfte von „zwölf" ist „sieben".

9. M ist das größte römische Zahlzeichen. Notiere die größtmögliche römische Zahl. Beachte, dass ein Zahlzeichen maximal dreimal hintereinander geschrieben werden darf.

10. Welche Zahlen werden im Zehnersystem, welche Zahlen in der römischen Zahlschreibweise mit genau einem Zeichen geschrieben?

11. Schreibe mit römischen Zahlzeichen.
    a) 1 949 b) 444 c) 999

ZUSAMMENFASSUNG

Diagramme

Säulen- und Balkendiagramm
① Beschrifte die Hochachse.
② Beschrifte die Längsachse.
③ Zeichne die Säulen und Balken jeweils gleich breit (0,5 cm oder 1 cm).
④ Trage die Daten ein.

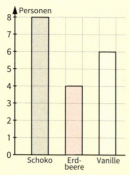

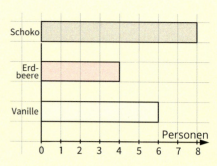

Bilddiagramm
① Wähle passende Symbole aus.
② Lege fest, für welche Anzahl jedes Symbol steht.
③ Zeichne die passende Anzahl von Symbolen.

Beliebte Autofarben

Legende: 🚗 = 50 Autos

Natürliche Zahlen

Veranschaulichung am **Zahlenstrahl**:

```
├──┼──┼──┼──┼──┼──┼──┼──┼──┼──┼──┼──┼──►
0  1  2  3  4  5  6  7  8  9  10 11 12
```

Darstellung in der **Stellenwerttafel**:

Mio	HT	ZT	T	H	Z	E
6	7	0	1	3	5	9

Summenschreibweise:
6 701 359 = 6 Mio + 7 HT + 1 T + 3 H + 5 Z + 9 E

Gliederung in Dreierpäckchen: 6 701 359

Zahlwort:
sechs Millionen siebenhunderteintausend-dreihundertneunundfünfzig

Vergleichen und Ordnen auf dem Zahlenstrahl:

Je weiter rechts eine Zahl steht, desto größer ist sie.

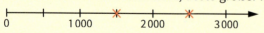

1 500 < 2 500: „1 500 ist kleiner als 2 500."
2 500 > 1 500: „2 500 ist größer als 1 500".

Vergleichen und Ordnen anhand der Stellen:

- Je mehr Stellen eine Zahl hat, desto größer ist sie.
- Bei gleich vielen Stellen vergleichst du die Zahlen stellenweise von links nach rechts.

1 497 > 983
989 898 < 1 234 567
1 084 < 1 172
69 258 > 69 239

Zahlen und Daten   **ZUSAMMENFASSUNG**

Natürliche Zahlen runden

Abrunden, wenn die Ziffer nach der Rundungsstelle eine 0, 1, 2, 3 oder 4 ist.

Die Ziffer an der Rundungsstelle bleibt erhalten. Alle Ziffern rechts davon werden Null.

Aufrunden, wenn die Ziffer nach der Rundungsstelle eine 5, 6, 7, 8 oder 9 ist.

Die Ziffer an der Rundungsstelle wird um 1 erhöht. Alle Ziffern rechts davon werden Null.

Rundung auf Zehner	Rundung auf Hunderter	Rundung auf Tausender
7 5**2****8** ≈ 7 530	7 **5**2**8** ≈ 7 500	**7** **5**28 ≈ 8 000
Rundungsstelle entscheidet	Rundungsstelle entscheidet	Rundungsstelle entscheidet

Zahlwörter für große Zahlen

1 000 000 000 000 ←·1 000— 1 000 000 000 ←·1 000— 1 000 000 ←·1 000— 1 000 ←·1 000— 1

1 Billion (1 Bill)   1 Milliarde (1 Mrd)   1 Million (1 Mio)   1 Tausend (1 T)

Billionen (Bill)			Milliarden (Mrd)			Millionen (Mio)			Tausender (T)					
HBill	ZBill	Bill	HMrd	ZMrd	Mrd	HMio	ZMio	Mio	HT	ZT	T	H	Z	E
		2	7	5	3	8	7	1	0	8	6	4	9	3

Gliederung in Dreierpäckchen:
2 753 871 086 493

mit Abkürzungen:
2 Bill 753 Mrd 871 Mio 86 T 493

Zahlwort:
zwei Billionen siebenhundertdreiundfünfzig Milliarden achthunderteinundsiebzig Millionen sechsundachtzig tausend vierhundertdreiundneunzig

---

Beim Schätzen erhältst du einen **Näherungswert**. Dazu zählst du zunächst die Anzahl in einem Teilbereich. Dann schätzt du das Gesamte.
Das Bild ist in 12 gleichgroße Rasterfelder unterteilt. In dem rot markierten Feld sind 8 Tauben.
12 · 8 = 96
Auf dem Bild sind insgesamt etwa 96 Tauben.

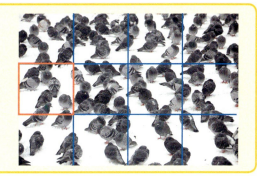

Römischen Zahlschreibweise

I = 1   V = 5   X = 10   L = 50   C = 100   D = 500   M = 1 000

M C L X X X I = 1 181

1 000 + 100 + 50 + 10 + 10 + 10 + 1 = 1 181

M C M L = 1 950

1 000 + (1 000 − 100) + 50 = 1 950

TRAINER — Zahlen und Daten

Aufgabe 1 – 3

1. Nach den Sommerferien berichteten die Schülerinnen und Schüler der Klasse 5c, wo ihre Familien im Urlaub waren.

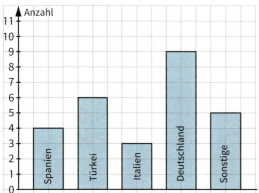

a) Lege eine Tabelle an und trage die jeweilige Anzahl ein.
b) Wie viele Kinder wurden insgesamt befragt?
c) Stelle das Ergebnis in einem Balkendiagramm dar.

2. In der Pizzeria Venezia dürfen die Kunden die Speisen mit Smileys 😊, 😐 und ☹ bewerten. Erstelle eine Strichliste für die einzelnen Smileys und veranschauliche die Bewertungen in einem Säulendiagramm.

3. Welche Zahlen sind auf dem Zahlenstrahl markiert?

a) A, B, C auf Zahlenstrahl von 0 bis über 1000 (Markierungen bei 200 und 1000)
b) D, E, F auf Zahlenstrahl von 0 bis über 50000 (Markierungen bei 10000 und 50000)

Aufgabe 4 – 9

4. Zeichne einen Zahlenstrahl von 0 bis 120 000. Wähle 1 cm Abstand für 10 000. Markiere auf dem Zahlenstrahl die Zahlen 30 000, 80 000 und 110 000 mit einem blauen Pfeil.

5. Schreibe mit Ziffern. Achte auf Nullen und Dreierpäckchen.

> BEISPIEL
> 8 T + 1 E = 8 001

a) 7 T + 3 Z + 6 E   b) 5 Mrd
c) 4 HT + 5 ZT + 9 Z   d) 67 Mio
e) 8 Mio + 4 ZT + 5 E   f) 52 Mio + 8 HT

6. Schreibe die Zahl in Dreierpäckchen und mit Abkürzungen.

> BEISPIEL
> 7349008036 = 7 349 008 036
>   = 7 Mrd 349 Mio 8 T 36

a) 876435   b) 5707389
c) 2040607   d) 9159852
e) 355007700   f) 28776651000000

7. Setze eines der Zeichen < oder > ein.
a) 156 ▢ 165   b) 8 080 ▢ 7 090
c) 909 ▢ 991   d) 8 989 ▢ 8 899
e) 1 254 ▢ 1 245   f) 10 999 ▢ 20 111

8. Runde auf
a) Zehner: ① 498   ② 40 908
b) Hunderter: ① 954   ② 1 950
c) Tausender: ① 7 499   ② 509 509
d) Zehntausender: ① 76 317   ② 2 543 210

9. Runde auf volle Hunderter-Beträge.

349 €

1 455 €

Zahlen und Daten

II Aufgabe 10 – 12

10. Das Foto zeigt eine große Rinderherde. Schätze die Anzahl der auf dem Foto sichtbaren Rinder.

11. Für ein Verkehrsprojekt zählten die Schüler und Schülerinnen der Klassenstufe 10 den Verkehr in der Hauptstraße und stellten das Ergebnis in einem Säulendiagramm dar.

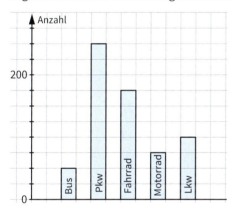

a) Lies die Anzahl der einzelnen Fahrzeuge ab und notiere sie.
b) Wie viele Fahrzeuge wurden insgesamt gezählt?
c) Veranschauliche das Ergebnis in einem Bilddiagramm.

12. Du siehst einen Ausschnitt des Zahlenstrahls. Notiere die markierten Zahlen.

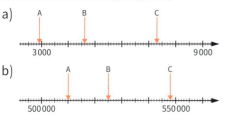

III Aufgabe 13 – 17

13. *Das Konzert war toll. Gerundet waren 11 000 Fans da.*

Wie viele Fans waren es mindestens, wie viele waren es höchstens?

14. Die größten Bauwerke der Erde sind:

| Burj Khalifa | PNB 118 |
| 830 m | 678 m |

| Shanghai Tower | Tokio Sky Tree |
| 632 m | 634 m |

Runde auf Hunderter und zeichne dann dazu ein Bilddiagramm.

15. Ordne die Zahlen und Ergebnisse. Beginne mit dem kleinsten Wert.

1 T + 1 H + 1 E   99 · 11   eintausendelf

MXCI   1 191 – 99   11 000 : 10

16. a) Wie heißt die größte sechsstellige Zahl, die aus vier verschiedenen Ziffern besteht?
b) Bilde die kleinste vierstellige Zahl, die aus zwei verschiedenen Ziffern besteht.

17. Abgebildet siehst du die vier größten Planeten unseres Sonnensystems mit ihren Durchmessern. Runde sie sinnvoll und veranschauliche sie in einem Balkendiagramm.

Jupiter: 142 984 km   Saturn: 120 536 km
Uranus: 51 118 km   Neptun: 49 528 km

Im Dinopark

Die Klassen 5a und 5b besuchen am Wandertag den Dinopark.

a) Bevor es losgeht, wird abgestimmt, welche Attraktion des Parks unbedingt besucht werden muss.
   ① Welche drei Attraktionen haben die meisten Stimmen erhalten?
   ② Wie viele Schülerinnen und Schüler wurden insgesamt befragt?

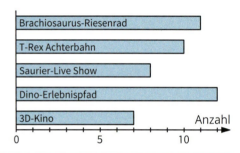

b) Auf dem Dino-Erlebnispfad wird die Entstehung der Erde dargestellt. Notiere die verschiedenen Altersangaben mit Ziffern in Dreierpäckchen in deinem Heft.

| Urknall vor 14 Mrd. Jahren | erstes Leben vor 5 Mrd. Jahren | Ammoniten vor 350 Mio. Jahren | Stegosaurus vor 200 Mio. Jahren | Hipparion vor 70 Mio. Jahren | Mammut vor 2 Mio. Jahren |

c) Auf einer Schautafel sind die Besucherzahlen im Dinopark in den Monaten April bis August abgebildet.
   ① Ordne die Besucherzahlen der Größe nach und beginne mit der kleinsten Zahl.
   ② Runde die Besucherzahlen auf Tausender und veranschauliche sie in einem Bilddiagramm. Zeichne 👤 für 1 000 Besucher. Denke an eine Legende.

d) Im Dinopark ist eine Fototafel aufgestellt. Das Foto zeigt die Ausflugsteilnehmer einer anderen Grundschule.
   Wähle ein geeignetes Rasterfeld aus und schätze damit die Anzahl der Kinder auf dem Foto.

2 | Addieren und Subtrahieren

1. Rechne im Kopf.
- a) 9 + 7 =
- b) 5 + 15 =
- c) 27 + 31 =
- d) 46 + 57 =
- e) 17 – 8 =
- f) 58 – 7 =
- g) 73 – 69 =
- h) 68 – 23 =

> Ich kann Additions- und Subtraktionsaufgaben im Zahlenraum bis 100 im Kopf lösen.
> Das kann ich gut. ✓ | Ich bin noch unsicher. → S. 219, Aufgabe 2, 3

2. Schreibe die Zahlen in eine Stellenwerttafel.
- a) 1 678
- b) 18 067
- c) 7 832
- d) 12 893

ZT	T	H	Z	E

> Ich kann Zahlen in eine Stellenwerttafel eintragen.
> Das kann ich gut. ✓ | Ich bin noch unsicher. → S. 217, Aufgabe 2, 3

3. Schreibe als Zahl.
- a) 8 T + 4 H + 1 Z + 5 E
- b) 4 T + 2 H + 2 E
- c) 7 ZT + 1 H + 3 Z + 9 E
- d) 2 ZT + 1 T + 6 Z + 4 E

> Ich kann Zahlen, die in Stellenwerte zerlegt sind, erkennen und schreiben.
> Das kann ich gut. ✓ | Ich bin noch unsicher. → S. 216, Aufgabe 1, 2

4. Ergänze die Lücke.
- a) 15 + ▢ = 30
- b) ▢ + 73 = 95
- c) 82 – ▢ = 60
- d) ▢ – 23 = 55

> Ich kann Umkehraufgaben zur Addition und Subtraktion lösen.
> Das kann ich gut. ✓ | Ich bin noch unsicher. → S. 216, Aufgabe 3, 4

5. Maria bekommt zum Geburtstag Geld geschenkt. Sie hängt es an eine Wäscheleine.

> Ich kann Sachaufgaben zur Addition und Subtraktion lösen.
> Das kann ich gut. ✓ | Ich bin noch unsicher. → S. 217, Aufgabe 1

In der nächsten Woche kauft sie ein Buch und Süßigkeiten für insgesamt 25 €.
Wie viel Euro hat sie dann noch?

EINSTIEG

Im Herbst werden 467 kg Kartoffeln geerntet. Davon werden 250 kg an Supermärkte geliefert. Der Rest wird im eigenen Hofladen verkauft.

2 | Addieren und Subtrahieren

In diesem Kapitel lernst du, ...

... wie du geschickt im Kopf addierst und subtrahierst,

... wie du beim Addieren und Subtrahieren Rechenvorteile nutzt,

... wie du mehrere Zahlen schriftlich addierst und subtrahierst,

... die Regeln für das Rechnen mit Klammern.

Bei Bauer Gräter holt das Milchauto 840 Liter Milch, auf den beiden Nachbarhöfen sind es 700 Liter und 1 050 Liter. Die gesamte Milch wird an eine Molkerei geliefert.

Im Kopf addieren und subtrahieren

Bauer Gräter überlegt, wie viele Tiere er auf seinem Hof versorgen muss.

Berechnet zu zweit möglichst im Kopf, wie viele Tiere das sind.

Erklärt, wie ihr gerechnet habt.

1. Erstelle eine Tabelle und ordne die Begriffe zu. Fallen dir weitere Begriffe ein?

Das bedeutet plus (+) rechnen:	Das bedeutet minus (–) rechnen:
+	–
addieren	

addieren abziehen Differenz bilden

dazu tun subtrahieren wegnehmen

zusammenzählen vermindern

Summe bilden hinzufügen erhöhen

Die **Addition** (**Plus**rechnen)
Summand + Summand = Summe
245 + 130 = 375
Die Summe von 245 und 130 ist 375.

Die **Subtraktion** (**Minus**rechnen)
Minuend – Subtrahend = Differenz
375 – 245 = 130
Die Differenz von 375 und 245 ist 130.

---

2. Schreibe die Plus- oder Minusaufgabe ins Heft und rechne im Kopf.
a) Addiere 15, 23 und 62.
b) Füge zur Zahl 19 die Zahlen 21 und 35 hinzu.
c) Bilde die Summe von 125 und 250.
d) Vermindere die Zahl 560 um 90.
e) Subtrahiere von 840 die Zahl 217.
f) Bilde die Differenz von 41 und 17.
g) Erhöhe die Zahl 90 um 22.
h) Ziehe 72 von 93 ab.

---

3. Die Klassen 5a, 5b und 5c fahren gemeinsam mit einem Bus auf den Bauernhof von Bauer Gräter. In der 5a sind 16 Kinder, die 5b hat 15 Kinder und in der 5c sind 19 Kinder.
a) Berechne im Kopf, wie viele Kinder insgesamt auf den Bauernhof mitfahren.
b) In den Bus passen 59 Fahrgäste. Es fahren 3 Lehrerinnen und 2 Väter mit. Wie viele Plätze bleiben frei?

Addieren und Subtrahieren

4. Jule und Bert berechnen 234 – 98.
a) Führt Jules und Berts Rechnungen zu Ende. Besprecht die Lösungswege.
b) Welchen Rechenweg findet ihr besser? Begründet eure Meinungen.

234 – 90 = 144
144 – ...

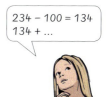
234 – 100 = 134
134 + ...

Um geschickt im Kopf zu rechnen, kannst du diese Tipps nutzen:

Schrittweise rechnen

$65 + 18$
$= 65 + 10 + 8$
$= 75 + 8$
$= 83$

$73 - 17$
$= 73 - 10 - 7$
$= 63 - 7$
$= 56$

Hilfsaufgabe nutzen

$49 + 39$
$= 49 + 40 - 1$
$= 89 - 1$
$= 88$

$84 - 29$
$= 84 - 30 + 1$
$= 54 + 1$
$= 55$

---

5. Notiere eine geschickte Zerlegung und rechne schrittweise.
a) 26 + 41
b) 78 + 23
c) 122 + 61
d) 377 + 25
e) 790 + 66
f) 99 – 42
g) 52 – 24
h) 117 – 32
i) 203 – 24
j) 320 – 75

6. Nutze eine Hilfsaufgabe.
a) 32 + 48
b) 42 + 29
c) 104 + 68
d) 122 + 29
e) 540 + 98
f) 67 – 28
g) 75 – 49
h) 156 – 38
i) 388 – 99
j) 724 – 88

7. Bildet mit je zwei Kärtchen Plusaufgaben und berechnet die Summe.
Welche Zahlen könnt ihr leicht addieren? Wann wird es schwierig?

34   58   77   25   36   19   42   50   68   33

8. a) Bildet mehrere Gruppen. Welche Gruppe löst die Aufgaben am schnellsten? Rechnet die acht Aufgaben und stoppt die Zeit. Sprecht über eure Lösungswege.
① 216 + 58
② 417 – 82
③ 67 + 32
④ 83 + 102
⑤ 672 – 99
⑥ 125 – 69
⑦ 72 – 58
⑧ 47 + 28

b) Rechnet nun die nächsten acht Aufgaben. Seid ihr diesmal schneller?
① 114 + 38
② 544 – 63
③ 24 + 55
④ 74 + 222
⑤ 674 – 49
⑥ 786 – 99
⑦ 84 – 76
⑧ 36 + 64

ÜBEN

Aufgabe 1–7

1. Berechne die Summe im Kopf.
   Schreibe Aufgabe und Ergebnis ins Heft.
   a) 210 + 80   b) 62 + 520   c) 580 + 120
   d) 322 + 18   e) 92 + 110   f) 172 + 218
   g) 449 + 50   h) 70 + 770   i) 480 + 270

   LÖSUNGEN
   202 | 290 | 340 | 390 | 499 | 582 | 700 | 750 | 840

2. Berechne die Differenz im Kopf.
   Schreibe Aufgabe und Ergebnis ins Heft.
   a) 190 − 30   b) 580 − 130   c) 280 − 170
   d) 460 − 80   e) 370 − 250   f) 170 − 169
   g) 688 − 70   h) 720 − 150   i) 460 − 170

   LÖSUNGEN
   1 | 110 | 120 | 160 | 290 | 380 | 450 | 570 | 618

3. Welche Zahl fehlt hier?
   a) 240 + ■ = 366   b) 513 + ■ = 600
   c) 170 − ■ = 157   d) 620 − ■ = 500

4. a) Nenne zwei Zahlen, die die Summe 248 ergeben. Gib zwei Beispiele an.
   b) Suche zwei Zahlen, die eine Differenz von 30 ergeben.
   Gib zwei passende Zahlenbeispiele an.

5. a) Addiere die Zahlen 15 und 81.
   b) Bilde die Summe der Zahlen 120 und 70.
   c) Zähle zu 72 die Zahl 37 dazu.
   d) Ziehe von 101 die Zahl 20 ab.
   e) Subtrahiere von 95 die Zahl 63.

6. Wie viel fehlt zu 1 000? Berechne im Kopf.
   a) 700   b) 380   c) 250   d) 482

7. Anton kauft ein T-Shirt für 18 € und eine Hose für 26 €. Er bezahlt mit einem 50-€-Schein. Wie viel Euro bekommt Anton zurück?

Aufgabe 8–12

8. Auf dem Bauernhof Gräter sind 50 Kinder angekommen. Davon sind 27 Mädchen. Wie viele Jungen sind dabei?

9. Kuh Elsa gibt in einer Woche etwa 150 Liter Milch. Ziege Fritzi gibt in einer Woche etwa 12 Liter Milch. Berechne, wie viel Liter Fritzi weniger gibt als die Kuh Elsa.

10. Welche Zahlenpaare könnt ihr leicht addieren? Notiert und berechnet sie. Begründet eure Auswahl.

    | 105 | 319 | 163 | 141 |
    | 257 | 64 | 25 | 360 |

11. Subtrahiere im Kopf. In den Äpfeln findest du die *Quersummen* der Lösungen.

    > Die *Quersumme* einer Zahl ist die Summe der einzelnen Ziffern: Die *Quersumme* von 25 ist 2 + 5 = 7.

    a) 320 − 180   b) 640 − 150   c) 910 − 550
    d) 570 − 220   e) 830 − 370   f) 580 − 280
    g) 960 − 190   h) 240 − 170   i) 610 − 320

12. Übertrage und löse die Additionspyramide.
    a)
    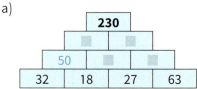

    b)
    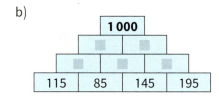

Addieren und Subtrahieren — ÜBEN

II Aufgabe 13 – 19

13. Berechne die Summe im Kopf.
a) 127 + 630   b) 198 + 83   c) 265 + 138
d) 323 + 539   e) 165 + 88   f) 304 + 172

14. Berechne die Differenz im Kopf.
a) 230 – 68   b) 726 – 86   c) 417 – 306
d) 540 – 49   e) 194 – 78   f) 340 – 112

15. a) Addiere die Zahlen 247 und 239.
b) Bilde die Summe aus 189, 215 und 35.

16. Die Differenz zweier Zahlen ist 58. Suche zwei passende Beispiele für Minuend und Subtrahend. Die Zahlen sollen zweistellig sein.

17. Welche Zahl fehlt bis zum nächsten Hunderter? Löse im Kopf und schreibe in dein Heft.
a) 763   b) 141   c) 357   d) 229
e) 2 444   f) 5 608   g) 1 813   h) 7 534

18. Bauer Gräter notiert sich morgens und abends, wie viel Gemüse er in seinem Hofladen hat.

morgens:	abends:
Kartoffeln 320 kg	Kartoffeln 140 kg
Karotten 160 kg	Karotten 55 kg
Zwiebeln 80 kg	Zwiebeln 27 kg

Berechne, wie viel Kilogramm (kg) Gemüse er insgesamt verkauft hat.

19. Übertrage und löse die Additionspyramide.

III Aufgabe 20 – 25

20. Berechne im Kopf.
a) 125 + 819 + 25   b) 925 + 125 + 230
c) 8 909 + 1 350   d) 2 008 + 598
e) 3 050 – 2 055   f) 5 609 + 287
g) 1 245 + 1 665   h) 8 400 – 688

21. a) Die Summe ist 2 512, ein Summand ist 983. Wie heißt der andere Summand?
b) Der Subtrahend ist 125, der Minuend 303. Berechne die Differenz.
c) Welcher Minuend gehört zur Differenz 722 und zum Subtrahenden 444?

22. Welche Zahl fehlt hier?
a) 267 + 173 + ▨ = 1 200
b) 973 + ▨ + 27 = 1 200
c) ▨ + 456 + 56 = 1 200

Summe der Lösungen: 1 648

23. Auf dem Tisch liegen 30 Streichhölzer. Nehmt abwechselnd bis zu vier Streichhölzer auf einmal weg. Wer das letzte Streichholz nimmt, hat gewonnen. Spielt das Spiel einige Male und überlegt: Wie muss man vorgehen, um zu gewinnen?

24. Finde die drei aufeinanderfolgenden Zahlen, die addiert 54 ergeben.

25. Übertrage das magische Zahlenquadrat ins Heft und fülle die leeren Felder aus.

Die horizontale, vertikale und diagonale Summe der Zahlen ist immer gleich.

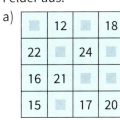

Rechenregeln

Beschreibt, wie hier gerechnet wurde.

Besprecht, welcher Rechenweg der bessere ist und warum.

1. Berechne und vergleiche die Ergebnisse. Rechne den Ausdruck in der Klammer zuerst.
   a) 16 − (9 + 3) = ▨
      16 − 9 + 3 = ▨
   b) 18 + (14 − 10) = ▨
      18 + 14 − 10 = ▨
   c) 17 − (9 − 3) = ▨
      17 − 9 − 3 = ▨

Die Klammerregel
Der Rechenausdruck in der Klammer wird zuerst ausgerechnet.
Sonst wird schrittweise von links nach rechts addiert und subtrahiert.

64 − (20 − 6)   80 − 25 − 15 + 41
= 64 −   14   =   55   − 15 + 41
= 50   =   40 + 41
                 =   81

2. Übertrage ins Heft und berechne wie im Beispiel.
   a) 38 + (16 + 4)
   b) 62 + (18 − 10)
   c) (85 + 115) − 70
   d) 84 − (8 + 16)
   e) 76 + (20 + 16)
   f) 95 + (20 − 15)

   BEISPIEL
   74 + (83 − 23)
   = 74 +   60
   = 134

   LÖSUNGEN
   58 | 60 | 70 | 100 | 112 | 130

3. Rechne zuerst, was in den Klammern steht.
   a) 37 + (15 − 7) + (22 − 11)
   b) 82 − (32 − 12) + (67 − 17)
   c) 55 − (38 − 8) − (13 + 12)
   d) 55 + (48 − 44) − (31 − 11)
   e) 93 − (43 − 10) + (25 + 15)
   f) 17 + (30 + 13) − (49 − 48)

   BEISPIEL
   50 + (35 + 5) + (17 − 9)
   = 50 +   30   +   8
   =   80   +   8
   = 88

   LÖSUNGEN
   0 | 39 | 56 | 59 | 100 | 112

4. Übertragt die Aufgabe und setzt eine Klammer so, dass das Ergebnis richtig ist.
   a) 82 − 32 + 12 = 38
   b) 62 − 38 − 24 = 48
   c) 19 − 9 − 6 − 8 = 8
   d) 22 − 5 − 4 − 3 = 16
   e) 50 − 10 + 5 − 3 = 32
   f) 32 − 12 − 7 − 4 = 31

Addieren und Subtrahieren

BASIS

5. Berechnet und vergleicht die Ergebnisse. Was wurde verändert?

a) 26 + 25 + 14 =
26 + 14 + 25 =

b) 13 + 44 + 27 =
13 + 27 + 44 =

c) (41 + 9) + 32 =
41 + (9 + 32) =

6. Beim Kopfrechnen schreibt Frau Schnell eine kompliziert aussehende Aufgabe an die Tafel. Nach wenigen Sekunden meldet sich Derek und ruft „150".
  a) Stimmt das Ergebnis? Rechnet im Kopf.
  b) Warum war Derek so schnell? Sammelt verschiedene Lösungswege und vergleicht sie.

35 + 34 + 33 + 17 + 16 + 15

Das Kommutativgesetz (Vertauschungsgesetz)

Beim Addieren darfst du die Summanden vertauschen.

① 14 + 88 = 88 + 14
   102 = 102

② 16 + 22 + 24 = 16 + 24 + 22
   38 + 24 = 40 + 22
   62 = 62

Das Assoziativgesetz (Verbindungsgesetz)

Beim Addieren darfst du Klammern beliebig setzen oder auch weglassen.

① 25 + 83 + 17 = 25 + (83 + 17)
   108 + 17 = 25 + 100
   125 = 125

② (17 + 18) + 32 = 17 + (18 + 32)
   35 + 32 = 17 + 50
   67 = 67

7. Vertausche die Summanden so, dass du geschickt rechnen kannst.

a) 49 + 27 + 11
b) 35 + 64 + 15
c) 248 + 13 + 27 + 12
d) 54 + 58 + 36
e) 17 + 11 + 33
f) 176 + 81 + 19 + 14
g) 11 + 44 + 19
h) 56 + 29 + 24
i) 312 + 79 + 18 + 21

LÖSUNGEN: 61 | 74 | 87 | 109 | 114 | 148 | 290 | 300 | 430

BEISPIEL
28 + 16 + 12
= 28 + 12 + 16
= 40 + 16
= 56

8. Setze Klammern so, dass du geschickt rechnen kannst.

a) 83 + 25 + 75
b) 45 + 23 + 37
c) 112 + 62 + 28
d) 67 + 44 + 16 + 23
e) 28 + 19 + 11 + 52
f) 76 + 74 + 18 + 32

LÖSUNGEN: 105 | 110 | 150 | 183 | 200 | 202

BEISPIEL
28 + 36 + 14
= 28 + (36 + 14)
= 28 + 50
= 78

ÜBEN — Addieren und Subtrahieren

Aufgabe 1 – 6

1. Setze Klammern so, dass du geschickt rechnen kannst.
  a) 16 + 86 + 14
  b) 25 + 15 + 12
  c) 67 + 25 + 15
  d) 113 + 67 + 15
  e) 27 + 95 + 15
  f) 118 + 22 + 133

  LÖSUNGEN: 52 | 107 | 116 | 137 | 195 | 273

2. Vertausche die Summanden und rechne geschickt.
  a) 25 + 26 + 74 + 25
  b) 46 + 31 + 64 + 39
  c) 122 + 34 + 36 + 18
  d) 57 + 15 + 35 + 13
  e) 68 + 18 + 22 + 42
  f) 277 + 28 + 23 + 62

3. a) Erkläre deiner Tischnachbarin oder deinem Tischnachbarn, was mit „geschicktem Rechnen" gemeint ist.
  b) Welche Rechenregeln kannst du für „geschicktes Rechnen" nutzen? Beschreibe sie mit Hilfe von Beispielen.

4. Stelle deiner Tischnachbarin oder deinem Tischnachbarn zwei Additionsaufgaben mit jeweils drei Summanden, die sie oder er mit Hilfe der Rechengesetze geschickt lösen muss. Dann bist du dran mit rechnen.

5. Berechne.
  a) (53 − 33) + 7
  b) 134 − (48 − 14)
  c) 62 + (78 − 12)
  d) 105 + (170 − 130)
  e) (43 − 18) + 15
  f) 118 − (25 + 33)
  g) 87 − (25 + 15)
  h) (120 − 30) + 99

  LÖSUNGEN: 27 | 40 | 47 | 60 | 100 | 128 | 145 | 189

6. Setze Klammern so, dass du ein möglichst kleines Ergebnis bekommst.
  a) 57 − 36 + 4
  b) 39 + 15 − 9 + 3
  c) 120 − 25 + 18
  d) 42 + 20 − 30 + 15

Aufgabe 7 – 8

7. *Welche Rechenregel wurde hier benutzt? Kommutativgesetz, Assoziativgesetz oder Klammerregel? Beschreibt die Rechnungen und die benutzten Regeln.*

Tafelbild

a)
  26 + 18 + 27 + 33 + 12
  = 18 + 12 + 27 + 33 + 26
  = (18 + 12) + (27 + 33) + 26
  = 30 + 60 + 26 = 116

b)
  57 − 37 + 18 − 15 + 17
  = (57 − 37) + (18 − 15) + 17
  = 20 + (3 + 17)
  = 20 + 20 = 40

8. Welcher Satz gehört zu welchem Rechenausdruck? Ordne richtig zu.
Achtung: Ein Rechenausdruck bleibt übrig. Schreibe für diesen auch einen Satz.

  A | Addiere zur Differenz der Zahlen 256 und 120 die Zahl 14.
  B | Subtrahiere von 256 die Summe der Zahlen 120 und 14.
  C | Bilde die Summe aus den Zahlen 256, 120 und 14.
  D | Addiere zu der Summe von 256 und 14 die Zahl 120.

  1 | 256 + 120 + 14
  2 | 256 − (120 + 14)
  3 | (256 − 120) + 14
  4 | (256 + 14) − 120
  5 | (256 + 14) + 120

Addieren und Subtrahieren

ÜBEN 47

Aufgabe 9–14

9. Vertausche und setze Klammern so, dass du geschickt rechnen kannst.
a) 592 + 35 + 65 + 408
b) 791 + 69 + 9 + 131
c) 86 + 814 + 79 + 121
d) 77 + 23 + 18 + 32
e) 95 + 33 + 5 + 67
f) 97 + 58 + 42 + 23

10. Berechne und vergleiche.
① 97 + 65 – 43 – 11 + 23 – 5
② (97 + 65) – 43 – (11 + 23) – 5
③ 97 + (65 – 43) – 11 + (23 – 5)

11. Setzt so viele Klammern wie möglich, sodass das Ergebnis gleich bleibt. Kontrolliert durch eine Rechnung.
180 – 75 + 54 – 27 + 94

12. Verwendet alle sieben Kärtchen.

| 180 | 120 | 60 | (|) | + | – |

a) Bildet einen Rechenausdruck der Null ergibt.
b) Welcher Rechenausdruck ergibt das größte Ergebnis?

13. Welche Zahl fehlt hier?
a) 18 + (– 16) = 34
b) 82 – (28 + ▪) = 42
c) ▪ – (82 – 34) = 52
d) ▪ + (43 – 15) = 140

14. Nach einem gemeinsamen Abendessen wundert sich Familie Kramer über die Höhe der Rechnung. Überprüfe den Rechnungsbetrag. Rechne geschickt und notiere deinen Rechenweg.

```
Pizza Margherita        6,80 €
Pizza Mista            10,30 €
Penne Gorgonzola       13,40 €
Mineralwasser (Flasche) 4,70 €
Kirsch-Bananensaft      3,20 €
                       ─────
                       48,40 €
```

Aufgabe 15–18

15.
① 40 + (25 + 18)   ▪   40 + 25 + 18
② 37 + (15 – 8)   ▪   37 + 15 – 8
③ 82 – (16 + 12)   ▪   82 – 16 + 12
④ 93 – (74 – 22)   ▪   93 – 74 + 22

a) Schreibt ins Heft und setzt <, > oder = ein.
b) Wann sind die Rechenausdrücke gleich? Formuliert eine Regel und prüft an weiteren Beispielen.

16. Setze Klammern, sodass das Gleichheitszeichen stimmt.
a) 84 – 35 + 6 – 19 + 4 = 20
b) 73 – 27 – 8 + 6 + 9 = 23
c) 31 – 15 – 6 + 2 – 18 = 2
d) 69 – 16 + 17 + 8 – 29 – 4 = 19

17. a) Addiere die Summe aus 67 und 94 und die Differenz der Zahlen 216 und 145.
b) Der Minuend ist die Summe der Zahlen 86 und 245. Der Subtrahend ist die Summe der Zahlen 131 und 78. Notiere die Differenz.

18. Verwendet in jeder Aufgabe genau vier der Zahlen. Bei den Rechenzeichen und Klammern könnt ihr frei entscheiden.

| 124 | 101 | 92 | 116 | 76 |

a) Notiert einen Rechenausdruck, sodass das Ergebnis möglichst nah bei null liegt.
b) Findet einen Rechenausdruck, sodass das Ergebnis möglichst nah bei 200 liegt.
c) Erstellt zwei Rechenausdrücke, bei denen die Reihenfolge der Zahlen und Rechenzeichen gleich ist. Setzt dann bei einem Rechenausdruck Klammern, sodass sich das Ergebnis ändert. Erklärt!

Auf der Hühnerwiese

Ein Spiel für 2 Personen:

Material: 2 Spielsteine, 1 Würfel   HINWEIS

- Jede Person setzt ihren farbigen Spielstein auf ihr Startfeld.
- Abwechselnd wird gewürfelt und der gewürfelte Wert in das Ei der Aufgabe eingesetzt.
- Das Ergebnis der Aufgabe gibt an, um wie viele Felder die Person weitergehen kann.
- Wer zuerst das Zielfeld erreicht hat, hat gewonnen und bekommt einen Punkt.
- Das Spiel beginnt von vorne. Gewonnen hat, wer zuerst 5 Punkte erreicht hat.

Wiederholungsaufgaben

Die Ergebnisse der Aufgaben 1 bis 7 ergeben verschiedene Tiere auf dem Bauernhof.

1. Runde.
   a) 235 auf Zehner
   b) 561 auf Hunderter
   c) 4948 auf Hunderter
   d) 459 auf Hunderter

2. Berechne.
   a) 12 · 6
   b) 15 · 3
   c) 5 · 5
   d) 8 · 5
   e) 6 · 7
   f) 11 · 9

3. a) Vermindere die Zahl 77 um 58.
   b) Addiere zu 158 die Zahl 79.
   c) Bilde die Differenz aus 87 und 55.
   d) Vermehre die Zahl 29 um 64.

4. Lies die Höhe des Berliner Fernsehturms und des Kölner Doms ab, runde auf 50 Meter.

5. Berechne die fehlende Zahl.
   a) 345 + ■ = 420
   b) ■ − 80 = 235
   c) 33 + 127 = ■

6. Julia kauft zwei Hefte für je 0,51 € und einen Stift für 3,98 €. Sie bezahlt mit einem 10-€-Schein. Wie viel Euro bekommt sie zurück?

7. Lies die Zahlen am Zahlenstrahl ab.

N ∣ 4	H ∣ 5
H ∣ 19	H ∣ 25
H ∣ 32	A ∣ 40
F ∣ 42	C ∣ 45
S ∣ 72	T ∣ 75
N ∣ 93	E ∣ 99
A ∣ 150	E ∣ 160
S ∣ 212	K ∣ 230
U ∣ 237	H ∣ 240
Z ∣ 315	K ∣ 350
S ∣ 460	D ∣ 500
U ∣ 600	A ∣ 1600
S ∣ 4200	N ∣ 4900
H ∣ 5000	E ∣ 6300

Überschlagen und schriftliches Addieren

Warum hat die Bäuerin diese Zahlen addiert?

Wie nah ist die Bäuerin an der wirklichen Menge?

1. Auf einem Bauernhof leben 120 Schweine und 87 Hühner. Berechne im Kopf, wie viele Tiere das sind. Rechne schrittweise.

   BEISPIEL
   78 + 43 = ___
   78 + 40 = 118
   118 + 3 = 121

2. Große Zahlen könnt ihr mit Hilfe einer Stellenwerttafel addieren. Toni beschreibt, wie er gerechnet hat. Ergänzt die fehlende Beschreibung.

   Zuerst habe ich Einer unter Einer, Zehner unter Zehner, Hunderter unter Hunderter und Tausender unter Tausender geschrieben. Dann habe ich 3 Einer und 5 Einer addiert, … .

   BEISPIEL

T	H	Z	E
2	7	4	3
+ 1	2	7	5
1	1		
4	0	1	8

   Überschlagsrechnung
   Das Ergebnis kannst du vor der Rechnung schon ungefähr abschätzen.
   Runde dafür alle Zahlen so, dass du im Kopf rechnen kannst.

   Schriftliches Addieren
   ① Schreibe die Zahlen richtig untereinander: Einer unter Einer, Zehner unter Zehner, …
   ② Addiere von rechts nach links einzeln: zuerst die Einer, dann die Zehner, …
   ③ Entsteht ein Übertrag, schreibe ihn unten in die nächste linke Stelle.

   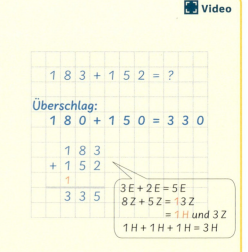

   183 + 152 = ?
   Überschlag:
   180 + 150 = 330

   ```
     1 8 3
   + 1 5 2
     1
     3 3 5
   ```

   3E + 2E = 5E
   8Z + 5Z = 13Z
           = 1H und 3Z
   1H + 1H + 1H = 3H

3. Schreibe untereinander und addiere schriftlich.
   a) 536 + 262   b) 724 + 158   c) 768 + 142   d) 894 + 367

Addieren und Subtrahieren ÜBEN 51

I Aufgabe 1 – 5

1. Addiere schriftlich. Achte auf den Übertrag.

a) 364 + 826
b) 6347 + 2072
c) 8382 + 939
d) 547 + 368
e) 8699 + 1121
f) 6958 + 67

2. Schreibe untereinander und addiere.
a) 326 + 678
b) 7895 + 1409
c) 893 + 509
d) 8890 + 2673
e) 858 + 987
f) 6702 + 5671

LÖSUNGEN
1004 | 1402 | 1845 | 9304 | 11563 | 12373

3. Finde den Fehler.
a) 6798 + 1361 = 7059 f.
b) 245 + 173 = 319 f.
c) 1278 + 762 = 8898 f.

4. Überschlage und ordne die richtigen Ergebnisse zu.
a) 652 + 218
b) 2204 + 598
c) 391 + 280
d) 1892 + 751
e) 978 + 398
f) 1999 + 999

671   870   1376   2643   2802   2998

5. Schreibe richtig untereinander und addiere. Auf den Kärtchen sind die Quersummen der Lösungen angegeben.
a) 54367 + 4208
b) 78376 + 12903
c) 20730 + 9614
d) 99356 + 89044

14   21   28   30

II–III Aufgabe 6 – 10

6. Schreibe untereinander und berechne.
a) 357 + 436 + 108
b) 242 + 297 + 432
c) 768 + 156 + 684
d) 2307 + 885 + 964
e) 12 + 4120 + 41200
f) 24 + 4340 + 43400

7. Ergänze die Lücken.
a) 35■ + ■43 = 10■5
b) 58■■ + 2635 = ■■76
c) 4■87 + 3■9 = 4646

8.

Emma hat 200 € gespart. Sie will sich dafür eine Radlerhose, eine Radtasche und ein gutes Schloss kaufen.
Überschlage, ob ihr Geld reicht.

9. Aus den Ziffern von 0 bis 9 werden zwei fünfstellige Zahlen gebildet und addiert. Die Null darf nicht an der ersten Stelle stehen. Jede Ziffer darf nur einmal vorkommen.
a) Die Summe soll möglichst groß (klein) sein.
b) Das Ergebnis soll möglichst viele gleiche Ziffern haben.
c) Die Summe soll 90000 sein.

10. a) Addiere zur Summe aus 93568 und 532890 die Zahl 8982.
b) Drei Summanden ergeben die Summe 100000. Der erste Summand ist 56891, der zweite Summand ist 8723. Berechne den dritten Summanden.

Schriftliches Subtrahieren

Familie Karaman fährt aus der nahegelegenen Kleinstadt zum Hof von Bauer Gräter, um Gemüse zu kaufen.

Welchen Höhenunterschied muss die Familie auf ihrem Weg überwinden?

1. Bauer Gräter baut auf einem Teil seiner Felder Kartoffeln an. Er produziert im Jahr ca. 25 000 kg Kartoffeln. In seinem Hofladen hat er innerhalb von sechs Monaten 8 250 kg verkauft.
   a) Wie kommt Bauer Gräter auf 17 000 kg?
   b) Berechne, wie viel Kilogramm Kartoffeln er noch genau verkaufen kann.

   Ich kann noch etwa 17 000 kg verkaufen.

Schriftliches Subtrahieren

① Schreibe die Zahlen richtig untereinander:
   Einer unter Einer, Zehner unter Zehner, …
② Subtrahiere von rechts nach links:
   zuerst die Einer, dann die Zehner, …
③ Entsteht ein Übertrag, schreibe ihn unten in die nächste linke Stelle.

$318 - 195 = ?$

Ü: $320 - 200 = 120$

```
   3 1 8
 - 1 9 5
     1
   1 2 3
```

$8E - 5E = 3E$
$11Z - 9Z = 2Z$
$3H - 1H - 1H = 1H$

2. Ein Biohof produziert mit seinen 65 Hühnern im Monat 1 625 Eier. Davon verkauft er 850 Eier im nahegelegenen Supermarkt. Beschreibe, wie die Differenz mit Hilfe der Stellenwerttafel berechnet wurde. Beginne mit: „Zuerst wurden die Einer unter die Einer geschrieben, …"

   BEISPIEL

	T	H	Z	E
	1	6	2	5
−		8	5	0
		1	1	
		7	7	5

3. Schreibe untereinander und subtrahiere schriftlich.
   a) 856 − 521
   b) 614 − 392
   c) 804 − 137
   d) 778 − 488

Addieren und Subtrahieren

ÜBEN 53

I Aufgabe 1 – 6

1. Subtrahiere schriftlich.
   a) 267 − 156
   b) 2780 − 1279
   c) 678 − 218
   d) 684 − 596
   e) 8760 − 684
   f) 433 − 334

2. Schreibe untereinander und subtrahiere. Auf den Kärtchen findest du die Quersummen der Ergebnisse.
   a) 6782 − 1078
   b) 5891 − 327
   c) 6091 − 4362
   d) 9367 − 156

   13   16   19   20

3. Überschlage zunächst und rechne dann.
   a) 6692 − 4880
   b) 1711 − 899
   c) 4501 − 2993
   d) 5091 − 2982

4. Bilde die Differenz der Zahlen 7835 und 5309.

5. Ben geht einkaufen. Er hat 250 € und kauft eine Hose für 78 € und Schuhe für 120 €. Wie viel Euro hat er übrig?

6. Wie wurde hier überschlagen?

   8140 − 3268 =

   ungefähr 5000

   ungefähr 4800

II – III Aufgabe 7 – 12

7. Subtrahiere schriftlich.
   a) 72 827 − 14 789
   b) 399 198 − 64 284
   c) 12 265 − 10 388
   d) 881 655 − 13 047

8. Subtrahiere wie im Beispiel.

   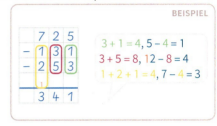

   a) 23 457 − 2 687 − 9 821
   b) 82 891 − 16 728 − 27 102
   c) 36 782 − 9 839 − 11 230
   d) 56 882 − 30 184 − 8 113

   LÖSUNGEN: 10 949 | 15 713 | 18 585 | 39 061

9. Der Rhein ist 1 233 km lang, davon fließen 368 km im Ausland. Die Elbe ist 1 245 km lang und fließt 518 km im Ausland.

10. Bestimme die fehlende Zahl.
    a) 128 256 − 38 456 − ▊ − 4 298 = 26 855
    b) 34 568 − (▊ + 5 182) − 7 631 = 12 492

11. Im Jahr 2021 lebten in Deutschland etwa 83 237 000 Menschen. Davon waren etwa 13 860 000 Menschen unter 18 Jahren alt. Berechne, wie viele Menschen 18 Jahre und älter waren.

12. Eine Kleinstadt hat beschlossen, ihren CO_2-Ausstoß innerhalb von 20 Jahren zu halbieren. Im ersten Jahr konnte der CO_2-Ausstoß der Stadt von 124 100 Tonnen auf 120 900 Tonnen gesenkt werden. Kann das Ziel nach 20 Jahren bei gleichmäßiger Senkung erreicht werden?

Ferien auf dem Huberthof

Der Huberthof

Der Huberthof baut überwiegend Gemüse an. Zusätzlich leben hier:
- 35 Milchkühe
- 3 Ponys
- 8 Kaninchen
- 30 Hühner
- 2 Ziegen
- 8 Schafe
- 1 Hund

Erlebnisurlaub für die ganze Familie

- beim Füttern mithelfen
- Kinderspielplatz am Haus mit Rutsche und Schaukel
- Kutschfahrten mit den Ponys
- Trampolinspringen
- wandern
- Brot backen
- bei der Ernte helfen
- schwimmen im Badesee
- Eier einsammeln
- Tischtennisplatte
- und vieles mehr …

Ferienwohnungen

Wir bieten zwei großzügige Ferienwohnungen mit 2–3 Schlafzimmern für 4–6 Personen. Jede Wohnung verfügt über eine Terrasse mit Grill.

Kosten:
129 € pro Nacht und Wohnung, inklusive Frühstück

---

1. Leo wohnt mit seiner Familie in Berlin. Er macht Urlaub auf dem Huberthof in Bayern. Der Bauernhof ist 734 km entfernt. Der Kilometerstand des Autos von Leos Familie steht vor der Urlaubsfahrt bei 62 389 km.
a) Welchen Kilometerstand liest Leos Vater bei der Ankunft auf dem Bauernhof ab?
b) Nach der Rückfahrt ist der Kilometerstand des Autos bei 63 982 km.
Wie viele Kilometer ist Leos Familie im Urlaub gefahren?

2. a) Berechne, wie viel Euro die Übernachtungen für 1, 2, 3 und 4 Tage kosten.

Anzahl der Übernachtungen	1	2	3	4
Preis in €				

b) Wie viele Tiere leben auf dem Huberthof?

Kartoffelernte des Huberthofes
2020: 83 580 kg
2021: 72 400 kg
2022: 81 350 kg

3. a) Berechne, wie viel Kilogramm Kartoffeln in den letzten drei Jahren insgesamt geerntet wurden. Mache zuerst einen Überschlag.
b) Wie groß ist die Differenz bei der Kartoffelernte zwischen 2022 und 2020?

Milchproduktion im Jahr
Kuh Elsa: 7 053 Liter
Kuh Berta: 8 058 Liter
Kuh Anna: 7 871 Liter

4. a) Wie viel Liter Milch gab Kuh Elsa weniger als die anderen Kühe?
b) Berechne, wie viel Liter Milch alle Kühe zusammen gaben.

Eierproduktion im Jahr

≈ 9 000 Stück

5. Der Huberthof rechnet für den eigenen Bedarf mit 400 Eiern im Jahr. Für die Feriengäste werden etwa 3 200 Eier zusätzlich verbraucht.
Wie viele Eier können im Hofladen verkauft werden?

6. Im Jahr 2020 hatte der Huberthof insgesamt 988 Feriengäste. Im Jahr 2021 waren es 55 Gäste mehr als 2020 und im Jahr 2022 waren es sogar 268 Gäste mehr als 2020.
Wie viele Feriengäste waren das in den drei Jahren zusammen?

ZUSAMMENFASSUNG

Addieren und Subtrahieren

Die **Addition** (**Plus**rechnen)
  Summand + Summand = Summe
    245   +   130   = 375
Die Summe von 245 und 130 ist 375.

Die **Subtraktion** (**Minus**rechnen)
  Minuend − Subtrahend = Differenz
    375   −   245   =   130
Die Differenz von 375 und 245 ist 130.

Um schnell im Kopf zu rechnen, kannst du diese Tipps nutzen:

Schrittweises rechnen

  65 + 18
= 65 + 10 + 8
= 75 + 8
= 83

  73 − 17
= 73 − 10 − 7
= 63 − 7
= 56

Hilfsaufgabe nutzen

  49 + 39
= 49 + 40 − 1
= 89 − 1
= 88

  84 − 29
= 84 − 30 + 1
= 54 + 1
= 55

Die Klammerregel
Was in den Klammern steht, wird zuerst berechnet. Sonst addiert oder subtrahiert man schrittweise von links nach rechts.

   43 − (13 + 10)   43 − 13 + 10
  = 43 −   23   =   30   + 10
  =   20   =   40

Das Kommutativgesetz
Beim Addieren dürfen Zahlen vertauscht werden.

   14 + 16 = 16 + 14
      30   =   30

Das Assoziativgesetz
Beim Addieren dürfen Summanden beliebig zusammengefasst werden.

   (18 + 17) + 3 = 18 + (17 + 3)
      35   + 3 = 18 +   20
         38   =   38

Schriftliches Addieren
3 284 + 4 071

```
  3 2 8 4
+ 4 0 7 1
      1
  7 3 5 5
```

Überschlag
3 300 + 4 100 = 7 400

Schriftliches Subtrahieren
8 531 − 3 705

```
  8 5 3 1
− 3 7 0 5
    1 1
  4 8 2 6
```

Überschlag
8 500 − 3 700 = 4 800

Addieren und Subtrahieren   TRAINER   57

Aufgabe 1 – 5

1. Rechne schriftlich.

a) 23890 + 14573

b) 2409 + 413

c) 2347 − 1563

d) 34517 − 1705

2. Rechne die Rechenkette im Kopf. Notiere auch die Zwischenergebnisse.

a) 120 →+45→ ☐ →+28→ ☐ →+72→ ☐

b) 256 →+86→ ☐ →+105→ ☐

c) 86 →+14→ ☐ →+36→ ☐ →+114→ ☐

d) 250 →−22→ ☐ →−15→ ☐

213 | 250 | 265 | 447   LÖSUNGEN

3. Schreibe stellengerecht untereinander und berechne.

a) 3628 + 9501
b) 2672 + 758
c) 5782 − 3502
d) 7254 − 909

4. Lilly fährt mit ihrer Mutter zu ihrer Oma nach Frankfurt. Beim Losfahren liest sie auf dem Kilometerzähler 326 km ab. Als sie bei ihrer Oma ankommen, zeigt der Kilometerzähler 523 km an. Berechne, wie viele Kilometer sie gefahren sind.

5. Rechnet die Aufgabe 870 − 199 − 35 wie Tom und Ida. Welcher Rechenweg gefällt euch besser?

Ich subtrahiere zuerst 199 und dann 35.

Ich addiere zuerst 199 und 35 und subtrahiere das Ergebnis von 870.

Aufgabe 6 – 10

6.
a) Addiere zu der Zahl 1879 die Zahl 367.
b) Bilde die Differenz von 574 und 230.
c) Die Summe zweier Zahlen ist 1000. Der erste Summand ist 674. Wie groß ist der zweite Summand?
d) Finde zwei Zahlen, deren Differenz 158 ist.
e) Finde zwei Summanden, deren Summe 670 ist.

7. Schreibe untereinander und rechne.

a) 267 + 167 + 980
b) 5208 − 2356
c) 924 + 167 + 789
d) 4589 − 1568
e) 356 + 290 + 189
f) 7045 − 4345

835 | 1414 | 1880 | 2700 | 2852 | 3021   LÖSUNGEN

8. Ordne die Überschläge richtig zu. Die richtige Reihenfolge ergibt ein Lösungswort.

a) 351 + 148 + 98
b) 158 + 136 + 97
c) 686 − 101 − 94
d) 895 − 499 − 186
e) 780 + 189 − 88
f) 611 + 277 + 88

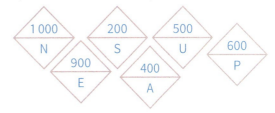

9. Beachte die Klammer.

a) 267 + (467 − 167)
b) 784 − (402 + 198)
c) 1250 − (450 − 200)
d) (352 + 148) − 170

10. Rechne möglichst geschickt.

a) 53 + 28 + 47 + 102
b) 99 + 67 + 103 + 21
c) 64 + 126 + 178 + 22
d) 46 + 28 + 52 + 174
e) 76 + 99 + 10 + 25
f) 98 + 96 + 94 + 92

210 | 230 | 290 | 300 | 380 | 390   LÖSUNGEN

Aufgabe 11 – 13

11. Übertrage und ergänze die fehlenden Zahlen.
a) 356 + ■ = 400
b) 740 + ■ = 1 000
c) 689 – ■ = 389
d) 873 – ■ = 802

12. Übertrage und berechne.

+	356	809	199	3 674
4 178	■	■	■	■
2 785	■	■	■	■

13.

Der Elberadweg verläuft von der Elbequelle bis zur Mündung in die Nordsee.
a) Berechnet, wie lang die 10 Etappen von Cuxhaven bis Spindlermühle insgesamt sind. Überschlagt zunächst.
b) Wie viel länger wird die Tour, wenn die Stadt Prag besucht wird?
c) Welches ist die längste Etappe?
d) Wie lang ist die Strecke von Dresden bis Magdeburg?
e) Wie lang ist die Strecke von Magdeburg bis Hamburg?
f) Toni plant eine 220 km lange Tour mit zwei Etappen. Welche Strecke möchte er fahren?

Aufgabe 14 – 19

14. Von Stuttgart nach Neuseeland sind es 18 687 Flugkilometer. Bis zur ersten Zwischenlandung am Persischen Golf fliegt man 5 068 km. Von dort bis zur zweiten Zwischenlandung in Bangkok sind es 4 982 km. Berechne, wie weit man von Bangkok nach Neuseeland fliegt.

15. Übertrage und ergänze die fehlenden Zahlen.

a) 1 4 6 7
   + ■ ■ ■ ■
   ─────────
     5 1 4 2

b) 2 0 3 3
   + ■ ■ ■ ■
   ─────────
     5 6 4 1

c) 5 1 4 9
   + ■ ■ ■ ■
   ─────────
   1 0 7 2 9

d) 1 ■ 4 5
   + ■ 2 ■ ■
   ─────────
     4 5 4 9

16. Rechne schriftlich. Rechts findest du die Quersummen der Ergebnisse.
a) 13 569 – 1 098 – 6 266   13
b) 35 628 – 8 278 – 2 560   22
c) 26 578 – 7 837 – 1 789   23

17. Übertrage und berechne zuerst die Summen in den Spalten, dann in den Zeilen.

36 456	90 402	7 489	■
60 713	12 034	1 260	■
76 123	44 371	8 973	■
■	■	■	■

18. Am 31. 12. 2000 hatte die Stadt Frankfurt 643 821 Einwohnerinnen und Einwohner. Im Jahr 2020 waren es 115 026 Einwohnerinnen und Einwohner mehr. Wie viele waren es?

19. Kannst du 3 Zahlen auswählen, deren Summe 50 ist? Begründe deine Antwort.

22   17   20   18   21   16

Addieren und Subtrahieren

II Aufgabe 20 – 22

20. a) Berechne die Differenz aus der Zahl 2 531 und der Summe aus 734 und 254.
b) Addiere die Zahlen 3 257 und 3 866. Subtrahiere anschließend deren Summe von 23 055.
c) Subtrahiere von der Zahl 42 156 die Differenz aus 33 156 und 12 423.

21. Finde den Fehler und rechne richtig.

a) 150 – (56 + 14) = 108	f.
b) 75 – 20 + (15 + 25) = 15	f.
c) 90 – (45 – 15) – 5 = 25	f.

22.

Nach der Anzahl der Tiere belegt der Zoo in Berlin mit rund 20 400 Exemplaren in 1 088 Arten den ersten Platz der größten Zoos in Deutschland. Im Tierpark Berlin leben zwar deutlich weniger Tiere (etwa 6 900 Tiere in 587 Arten), dafür ist sein Gelände mit 160 Hektar Fläche etwa 127 Hektar größer als das Gelände des Berliner Zoos. Der Zoo Frankfurt gehört mit 4 500 Tieren und 450 Arten zu den kleinsten Zoos in Deutschland.

a) Berechnet, wie viele Tiere im Berliner Zoo mehr leben als im Frankfurter Zoo.
b) Formuliert zwei weitere Aufgaben, die mit den Angaben im Infotext gelöst werden können.

III Aufgabe 23 – 28

23. Berechne. Du erhältst besondere Ergebnisse.
a) 281 573 – 123 513 – 23 131 – 11 473
b) 549 153 – 252 413 – 32 501 – 153 128
c) 879 034 – 430 182 – 10 852 – 116 679

24. Rechne schriftlich. Rechts findest du die Quersummen der Ergebnisse.
a) 25 690 + 36 078 + 146 891 + 46 709   29
b) 35 789 + 17 926 + 616 892 + 15 672   38
c) 96 178 + 26 183 + 126 982 + 65 387   18

25. Setze Klammern, sodass das Ergebnis richtig ist.
a) 120 + 15 – 82 + 18 = 35
b) 92 – 16 – 6 – 20 + 15 = 47
c) 105 – 30 – 15 + 17 – 9 = 98

26. a) Berechne die Differenz aus der Summe der Zahlen 45 789 und 2 389 und der Summe der Zahlen 7 864 und 8 976.
b) Bilde die Summe der Zahlen 67 398, 20 451 und 12 896. Wie groß ist die Differenz dieser Summe zu 1 000 000?

27. Lea behauptet: „Sind die beiden Summanden einer Summe gleiche Zahlen, so ist die Summe immer eine gerade Zahl." Begründe, warum Lea Recht hat.

28. 340 – 91 + 48 – 60 + 55 – 30
a) Setzt eine Klammer so, dass der Rechenausdruck
 • möglichst klein wird,
 • möglichst groß wird.
b) Ihr dürft mehrere Klammern setzen. Wer kann so die größte Zahl errechnen, wer die kleinste?

ABSCHLUSSAUFGABE

Addieren und Subtrahieren

Obst- und Gemüseernte auf dem Bauernhof Gräter

Auf dem Bauernhof Gräter wird Obst und Gemüse geerntet. Alle helfen mit, zusätzlich werden noch Erntehelfer beschäftigt. Außerdem kommen Maschinen zum Einsatz.

a) Bei der Apfelernte werden am ersten Tag 360 kg, am zweiten Tag 286 kg und am dritten Tag 583 kg geerntet.
• Überschlage zunächst, wie viel Kilogramm Äpfel geerntet wurden.
• Berechne dann die genaue Gesamtmenge der geernteten Äpfel.

b) Rechne geschickt im Kopf, wie viel kg Möhren in fünf Tagen geerntet wurden. Notiere, wie du gerechnet hast.

c) Bei der Kartoffelernte wurden am Montag 897 kg geerntet. Am Mittwoch waren es 955 kg. Der Rest der Kartoffeln wurde am Freitag geerntet. Insgesamt wurden in dieser Woche 2 680 kg Kartoffeln geerntet. Wie viel kg Kartoffeln waren es am Freitag?

d) Bauer Gräter erwirtschaftet in einem Monat 7 600 €. Davon bezahlt er 895 € für Viehfutter, 1 640 € für Erntehelfer und 650 € für das Ausleihen von Erntemaschinen. Für sonstige Ausgaben bezahlt er 550 €. Wie viel Euro bleiben Bauer Gräter übrig?

e) Die Kohlernte der letzten Jahre ist in der Tabelle zusammengefasst.

Jahr	2020	2021	2022
Menge in kg	1 467	695	517

• Berechne die gesamte Erntemenge dieser Jahre.
• Wie viel Kilogramm Kohl wurden im Jahr 2022 weniger geerntet als im Jahr 2020?

f) Vier Erntehelfer haben Birnen geerntet. Bauer Gräter möchte wissen, wie viel Kilogramm das insgesamt sind.
• Beschreibe, wie Olli und Tom gerechnet haben.
• Wer hat geschickter gerechnet? Begründe deine Antwort.

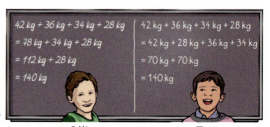

Olli   Tom

3 | Grundlagen der Geometrie

1. Miss die Länge der Linie mit dem Lineal.

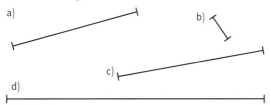

   Ich kann Längen messen.
   Das kann ich gut. ✓ | Ich bin noch unsicher. → S. 222, Aufgabe 3, 4

2. Zeichne das Viereck in dein Heft.
   a) ein Quadrat mit der Seitenlänge 2 cm
   b) ein Rechteck mit der Breite 2,5 cm und der Länge 4 cm

   Ich kann Quadrate und Rechtecke mit vorgegebenen Längen auf Karopapier zeichnen.
   Das kann ich gut. ✓ | Ich bin noch unsicher. → S. 228, Aufgabe 2, 3

3. Übertrage die Figuren in dein Heft.

   Ich kann Figuren exakt auf Karopapier übertragen.
   Das kann ich gut. ✓ | Ich bin noch unsicher. → S. 218, Aufgabe 1, 2

4. Finde die fünf Fehler im Spiegelbild.

   Ich kann Fehler in einem Spiegelbild finden.
   Das kann ich gut. ✓ | Ich bin noch unsicher. → S. 218, Aufgabe 3

5. Übertrage die Figur in dein Heft.
   Spiegle die Figur mit Hilfe der Kästchen an der roten Linie.

   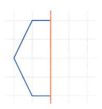

   Ich kann einfache Figuren mit Hilfe der Kästchen spiegeln.
   Das kann ich gut. ✓ | Ich bin noch unsicher. → S. 219, Aufgabe 1

EINSTIEG

Wie kannst du die Schablone nutzen, um eine lange Reihe mit gleichen Mustern zu malen?

Wodurch werden die Bilder in einem Kaleidoskop so gleichmäßig? Wie kannst du sie verändern?

3 | Grundlagen der Geometrie

Wie sind die Bretter in einem Regalsystem angeordnet? Erkennst du Formen, die sich wiederholen?

In diesem Kapitel lernst du, …

… die Eigenschaften von Strecke, Strahl und Gerade kennen,

… was die Eigenschaften parallel und senkrecht bedeuten,

… wie du mit dem Geodreieck parallele und senkrechte Linien zeichnest,

… was ein Koordinatensystem ist und wie du Punkte abliest und einzeichnest,

… Muster und Formen mit ihren Eigenschaften zu beschreiben,

… wie du Figuren spiegelst und veschiebst.

Strecke, Strahl und Gerade

Findest du gerade Linien, die einen Anfang haben, aber kein Ende?

Bei welchen Linien kannst du die Länge messen?

Gibt es gerade Linien, bei denen du keinen Anfangs- oder Endpunkt sehen kannst?

1. Ordnet, wenn möglich, die Linien den Eigenschaften in der Tabelle zu.

eine gerade Linie mit Anfangspunkt und Endpunkt	eine gerade Linie mit einem Anfangs-, aber keinem Endpunkt	eine gerade Linie ohne Anfangspunkt und Endpunkt

Strecken, Strahlen und **Geraden** sind gerade Linien.

Eine **Strecke** hat einen Anfangspunkt und einen Endpunkt.

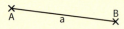

Für diese **Strecke a** mit Anfangspunkt A und Endpunkt B schreibt man auch $\overline{AB}$.

Ein **Strahl** hat einen Anfangspunkt und keinen Endpunkt.

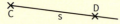

Für diesen **Strahl s** mit Anfangspunkt C und dem Punkt D, der auf dem Strahl liegt, schreibt man auch $\overrightarrow{CD}$.

Eine **Gerade** hat keinen Anfangspunkt und keinen Endpunkt.

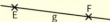

Für diese **Gerade g**, auf der die Punkte E und F liegen, schreibt man auch **EF**.

2. a) Zeichne eine Gerade k, auf der ein Punkt L liegt.
b) Zeichne drei verschiedene Strahlen, die alle in einem Punkt P beginnen.
c) Zeichne eine Strecke $\overline{XY}$ mit der Länge 6,5 cm.
d) Zeichne einen Strahl s, der in einem Punkt A beginnt und eine Gerade g, die durch A verläuft.

Grundlagen der Geometrie

Aufgabe 1 – 3

1. Entscheide für jede Linie, ob es sich um eine Strecke, einen Strahl oder eine Gerade handelt.

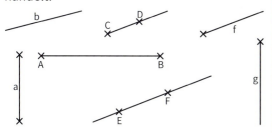

Übertrage die Tabelle in dein Heft und fülle sie aus.

Strecke	Strahl	Gerade
a, ▪	▪	▪

2. Übertrage die Punkte in dein Heft.

a) Zeichne die Strecke $\overline{AF}$.
b) Zeichne den Strahl $\overrightarrow{BE}$.
c) Zeichne die Gerade AC.
d) Zeichne eine gerade Linie, die im Punkt C beginnt und durch Punkt E verläuft. Welche Art von Linie ist das?

3. Zeichne eine passende Linie in dein Heft und benenne sie.
a) eine Strecke a mit dem Anfangspunkt K und dem Endpunkt L
b) eine Gerade g durch die Punkte P und Q
c) einen Strahl s, der im Punkt S beginnt und durch den Punkt T verläuft
d) eine 4 cm lange Strecke $\overline{AB}$
e) einen Strahl $\overrightarrow{XY}$
f) eine Gerade CD

Aufgabe 4 – 7

4. Entscheide und erkläre: richtig oder falsch?
a) Jeder Strahl hat einen Anfangspunkt.
b) Jede Linie ohne Anfangspunkt und Endpunkt ist eine Strecke.
c) Jede gerade Linie ist eine Strecke.
d) Jede Gerade hat weder Anfangspunkt noch Endpunkt.
e) Eine Gerade kann durch zwei Punkte verlaufen.
f) Jede Gerade hat eine bestimmte Länge.
g) Es gibt Strecken ohne Endpunkte.

5. Wie viele Strecken, Strahlen und Geraden erkennst du? Benenne sie.

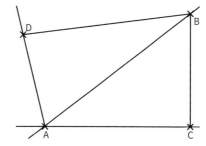

6. Zeichne drei Geraden so, dass
a) drei Schnittpunkte entstehen,
b) zwei Schnittpunkte entstehen,
c) ein Schnittpunkt entsteht,
d) kein Schnittpunkt entsteht.

7. a) Zeichne vier Punkte A, B, C und D in dein Heft. Zeichne alle Geraden, die durch mindestens zwei Punkte verlaufen. Wie viele Geraden erhältst du?
b) Zeichne die vier Punkte so ins Heft, dass du eine andere Anzahl von Geraden zeichnen kannst.
c) Welches ist die größte Anzahl, welches die kleinste Anzahl von Geraden bei vorgegebenen vier Punkten? Zeichne jeweils.

Zueinander senkrechte und parallele Geraden

Findet ihr im Regal Bretter, die überall gleich weit voneinander entfernt sind?

Manche Bretter stehen senkrecht zueinander. Erklärt an einem Beispiel, was das bedeutet.

Schaut euch im Klassenzimmer um. Findet ihr hier auch Linien, die senkrecht zueinander sind oder überall die gleiche Entfernung voneinander haben?

1. Wenn du ein Blatt Papier wie im Bild faltest, entsteht ein rechter Winkel (Bild 3).
   a) Bastle dir nach der Anleitung einen eigenen Faltwinkel.
   b) Suche in deinem Klassenzimmer rechte Winkel und überprüfe sie mit deinem Faltwinkel.

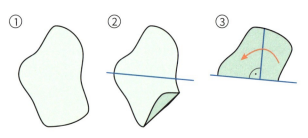

 Video

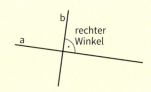 

Geraden, die sich im rechten Winkel schneiden, sind zueinander **senkrecht (orthogonal)**.

Du schreibst: a ⊥ b (a ist senkrecht zu b)

Geraden, die überall die gleiche Entfernung voneinander haben, sind zueinander **parallel**.

Du schreibst: a ∥ b (a ist parallel zu b)

2. a) Welche der gekennzeichneten Linien sind zueinander senkrecht, welche sind zueinander parallel? Schreibt euer Ergebnis so:
   ▬ ⊥ ▬ oder ▬ ∥ ▬.
   b) Findet ihr weitere zueinander senkrechte und parallele Linien? Beschreibt, wo sie liegen.

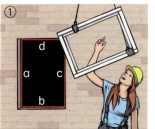 

Grundlagen der Geometrie

3. Betrachtet die Bilder. Zeigt eurem Partner/eurer Partnerin zueinander senkrechte oder zueinander parallele Linien. Wechselt euch ab.

a)
b)
c)

4. Wo findet ihr in eurer Umwelt zueinander senkrechte oder parallele Linien? Fotografiert Beispiele und stellt sie eurer Klasse vor.

Zueinander senkrechte und parallele Geraden mit dem Geodreieck zeichnen

Das Geodreieck hat wichtige Hilfslinien. Mit diesen Linien kannst du zueinander senkrechte und parallele Geraden zeichnen und überprüfen.

So zeichnest du eine senkrechte Gerade (**Senkrechte**) zu g durch P:

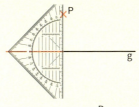 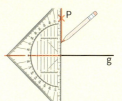

So zeichnest du eine parallele Gerade (**Parallele**) zu g durch P:

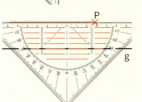 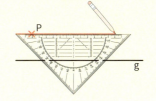

---

5. Zeichne eine Gerade g auf Blankopapier. Markiere einen Punkt P, der auf der Geraden g liegt und einen Punkt Q, der nicht auf der Geraden g liegt.

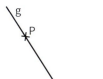

TIPP

So legst du das Geodreieck an, wenn der Punkt P auf der Geraden g liegt.

① Zeichne mit Hilfe des Geodreiecks:
  • eine senkrechte Gerade h zu g durch den Punkt P
  • eine senkrechte Gerade k zu g durch den Punkt Q
  • eine parallele Gerade l zu g durch den Punkt Q.
② Überprüfe mit dem Geodreieck die Lage der Geraden h und k und der Geraden l und k. Schreibe dein Ergebnis mit den passenden Symbolen ∥ oder ⊥ auf.

ÜBEN

Aufgabe 1 – 3

1. Überprüfe mit dem Geodreieck.

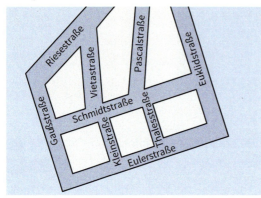

a) Welche Straßen liegen senkrecht zur Eulerstraße?
b) Welche Straßen liegen parallel zur Gaußstraße?
c) Welche anderen Straßen gibt es, die senkrecht zueinander liegen?
d) Wie liegen Schmidtstraße und Eulerstraße zueinander?

2. Überprüfe mit dem Geodreieck, ob die Geraden parallel oder senkrecht zueinander liegen. Schreibe dein Ergebnis mit den passenden Symbolen ▨ ∥ ▨ oder ▨ ⊥ ▨ auf.

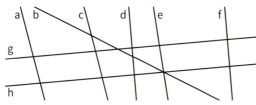

3. Findet zueinander senkrechte und parallele Linien.

Aufgabe 4 – 7

4. Suche zueinander senkrechte und parallele Strecken. Überprüfe mit dem Geodreieck.

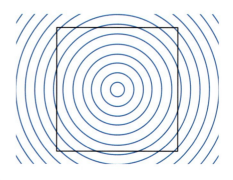

5. Übertrage die Punkte A und B in dein Heft und zeichne die Gerade g. Zeichne mit Hilfe des Geodreiecks Parallelen zu g wie im Bild.

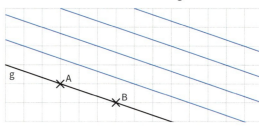

TIPP
So überträgst du die Gerade:
1 Kästchen
3 Kästchen

6. Übertrage ins Heft. Zeichne die parallele Gerade zu g durch R und die senkrechte Gerade zu g durch Q.

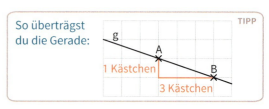

7. Zeichne mit Hilfe des Geodreiecks die Fassade eines Fachwerkhauses mit zueinander senkrechten und parallelen Linien ins Heft.

Grundlagen der Geometrie

▌▌ Aufgabe 8 – 10

8. Welche Geraden liegen parallel, welche liegen senkrecht zueinander?
Prüfe mit dem Geodreieck und notiere dein Ergebnis mit den passenden Symbolen.

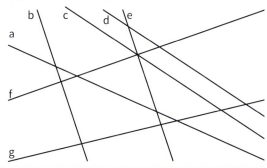

9. Übertrage die Punkte und die Gerade in dein Heft.

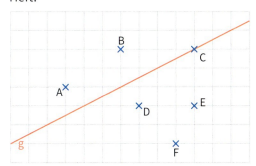

a) Zeichne zu g senkrechte Geraden durch die Punkte A, B und C.
b) Zeichne zu g parallele Geraden durch die Punkte D, E und F.
c) Wie liegen die neu entstandenen Geraden zueinander? Schreibe mit dem passenden Symbol in dein Heft.

10. Übertrage den Linienzug auf Blankopapier und führe ihn fort.

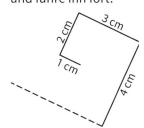

▌▌▌ Aufgabe 11 – 13

11. Übertrage die Figur in dein Heft.

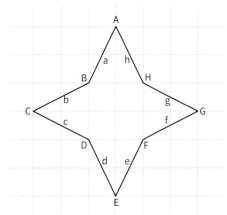

a) Findest du zueinander parallele Linien in der Figur? Markiere sie farbig.
b) Zeichne je eine Parallele
  • zu c durch A,
  • zu e durch C,
  • zu g durch E und
  • zu a durch G.
  Welche Figur entsteht?

12.

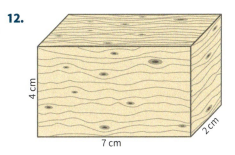

Übertrage das Bild der Kiste ins Heft.
Beachte, dass parallele Linien immer gleich lang sind.
Markiere alle rechten Winkel der Kiste.
Sind das auch rechte Winkel im Bild?

13. Bei der Kiste aus Aufgabe 12 sind immer vier Kanten parallel. Gibt es auch Körper mit mehr oder weniger als vier parallelen Kanten? Wenn ja, skizziere einen solchen Körper in dein Heft.

Abstand

Was müssen die beiden Kinder beim Überqueren der Straße beachten?

Warum sollten sie die Straße senkrecht zur Fahrbahnkante überqueren?

1. Almo, Burak und Pawel streiten, wer von ihnen der Schnellste ist. Almo bereitet ein Wettrennen vor und markiert ein Ziel mit 2 Stöckchen.
   a) An der Startlinie sagt Pawel: „Das ist unfair! Ich bin klar im Nachteil."
      Erklärt, warum.
   b) Wie muss das Ziel verändert werden, damit das Rennen fair ist? Skizziert im Heft.

Abstand

Die **kürzeste Entfernung** zwischen einem Punkt und einer Geraden oder zwei parallelen Geraden nennt man **Abstand**.

Du zeichnest den Abstand senkrecht zur Geraden ein und markierst den rechten Winkel.

Der Abstand von P zu g beträgt 7 cm.

2. Bestimme die Abstände der Punkte zur Geraden g in Millimetern.
   Lege dein Geodreieck zum Messen wie beim Zeichnen von Senkrechten an.

   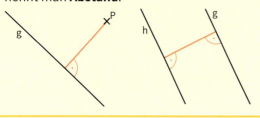

   LÖSUNGEN

   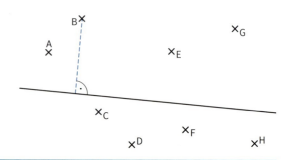

   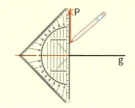

3. Zeichne zwei parallele Geraden in dein Heft. Du darfst das Karoraster nutzen.
   a) Der Abstand der Geraden beträgt 3 cm.
   b) Der Abstand der Geraden beträgt 4,5 cm.

Grundlagen der Geometrie

▌◫ Aufgabe 1 – 3

1. Überprüfe mit dem Geodreieck, ob der Abstand richtig eingezeichnet wurde.
   a)

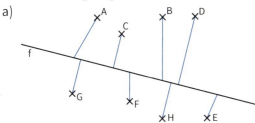

   b) Es gilt: m ∥ n

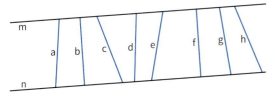

2. Miss die Abstände der Punkte P bis W zur Geraden.

   TIPP Achte auf richtiges Anlegen des Geodreiecks.

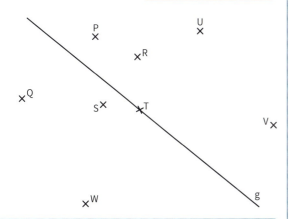

3. Miss die Abstände zwischen den Geraden.

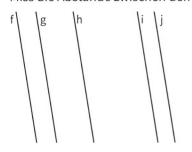

▐◨ – ▐▐ Aufgabe 4 – 6

4. Zeichne eine Gerade g auf Blankopapier.
   a) Zeichne parallele Geraden a, b und c mit den Abständen 1 cm, 2,5 cm und 8 cm zu g.
   b) Zeichne zwischen den Parallelen und Gerade g die kürzeste Entfernung ein.

5. Am Fahrradweg wachsen Bäume. 1 cm in der Zeichnung entspricht 1 m in der Wirklichkeit.

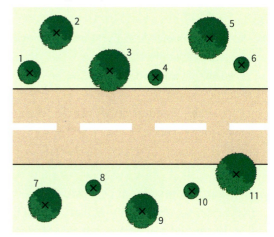

   Aus Gründen der Sicherheit sollen alle Bäume entfernt werden, deren Abstand zum Radweg vom Mittelstreifen aus kleiner ist als 1,5 m.
   Welche Bäume müssen entfernt werden?

6. a) Zeichne einen Punkt P.
      Zeichne zwei parallele Geraden a und b.
      Der Abstand von a zu P beträgt 3 cm.
      Der Abstand von b zu P beträgt 2 cm.
      Finde zwei Möglichkeiten für die Gerade b.
   b) Zeichne einen Punkt M. Zeichne vier verschiedene Geraden a, b, c und d, die alle einen Abstand von 3 cm zum Punkt M haben.
   c) Zeichne einen Punkt Q. Zeichne drei Geraden a, b und c, sodass ein Dreieck entsteht und alle Geraden 2 cm Abstand von Q haben.

Das Koordinatensystem

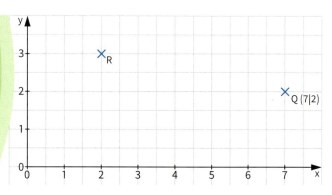

Der Punkt Q hat die Koordinaten (7|2). Findest du die Zahlen 7 und 2 am Rand des Koordinatensystems wieder?

Welche Koordinaten hat der Punkt R?

1. Von den Punkten A, B, C, D und E ist immer nur eine Koordinate angegeben.
   Ergänze die fehlenden Koordinaten.

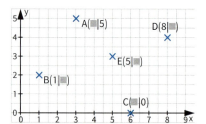

Ein **Koordinatensystem** besteht aus einer **x-Achse** (Rechtsachse) und einer **y-Achse** (Hochachse).
Der **Ursprung** ist der gemeinsame Anfangspunkt der beiden Achsen, er hat die Koordinaten (0|0).

Ein Punkt wird durch zwei Koordinaten (x|y) genau beschrieben. In der Abbildung hat der Punkt P die Koordinaten (3|2).

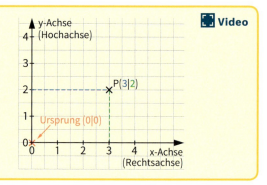

2. Zeichne ein Koordinatensystem in dein Heft. Eine Längeneinheit (LE) beträgt 1 cm. Die Achsen sind 5 cm lang.
   ① Zeichne den Punkt A in den Ursprung.
   ② Markiere den Punkt B an der Stelle 4 auf der x-Achse.
   ③ Der Punkt C liegt 4 LE oberhalb von B. Markiere den Punkt C.
   ④ Der Punkt D liegt an der Stelle 4 auf der y-Achse. Welche Koordinaten hat der Punkt D?
   ⑤ Verbinde die Punkte A, B, C und D in alphabetischer Reihenfolge miteinander und zuletzt D mit A. Welche Figur erhältst du?

   HINWEIS
   1 LE = 1 cm

3. Jeder Partner/jede Partnerin zeichnet ein Koordinatensystem ins Heft (1 LE = 1 cm).
   a) Markiere mindestens vier Punkte in deinem Koordinatensystem. Tauscht die Hefte und notiert die Koordinaten der Punkte eures Partners/eurer Partnerin. Kontrolliert euch gegenseitig.
   b) Schreibe die Koordinaten einiger Punkte auf. Tauscht die Hefte und zeichnet die Punkte ins Heft eures Partners/eurer Partnerin. Kontrolliert euch gegenseitig.

Grundlagen der Geometrie

4. Schreibe die Koordinaten der Punkte A bis F auf.

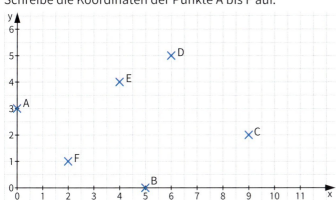

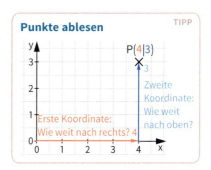

TIPP

Punkte ablesen

5. Tim hat die Koordinaten der Punkte falsch abgelesen.
Erkläre, was er beim Ablesen der Koordinaten falsch gemacht hat. Verbessere dann Tims Fehler.

a) 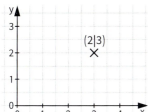   b) 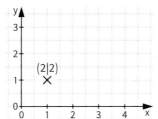   c)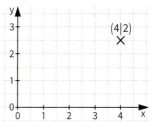

6.

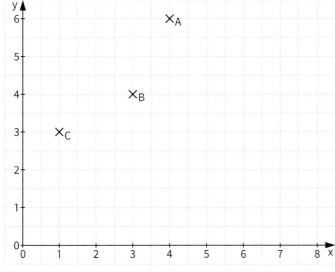

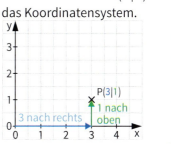

TIPP

Punkte einzeichnen

Zeichne den Punkt P(3|1) in das Koordinatensystem.

Übertrage das Koordinatensystem und die Punkte A, B und C in dein Heft.
Trage die Punkte D(3|2), E(4|0), F(5|2), G(7|3) und H(5|4) in das Koordinatensystem ein.
Verbinde die Punkte in alphabetischer Reihenfolge und zuletzt H mit A. Welche Figur entsteht?

7. Zeichnet die Punkte A(1|1), B(7|2), C(6|6) und D(2|7) in ein Koordinatensystem. Zeichnet alle sechs Verbindungsstrecken und messt die Längen. Vergleicht mit eurer Partnerin/eurem Partner.

ÜBEN

Aufgabe 1 – 3

1. Übertrage das Koordinatensystem mit den Punkten in dein Heft. Bei jedem Punkt fehlt eine Koordinate. Zeichne für die fehlende Koordinate die Verbindung zur passenden Achse ein und lies die Koordinate ab.

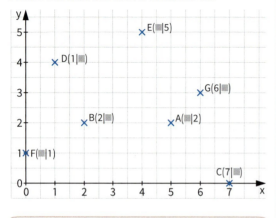

| 0 | 0 | 2 | 3 | 4 | 4 | 5 | LÖSUNGEN |

2. Lies die Koordinaten der Punkte ab.

   TIPP: Zuerst die x-Koordinate.

3. Lege ein Koordinatensystem an. Die Achsen sind 10 cm lang. (1 LE = 1 cm) Trage die Punkte ein. Verbinde die Punkte in alphabetischer Reihenfolge und dann D mit A. Welche Figur entsteht?
   a) A(4|0), B(9|0), C(9|2) und D(4|2)
   b) A(1|5), B(3|2), C(6|4) und D(4|7)
   c) A(8|4), B(10|8), C(8|10) und D(6|8)

Aufgabe 4 – 6

4. Zeichnet in ein Koordinatensystem eine Figur mit mindestens sechs Eckpunkten. Beschriftet die Eckpunkte mit A, B, C, …
   Diktiert euch gegenseitig die Eckpunkte und verbindet sie.
   Kontrolliert gegenseitig eure Ergebnisse.

5. Übertrage das Koordinatensystem mit der Figur in dein Heft.
   Notiere die Koordinaten der Punkte A bis H.

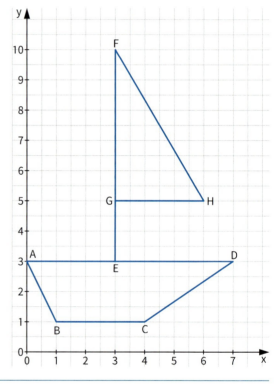

6. Überprüfe die angegebenen Koordinaten für die vier Punkte und korrigiere, wenn nötig.

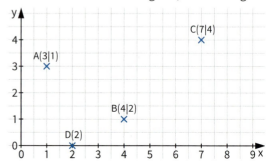

Grundlagen der Geometrie

ÜBEN 75

❚❮ Aufgabe 7 – 8

7.

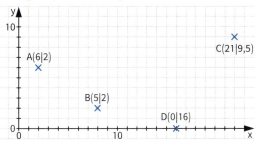

a) Bewege dich auf der Schatzkarte vom Ursprung aus 3 Einheiten nach Osten und 1 Einheit nach Norden. Wo befindest du dich jetzt?
b) Starte bei (5|5). Gehe 2 Einheiten nach Westen, 1 Einheit nach Süden und 4 Einheiten nach Osten. Wo landest du?
c) Vom Schatz aus musst du 7 Einheiten nach Süden und 6 Einheiten nach Westen gehen, um zum Ursprung zu gelangen. Gib die genauen Koordinaten für die Schatztruhe an.

8. Übertrage die Abbildung in dein Heft.

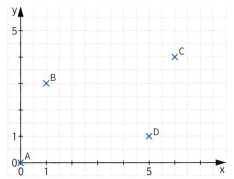

Zeichne je eine Gerade durch die Punkte A und C sowie durch B und D.
Markiere den Schnittpunkt S der Geraden farbig. Lies die Koordinaten von S ab.

❚❚❚ Aufgabe 9 – 12

9. Überprüfe die angegebenen Koordinaten und korrigiere, wenn nötig.

10. Zeichne ein Koordinatensystem (1 LE = 1 cm). Die Achsen sind 10 cm lang.
① Zeichne einen Strahl a, der im Ursprung beginnt und durch den Punkt P(4|5) verläuft.
② Zeichne eine Gerade b durch den Punkt Q(9|5), die parallel zu a verläuft.

11. Lege ein Koordinatensystem (1 LE = 1 cm) an. Wähle die Längen der Achsen passend zur Aufgabe.
① Trage die Punkte ein:

A(1|8)   B(7|2)   C(0|5)   D(5|7)

P(8|3)   Q(0|7)   R(4|2)   S(8|6)

② Zeichne die Strecken $\overline{AP}$, $\overline{BQ}$, $\overline{CR}$ und $\overline{DS}$.
③ Welche Strecken liegen parallel zueinander?
④ Bestimme den Abstand zwischen den parallelen Strecken.

12. Lege ein Koordinatensystem (1 LE = 1 cm) an. Zeichne die Strecken
• $\overline{AB}$ mit A(0|7) und B(6|5) und
• $\overline{CD}$ mit C(0|0) und D(2|10).
Miss die Strecken und markiere auf beiden Strecken die Mittelpunkte M_1 und M_2.
Gib die Koordinaten von M_1 und M_2 an.

Schatzsuche

1. In einem Buch hat Finn folgende Karte gefunden und dazu diese Notiz:

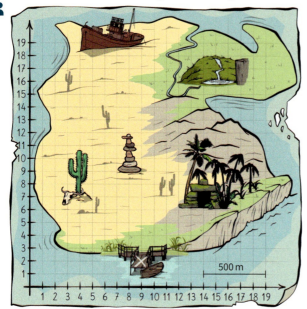

Vom Anleger aus gehst du 600 m nach Norden. Jetzt drehst du dich nach Osten und läufst weitere 100 m geradeaus. Von hier wieder 400 m nach Norden und nun drehst du dich nach Westen. Laufe noch 700 m in diese Richtung. Jetzt heißt es graben, graben, graben ...

Findet heraus, wo der Schatz versteckt ist und gebt die Koordinaten an.

2. Finn findet die Idee großartig und schenkt seiner Schwester Marica eine Schatzkarte zum Geburtstag. Er hat das Geburtstagsgeschenk im Garten versteckt.
Führt Finns Anweisungen aus. Wo muss Marica nach ihrem Geburtstagsgeschenk suchen?
Für die Suche müsst ihr zuerst das Koordinatensystem ins Heft übertragen.

*Markiere den Punkt P (4|4) auf der Karte.
Zeichne einen Strahl vom Ursprung durch P.
Zeichne die Strecke vom Punkt (0|6) bis zum Punkt (6|0).
Der Schnittpunkt von Strahl und Strecke soll S heißen.
Schreibe die Koordinaten von Punkt S auf.
Dein Geschenk findest du hier:
Ziehe von der x-Koordinate 2 ab und verkleinere die y-Koordinate um 1.*

3. a) Überlegt euch eine eigene Schatzsuche für eure Klasse. Nutzt dafür z. B. einen Plan eures Schulgeländes oder eures Klassenraums. Zeichnet alles in ein Koordinatensystem und formuliert eigene Hinweise.
   b) Tauscht eure Schatzkarten untereinander. Testet die Schatzkarte eurer Partnergruppe. Was war gut und was kann noch verbessert werden?

Grundlagen der Geometrie

BLEIB FIT 77

Wiederholungsaufgaben

Die Ergebnisse der Aufgaben ergeben drei Begriffe aus dem Heimwerkerbereich.

1. Rechne im Kopf.
   a) 12 + 9
   b) 23 + 39
   c) 120 + 45
   d) 38 − 9
   e) 57 − 26
   f) 99 − 20
   g) 7 · 5
   h) 9 · 8
   i) 10 · 15
   j) 25 : 5
   k) 63 : 7
   l) 56 : 8

2. Gib den Vorgänger/Nachfolger an:
   a) ■ < 230
   b) 98 < ■
   c) 1 099 < ■
   d) ■ < 500
   e) 39 499 < ■
   f) ■ < 11 000

3. Das Balkendiagramm zeigt die Lieblingsgetränke der Kinder.
   a) Wie viele Kinder mögen am liebsten Cola?
   b) Wie viele Kinder wurden insgesamt befragt?

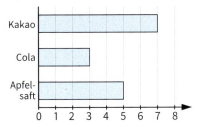

4. Wie viele Fahrradfahrer sind im Bilddiagramm dargestellt?
    = 5 Personen

   Fahrrad

5. Welche Zahlen sind auf dem Zahlenstrahl markiert?

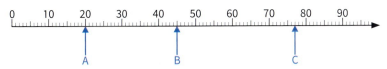

6. Berechne.
   a) 30 − 17 + 3
   b) 30 − (17 + 3)

7. Rechne schriftlich im Heft:
   a) 246 + 133
   b) 379 − 258
   c) 2 367 + 544

U|3	S|5
R|7	E|9
A|10	G|15
M|16	B|20
W|21	E|25
K|29	E|31
M|35	A|45
I|62	E|72
U|77	L|79
E|99	K|121
S|150	N|165
W|229	R|379
K|499	R|1 100
T|2 911	E|10 999
Z|39 500	S|40 000

Achsensymmetrie und Achsenspiegelung

Hier wird tapeziert.

Worauf müsst ihr achten, wenn ihr die nächste Tapetenbahn anlegt?

Wo fängt eine Tapetenbahn an, wo hört sie auf?
Ist es egal, wie die Tapete abgeschnitten wird?

1. Übertrage die Figuren in dein Heft.
   An welcher Stelle kann man die Figuren falten, sodass beide Hälften genau aufeinander passen. Zeichne die Faltlinien ein. Gibt es vielleicht sogar mehrere mögliche Faltlinien in einer Figur?

   a)   b)   c)

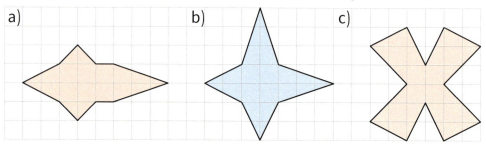

> Wenn du eine Figur entlang einer Linie so falten kannst, dass die beiden Hälften genau aufeinander liegen, dann ist die Figur **achsensymmetrisch**.
> Die Faltlinie nennt man **Symmetrieachse**. Eine Figur kann auch mehrere Symmetrieachsen haben.
>
>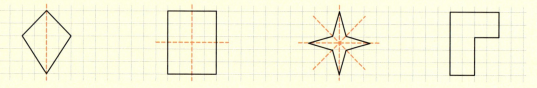
>
> eine Symmetrieachse   zwei Symmetrieachsen   vier Symmetrieachsen   keine Symmetrieachse

2. Betrachtet die Tapetenmuster.
   Sind diese achsensymmetrisch?
   Wie viele Symmetrieachsen findet ihr? Diskutiert eure Ergebnisse.

   a)   b)   c)

3. Falte ein quadratisches Blatt zweimal wie im Bild. Schneide Muster in das gefaltete Papier. Wie viele Symmetrieachsen hat das Muster nach dem Auffalten? Klebe ins Heft.

Grundlagen der Geometrie

4. Übertrage die Bilder auf Karopapier und ergänze sie spiegelbildlich zur roten Linie.

a)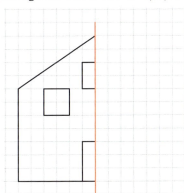

b)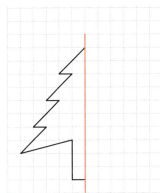

Achsensymmetrische Bilder entstehen durch eine **Achsenspiegelung**.

So spiegelst du einen Punkt P an einer Spiegelachse s:

Du legst die Mittellinie des Geodreiecks so auf die Spiegelachse, dass der Punkt P auf dem Lineal liegt.	Dann misst du den Abstand von der Spiegelachse bis zum Punkt P.	Jetzt trägst du den **Bildpunkt P′** im selben Abstand auf der anderen Seite der Spiegelachse ein.

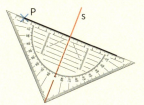 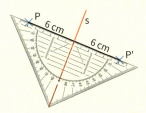

---

5. Menessa hat mehrere Punkte an der roten Spiegelachse gespiegelt.
  a) Überprüfe, welche Punkte Menessa richtig gespiegelt hat und wo ihr Fehler unterlaufen sind.
  b) Ordne die Fehler aus der Liste den passenden Punktepaaren zu.

① Der Bildpunkt ist falsch beschriftet.

② Der Punkt und der Bildpunkt haben nicht den gleichen Abstand zur Spiegelachse.

③ Die Verbindungsstrecke liegt nicht senkrecht zur Spiegelachse.

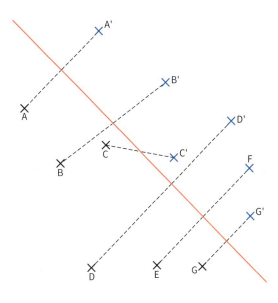

ÜBEN

Aufgabe 1 – 2

1. Übertrage die Figuren in dein Heft. Zeichne in jede Figur alle möglichen Symmetrieachsen ein.

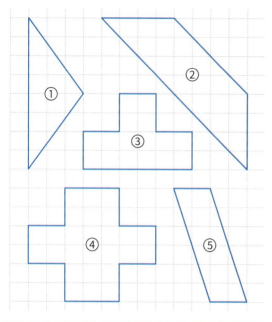

2. Übertrage die Figur in dein Heft. Ergänze mit Hilfe der Symmetrieachse zu einer achsensymmetrischen Figur.

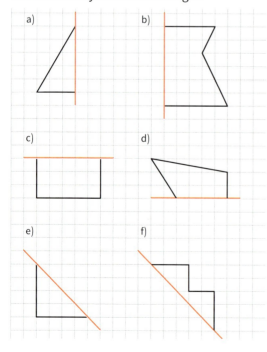

Aufgabe 3 – 5

3. Beschreibt die Anordnung der Geräte. Könntet ihr eine Symmetrieachse einzeichnen?

4. Übertrage die Abbildung in dein Heft. Spiegle die Punkte A, B und C an der Spiegelachse s. Benenne die Bildpunkte mit A', B' und C'.

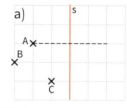
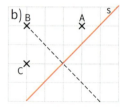

5. Leo hat die schwarze Figur an der Spiegelachse s gespiegelt.

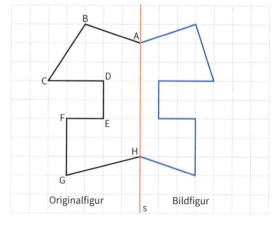

① Beschreibe Leos Fehler und zeichne ein korrigiertes Bild ins Heft.
② Beschrifte die Punkte der Bildfigur (A' bis H') in deiner Zeichnung.

Aufgabe 6 – 9

6. Übertrage die Figur in dein Heft und spiegle sie an der Spiegelachse s.

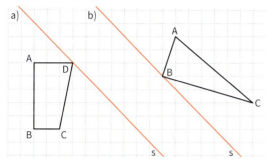

7. Zeichne in ein Koordinatensystem (1 LE = 1 cm)
① ein Dreieck ABC mit den Eckpunkten A (4|6), B (2|1) und C (5|4),
② eine Gerade DE mit D (5|0) und E (5|7).
a) Spiegle das Dreieck ABC an der Geraden DE.
b) Beschrifte die Eckpunkte des Bilddreiecks und gib ihre Koordinaten an.

8. Wie könnt ihr überprüfen, ob es sich hier um eine Achsenspiegelung handelt? Erklärt euch gegenseitig euer Vorgehen.

9. Viele Blätter von Pflanzen sind nahezu achsensymmetrisch. Sammle Blätter und prüfe auf Symmetrie. Zeichne symmetrische Blätter in dein Heft.

Aufgabe 10 – 12

10. Übertrage die Abbildung in dein Heft und spiegle das Dreieck ABC an der Geraden s.

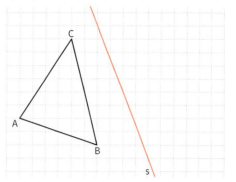

11. Zeichne in ein Koordinatensystem (1 LE = 1 cm) das Dreieck mit den Punkten P (3|1), Q (7|3), R (0|4) sowie die Gerade MN mit M (6|1) und N (1|6).
a) Spiegle das Dreieck an der Geraden MN und benenne die Eckpunkte.
b) Wo liegt der Schnittpunkt S der beiden Dreiecksseiten $\overline{PQ}$ und $\overline{P'Q'}$?

12. Dieses Bild zeigt eine Figur mit einer Symmetrieachse. Dem Zeichner ist ein Fehler unterlaufen.

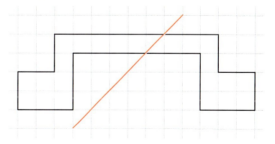

a) Übertrage die Figur in dein Heft und korrigiere die Symmetrieachse.
b) Übertrage die Symmetrieachse mit dem linken Teil der Figur in dein Heft. Ergänze den rechten Teil der Figur achsensymmetrisch.
c) Übertrage den rechten Teil mit Symmetrieachse und ergänze.

Zeichnen mit dynamischer Geometriesoftware

Mit einer dynamischen Geometriesoftware (DGS) kannst du die Aufgaben dieses Kapitels auch am Computer bearbeiten. Du kannst Punkte, Geraden, Strahlen, Strecken und Figuren zeichnen. Mit der Software kannst du auch parallele und senkrechte Geraden zeichnen und Figuren spiegeln.

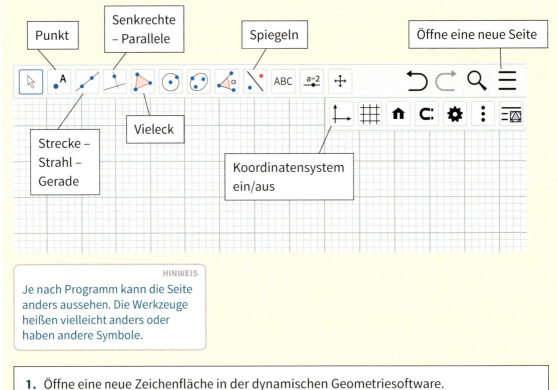

HINWEIS
Je nach Programm kann die Seite anders aussehen. Die Werkzeuge heißen vielleicht anders oder haben andere Symbole.

1. Öffne eine neue Zeichenfläche in der dynamischen Geometriesoftware.
   Schalte die Achsen des Koordinatensystems aus. Erkunde durch Anklicken, welche Funktionen sich hinter den einzelnen Schaltflächen verbergen.

2. Öffne eine neue Zeichenfläche.
   ① Setze mit der Schaltfläche „Punkt" zwei Punkte A und B auf die Zeichenfläche.
   ② Wähle die Schaltfläche „Gerade" aus und zeichne eine Gerade durch die Punkte A und B.
   ③ Zeichne jetzt eine Strecke $\overline{CD}$.
   ④ Zeichne einen Strahl, der in C beginnt und durch B verläuft.
   ⑤ Zeichne eine Strecke, die genau 5 LE lang ist.

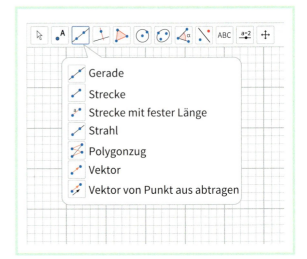

Grundlagen der Geometrie

MIT MEDIEN ARBEITEN • • **PROJEKT** 83

3. Öffne eine neue Zeichenfläche.
   ① Zeichne eine Gerade durch die Punkte A und B und einen Punkt C, der nicht auf der Geraden liegt.
   ② Wähle das Werkzeug „Parallele" aus.
   ③ Zeichne eine Parallele zur Geraden AB durch den Punkt C.
   ④ Zeichne jetzt eine Senkrechte zur Geraden AB durch den Punkt C.

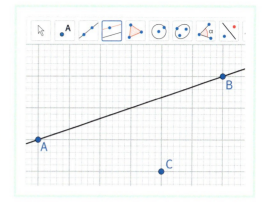

4. Öffne eine neue Zeichenfläche.
   ① Wähle das Werkzeug „Vieleck" und übertrage die Figur auf die Zeichenfläche.
   ② Zeichne eine Gerade außerhalb der Figur.
   ③ Wähle das Werkzeug „Spiegeln an einer Geraden".
   ④ Klicke auf die Figur und dann auf die Gerade.
   ⑤ Probiere aus, wie die Spiegelung aussieht, wenn die Gerade durch einen Punkt der Figur verläuft oder sogar die Figur schneidet.

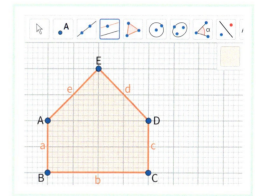

5. Übertrage die Figur auf eine neue Zeichenfläche und spiegle sie an der Geraden.

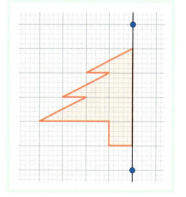

6. Ordne den Symbolen die passende Bedeutung zu.

BEISPIEL

A ⟶ **Strahl**

A	B	C	D	E	F	G	H

Vieleck   Strecke   Gerade   Spiegeln   Strahl   Parallele   Punkt   Senkrechte

Die Verschiebung

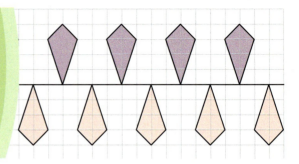

Bandmuster entstehen durch Verschiebungen von Figuren.

Erkläre möglichst genau, wie das abgebildete Bandmuster entstanden ist.

In welche Richtung könntest du das Muster fortsetzen?

1. Zeichne mit der abgebildeten Figur ein Bandmuster in dein Heft.
Vergleiche dein Bandmuster mit dem eines Mitschülers oder einer Mitschülerin. Erklärt mögliche Unterschiede.

a) 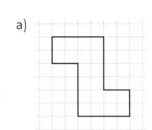   b)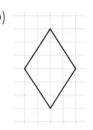

2. Findet Beispiele für Bandmuster in eurer Umgebung. Erklärt, wie die Muster entstanden sind.

Eine **Verschiebung** wird durch einen Pfeil bestimmt.
Der **Pfeil** gibt an, in **welche Richtung** und **wie weit** die Figur verschoben wird.

Figur   **Bildfigur**

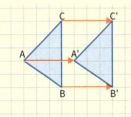

Beschreibung in Worten:
„Verschiebung um vier Kästchen nach rechts"

---

3. Beschreibe die Verschiebung mit Worten. Die Bildfigur ist rot gezeichnet.

a)   b) 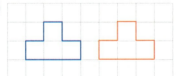   c)

---

4. Zeichne ein Quadrat mit der Seitenlänge 3 cm.
   a) Verschiebe das Quadrat um zehn Kästchen nach rechts.
   b) Verschiebe das Quadrat um acht Kästchen nach unten.

Grundlagen der Geometrie — ÜBEN

I Aufgabe 1 – 3

1. Zeichne die Figur in dein Heft und verschiebe sie um 5 Kästchen nach rechts.

a) b)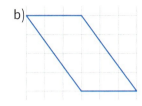

2. Verschiebe die Figur dreimal mit dem Verschiebungspfeil.

a) 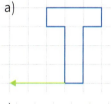 b)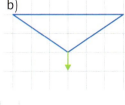

c)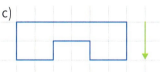

3. Verschiebe die Figur mit dem Verschiebungspfeil.

> **TIPP** Der Verschiebungspfeil muss nicht entlang der Kästchen verlaufen.
>

a) 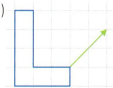 b)

c)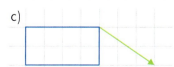

II – III Aufgabe 4 – 6

4. Verschiebe mit dem Verschiebungspfeil.

a) 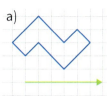 b)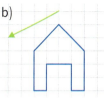

c) 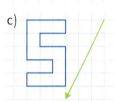 d)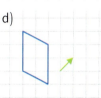

5. Die blaue Figur wurde jeweils verschoben. Die Bildfigur ist rot.

①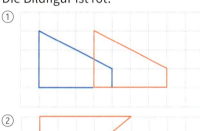

②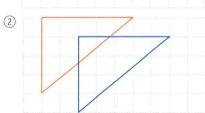

a) Zeichne den Verschiebungspfeil, ohne die Abbildung zu übertragen.
b) Beschreibe die Verschiebung mit Worten.

6. Kann man diese Bandmuster durch Parallelverschiebung erzeugen? Wenn ja, skizziere die Ausgangsfigur in dein Heft.

a)

b)

Strecken, Strahlen und **Geraden** sind gerade Linien.

Eine **Strecke** hat einen Anfangspunkt und einen Endpunkt.	Ein **Strahl** hat einen Anfangspunkt und keinen Endpunkt.	Eine **Gerade** hat keinen Anfangspunkt und keinen Endpunkt.

  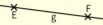

Für diese **Strecke a** mit Anfangspunkt A und Endpunkt B schreibt man auch $\overline{AB}$.

Für diesen **Strahl s** mit Anfangspunkt C und dem Punkt D, der auf dem Strahl liegt, schreibt man auch $\overline{CD}$.

Für diese **Gerade g**, auf der die Punkte E und F liegen, schreibt man auch **EF**.

Senkrechte und parallele Geraden

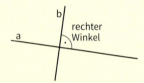 

Geraden, die sich im rechten Winkel schneiden, sind zueinander **senkrecht (orthogonal)**.

Du schreibst: a ⊥ b (a ist senkrecht zu b)

Geraden, die überall die gleiche Entfernung voneinander haben, sind zueinander **parallel**.

Du schreibst: a ∥ b (a ist parallel zu b)

Der **Abstand** ist die **kürzeste Entfernung** zwischen einem Punkt und einer Geraden oder zwei parallelen Geraden.

Du zeichnest den Abstand senkrecht zur Geraden ein und markierst den rechten Winkel.

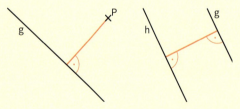 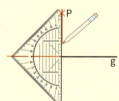

Der Abstand von P zu g beträgt 7 cm.

Ein **Koordinatensystem** besteht aus einer **x-Achse** (Rechtsachse) und einer **y-Achse** (Hochachse). Der **Ursprung** ist der gemeinsame Anfangspunkt der beiden Achsen, er hat die Koordinaten (0|0).

Ein Punkt wird durch zwei Koordinaten (x|y) genau beschrieben. In der Abbildung hat der Punkt P die Koordinaten (3|2).

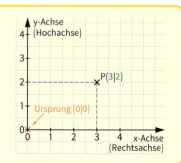

Grundlagen der Geometrie — ZUSAMMENFASSUNG

Achsensymmetrie

Wenn du eine Figur entlang einer Linie so falten kannst, dass die beiden Hälften genau aufeinander liegen, dann ist die Figur **achsensymmetrisch**.

Die Faltlinie nennt man **Symmetrieachse**. Eine Figur kann auch mehrere Symmetrieachsen haben.

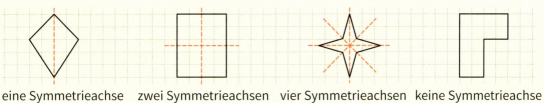

eine Symmetrieachse   zwei Symmetrieachsen   vier Symmetrieachsen   keine Symmetrieachse

Achsenspiegelung

Achsensymmetrische Bilder entstehen durch eine **Achsenspiegelung**.

So spiegelst du einen Punkt P an einer Spiegelachse s:

Du legst die Mittellinie des Geodreiecks so auf die Spiegelachse, dass der Punkt P auf dem Lineal liegt.

Dann misst du den Abstand von der Spiegelachse bis zum Punkt P.

Jetzt trägst du den Bildpunkt P′ im selben Abstand auf der anderen Seite der Spiegelachse ein.

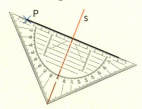 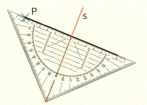 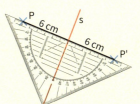

Verschiebung

Eine **Verschiebung** wird durch einen Pfeil bestimmt.
Der **Pfeil** gibt an, in **welche Richtung** und **wie weit** die Figur verschoben wird.

Figur   Bildfigur

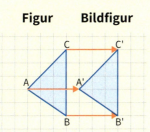

Beschreibung in Worten:
„Verschiebung um vier Kästchen nach rechts"

TRAINER

Grundlagen der Geometrie

Aufgabe 1 – 4

1. Zeichne drei Geraden, die alle durch einen Punkt P verlaufen.
   Wie viele Strahlen entstehen?

2. Überprüfe mit einer Zeichnung.

   Wenn ich eine Gerade durch zwei Punkte A und B zeichne, dann zeichne ich gleichzeitig eine Strecke und vier Strahlen.

3. Beim Schlagballweitwurf haben Pawel und Juri am weitesten geworfen.
   Die gestrichelten Linien markieren ihre Würfe.
   a) Miss die Längen der Wurflinien.
      (1 cm entspricht 10 m)
   b) Die Sportlehrerin erklärt Pawel zum Sieger. Warum?

   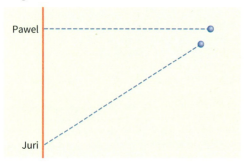

4. Suche zueinander senkrechte Geraden. Notiere die Paare mit dem Symbol (⊥).

   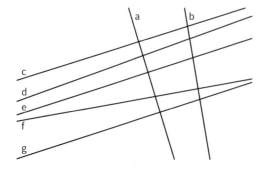

Aufgabe 5 – 8

5. Zeichne zwei zueinander parallele Geraden g und h, die den angegebenen Abstand haben.
   a) 1 cm
   b) 2 cm
   c) 1 cm 2 mm
   d) 5 mm
   e) 25 mm
   f) 2 cm 4 mm

6. Miss die Abstände der Punkte A, B und C zu den Geraden f und g.

   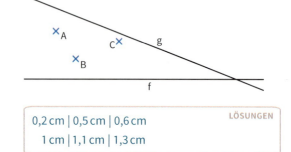

   LÖSUNGEN
   0,2 cm | 0,5 cm | 0,6 cm
   1 cm | 1,1 cm | 1,3 cm

7. Lies die Koordinaten der Punkte ab.

   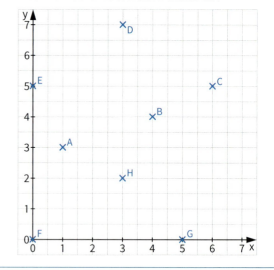

8. Zeichne ein Koordinatensystem (1 LE = 1 cm). Die Achsen sind 10 cm lang.
   a) Trage die Punkte A(1|1), B(5|1), C(6|4), D(4|3), E(3|5), F(2|3) und G(0|4) ein.
   b) Verbinde die Punkte in alphabetischer Reihenfolge und zum Schluss G mit A. Welche Figur entsteht?

Grundlagen der Geometrie

Aufgabe 9 – 11

9. Zeichnet beide ein Koordinatensystem ins Heft. Denkt euch kleine Figuren aus und diktiert euch gegenseitig die Punkte. Wenn die Punkte der Reihenfolge nach verbunden werden, könnt ihr das Ergebnis vergleichen.

10. Suche Symmetrieachsen in den Figuren.
  a) Schreibe für jede Figur die Anzahl der Symmetrieachsen in dein Heft.

  b) Übertrage die Figuren in dein Heft und zeichne alle Symmetrieachsen ein.

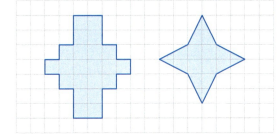

11.

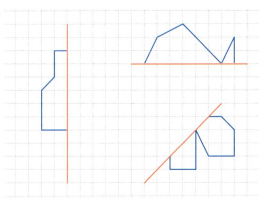

  a) Übertrage die Figuren einzeln in dein Heft.
  b) Zeichne mit Hilfe der Symmetrieachse eine achsensymmetrische Figur.
  c) Gebt euch gegenseitig Figuren zum Ergänzen vor.

Aufgabe 12 – 14

12. Welche der Figuren wurde richtig gespiegelt? Zeichne für die fehlerhaften Abbildungen eine Berichtigung in dein Heft. Die Originalfigur ist blau gezeichnet.

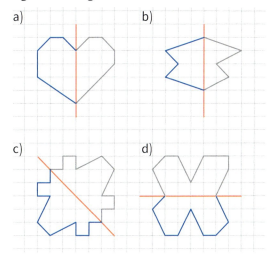

13. Beschreibe die Verschiebung in Worten. Die Originalfigur ist blau gezeichnet.

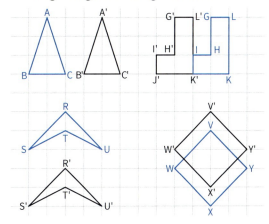

14. Übertrage die Figur in dein Heft und verschiebe um neun Kästchen nach rechts.

a)   b)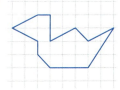

Aufgabe 15 – 17

15. Entscheide und begründe: wahr oder falsch?

A) Wenn ich auf einer Geraden einen Punkt setze, dann entstehen zwei Strahlen.

B) Durch einen Punkt kann ich mindestens fünf verschiedene Geraden zeichnen.

C) Eine Strecke hat genau zwei Punkte.

D) Es gibt Geraden mit der Länge 5 cm.

E) Jede Linie mit Anfangs- und Endpunkt ist eine Strecke.

16. Zeichne ein Koordinatensystem mit 10 cm langen Achsen. (1 LE = 1 cm)
① Zeichne einen Strahl s, der im Ursprung beginnt und durch den Punkt A(9|9) verläuft.
② Trage die Punkte B(1|1), C(2|2), D(3|3) und E(4|4) ein.
③ Zeichne durch die Punkte senkrechte Geraden zum Strahl s.
④ Notiere für jede senkrechte Gerade zum Strahl s die Koordinaten der Schnittpunkte mit den Achsen. Was fällt dir auf?

17. Überprüfe mit dem Geodreieck.
a) Welche Geraden liegen parallel zueinander? Schreibe in der Kurzform.
b) Gib den Abstand der zueinander parallelen Geraden an.

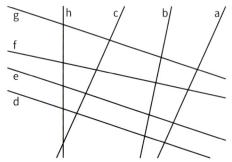

Aufgabe 18 – 20

18. Übertrage die Abbildung in dein Heft.

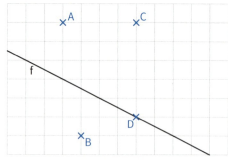

a) Zeichne eine Senkrechte a zu f, die durch den Punkt A verläuft.
b) Zeichne eine Parallele b zu f durch B.
c) Zeichne eine Senkrechte c zu f durch C.
d) Zeichne eine Senkrechte d zu f im Punkt D.
e) Wie liegen die Geraden zueinander?
  a ▪ b   a ▪ d   b ▪ c   b ▪ d

19. Übertrage in dein Heft. Spiegle die Figur an der Spiegelachse s.

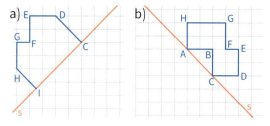

20. Übertrage in dein Heft.

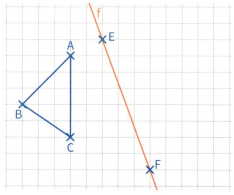

Spiegle das Dreieck an der Geraden f und beschrifte die Bildpunkte.

Aufgabe 21 – 24

21. Übertrage die Figur in dein Heft und verschiebe gemäß dem Verschiebungspfeil.

a) 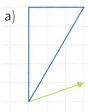 b)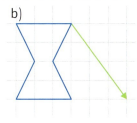

22. Beschreibe, wie die blaue Originalfigur auf die rote Bildfigur verschoben wurde.

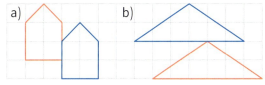

23.

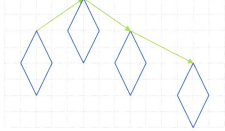

a) Beschreibe die Verschiebungen in Worten.
b) Kannst du die Originalfigur mit nur einer Verschiebung auf die Bildfigur ganz rechts bewegen? Beschreibe diese Verschiebung mit Worten.

24. Übertrage ins Heft.
Spiegle das Dreieck CDE an der Geraden f.

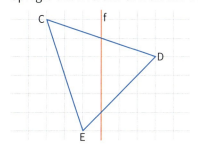

Aufgabe 25 – 27

25. Übertrage ins Heft.

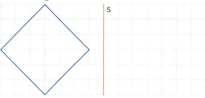

a) Spiegle das Quadrat an der Spiegelachse s.
b) Chiara behauptet: „Ich kann das gleiche Bild mit einer Verschiebung zeichnen." Hat sie Recht? Überprüfe mit einer Zeichnung.
c) Finde andere Beispiele von Figuren, bei denen das funktioniert. Zeichne ins Heft.
d) Erkläre, welche Eigenschaft Figur und Spiegelachse haben müssen, damit man die Spiegelung durch eine Verschiebung ersetzen kann.

26. Wahr oder falsch? Begründe deine Entscheidung.
Bei einer Achsenspiegelung …
a) … sind Figur und Bildfigur gleich groß.
b) … haben Punkt und Bildpunkt den gleichen Abstand zur Spiegelachse.
c) … liegen Strecke und Bildstrecke immer parallel zueinander.
d) … sind alle Verbindungslinien zwischen den Punkten und ihren Bildpunkten parallel zueinander.
e) … können Figur und Bildfigur immer aufeinander verschoben werden.

27. Auf der Wanderkarte sind beide Berggipfel nah beieinander. Was muss man beim Planen einer Wanderung vom Gipfel des einen Bergs zum Gipfel des anderen Bergs beachten und was hat das mit Mathematik zu tun?

Renovierung auf Schloss Falkenheim

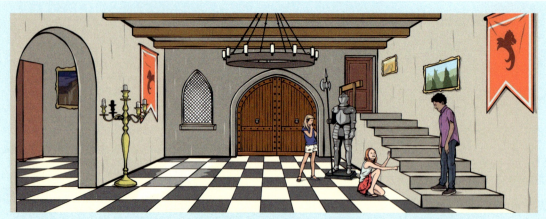

Der Heimatverein renoviert Schloss Falkenheim. Enrico, Bente und Lara dürfen helfen.

a) Die Stufen der großen Treppe sind mit den Jahren ungleichmäßig geworden.
   ① Überprüfe mit dem Geodreieck, welche Stufen parallel zum Boden sind.
   ② Zeichne eine Treppe mit fünf zueinander parallelen Stufen. Die Stufen sollen in der Zeichnung 7 cm breit sein und eine Höhe von 18 mm haben.

b) In einem Geheimfach liegt ein Zettel. Darauf finden die Kinder Hinweise auf den Schlüssel zu einer Schatztruhe.
   ① Übertrage Laras Plan in dein Heft.
   ② Verschiebe den Leuchter (L) fünf Einheiten nach rechts und eine Einheit nach hinten. Verschiebe die Rüstung (R) fünf Einheiten nach vorne und zwei Einheiten nach links. Verbinde jeweils Originalpunkt und Bildpunkt.
   ③ Der Schatz liegt unter der Platte mit dem Schnittpunkt beider Linien. Gib die Koordinaten der Eckpunkte der Platte an.
   ④ Die Tiefe entspricht der Länge der Strecke $\overline{LL'}$. Wie tief müssen Lara, Bente und Enrico graben?

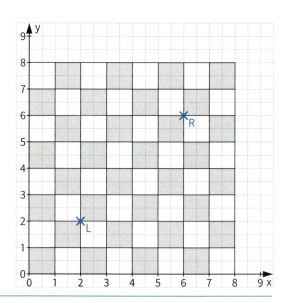

c) Das alte Wappen von Schloss Falkenheim ist abgeblättert. Übertrage das Wappen in dein Heft und ergänze es zu einer achsensymmetrischen Figur.

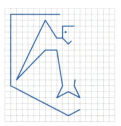

4 | Multiplizieren und Dividieren

1. Rechne im Kopf.
a) 5·6
b) 7·4
c) 9·9
d) 6·6
e) 45:5
f) 32:8
g) 16:4
h) 56:7

> Ich kann im Zahlenraum bis 100 multiplizieren und dividieren.
> Das kann ich gut. ✓ | Ich bin noch unsicher.
> → S. 220, Aufgabe 1–3

2. Schreibe die Malaufgabe als Plusaufgabe und umgekehrt. Berechne das Ergebnis.
a) 4·12 = 12 + 12 + 12 + 12 = ▢
b) 6·15 = ▢ = ▢
c) ▢ = 18 + 18 = ▢
d) 5·11 = ▢ = ▢
e) ▢ = 13 + 13 + 13 = ▢

> Ich kann eine Multiplikationsaufgabe in eine Additionsaufgabe umwandeln und umgekehrt.
> Das kann ich gut. ✓ | Ich bin noch unsicher.
> → S. 220, Aufgabe 4, 5

3. Ergänze die Lücke.
a) ▢·10 = 80
b) ▢·4 = 20
c) ▢·8 = 48
d) ▢·7 = 49
e) ▢:10 = 6
f) ▢:5 = 6
g) ▢:9 = 3
h) ▢:9 = 8

> Ich kann einfache Umkehraufgaben zur Multiplikation und Division lösen.
> Das kann ich gut. ✓ | Ich bin noch unsicher.
> → S. 221, Aufgabe 1, 2

4. Wie viele Flaschen sind es? Bestimme mit einer Rechnung.
a) die Anzahl der Flaschen auf der Karre im Vordergrund
b) die Anzahl der Flaschen auf den Paletten im Hintergrund

> Ich kann Anzahlen durch Multiplizieren bestimmen.
> Das kann ich gut. ✓ | Ich bin noch unsicher.
> → S. 215, Aufgabe 3

5. Löse die Sachaufgabe mit einer Rechnung.
a) Herr Burck arbeitet von Montag bis Freitag jeden Tag 8 Stunden. Wie lange arbeitet er insgesamt in einer Woche?
b) Im Sonderangebot hat Frau Clemens 36 Dosen Hundefutter gekauft. Wie lange reichen die Dosen, wenn ihre Hündin Lucy pro Woche drei Dosen des Hundefutters frisst?

> Ich kann Sachaufgaben zur Multiplikation und Division lösen.
> Das kann ich gut. ✓ | Ich bin noch unsicher.
> → S. 222, Aufgabe 1, 2

EINSTIEG

Wohin ging deine letzte Klassenfahrt? Wie teuer war die Anreise pro Person? Wie teuer war sie insgesamt?

In der 5. Klasse werden Wanderstrecken von etwa 15 km empfohlen. Wie viel Zeit musst du für solch eine Wanderung etwa einplanen?

4 | Multiplizieren und Dividieren

Wie teuer ist eine Tour mit den Canadier-Booten? Ist es günstiger, wenn deine Klasse statt 3er-Canadiern 4er- oder 5er-Canadier ausleiht?

In diesem Kapitel lernst du, …

… wie du geschickt im Kopf multiplizierst und dividierst,

… was Quadratzahlen sind und wie du sie berechnest,

… wie du beim Multiplizieren und Dividieren Rechenvorteile nutzt,

… wie du halbschriftlich und schriftlich multiplizierst,

… wie du schriftlich dividierst – auch mit Rest,

… wie du Überschlagsrechnungen durchführst.

CANADIER-VERLEIH

Canadier 3er		21 €
Canadier 4er		26 €
Canadier 5er		30 €

(Leihgebühr für jeweils 4 Stunden)

Natürliche Zahlen multiplizieren und dividieren

Warst du schon einmal mit deiner Klasse im Museum?

Worauf muss man achten, wenn man den Gesamtpreis für den Eintritt berechnen möchte?

Kann man aus dem Eintrittspreis ermitteln, wie viele Personen beim Ausflug dabei waren?

1. Die 24 Schülerinnen und Schüler der Klasse 5b besuchen das Naturkundemuseum. Der Eintritt kostet 7 € pro Person.
  a) Wie teuer ist der Eintritt für die ganze Klasse?
  b) Leider sind einige Kinder krank. Der Eintritt kostet für alle anwesenden Kinder 133 €. Wie viele Kinder haben am Ausflug teilgenommen?

Puh...24 mal 7 im Kopf? *20·7 und 4·7 kann ich.* *Und dann einfach addieren.*

2.

Berechne den Gesamtpreis.
  a) Zirkus: 4 Personen
  b) Tierpark: 9 Personen
  c) Kino: 16 Personen
  d) Freizeitpark: 7 Personen
  e) Kino: 22 Personen
  f) Zirkus: 12 Personen

3. Überlegt und begründet.
  a) Welche Eigenschaften haben Null und Eins beim Malrechnen und beim Geteiltrechnen?
  b) Warum gibt es kein Ergebnis für Divisionen wie 5 : 0 oder 0 : 0?

Durch Null kann man nicht dividieren!

Die **Multiplikation** (**Mal**rechnen)
  Faktor · **Faktor** = **Produkt**
    8   ·   6   =   48
Das **Produkt** der Faktoren 8 und 6 ist 48.

Die **Division** (**Geteilt**rechnen)
  Dividend : **Divisor** = **Quotient**
    48   :   6   =   8
Der **Quotient** der Zahlen 48 und 6 ist 8.

Rechnen mit Null: 0 · 8 = 0   8 · 0 = 0   0 : 8 = 0   8 : 0 (geht nicht!)

Multiplizieren und Dividieren   **BASIS**

4. Schreibe die Rechenaufgabe ins Heft und berechne das Ergebnis im Kopf.

a) *Berechne das Produkt aus 4 und 3.*
b) *Berechne den Quotienten aus 36 und 3.*
c) *Berechne den Quotienten aus 63 und 9.*
d) *Berechne das Produkt der Faktoren 6 und 9.*

e) *Multipliziere 9 mit 3.*
f) *Dividiere 21 durch die Zahl 7.*
g) *Dividiere 36 durch 6.*
h) *Multipliziere die Zahlen 8 und 0.*

5. Schreibe als Produkt und berechne.
a) 6 + 6 + 6 + 6 + 6
b) 11 + 11 + 11 + 11 + 11 + 11 + 11
c) 12 + 12 + 12 + 12
d) 9 + 9 + 9 + 9 + 9 + 9
e) 15 + 15 + 15 + 15 + 15 + 15 + 15 + 15
f) 13 + 13 + 13

6. Fülle die Lücke, indem du die Umkehroperation nutzt.

a) ■ · 6 = 42
b) ■ : 4 = 8
c) ■ · 9 = 36
d) ■ : 5 = 5
e) ■ · 11 = 77
f) ■ : 12 = 4
g) ■ · 3 = 39
h) ■ : 15 = 1
i) ■ · 7 = 49
j) ■ : 20 = 5
k) ■ · 2 = 84
l) ■ : 40 = 3

BEISPIEL

■ : 8 = 9

■ ⇄ 9
   : 8
   · 8

9 · 8 = 72

72 : 8 = 9

7. a) Wie viele Punkte sind es? Schreibe als Multiplikationsaufgabe und berechne.

① ② ③ ④ ⑤

b) Deine Ergebnisse von ②, ④ und ⑤ heißen *Quadratzahlen*. Notiere weitere Quadratzahlen.

Quadratzahlen

Multiplizierst du eine Zahl mit sich selbst, so heißt das Ergebnis **Quadratzahl**.
Das Produkt kannst du verkürzt mit der „Hochzahl" 2 schreiben.

4^2

(lies „4 hoch 2" oder „4 zum Quadrat")

16 ist die Quadratzahl von 4, denn

$4^2 = 4 \cdot 4 = 16$

---

8. Vervollständige in deinem Heft die Quadratzahlen von 1^2 bis 20^2.

$1^2 = 1 \cdot 1 = 1 \qquad 2^2 = 2 \cdot 2 = 4 \qquad 3^2 =$

9. Juri und Selma legen alle Quadratzahlen von 1 bis 100.
a) Welche Ziffern brauchen sie gar nicht?
b) Welche Ziffern brauchen sie mehrfach?

ÜBEN — Multiplizieren und Dividieren

Aufgabe 1 – 5

1. Berechne die Produkte im Kopf.
  a) 4·6   8·6   16·6
  b) 5·7   10·7   15·7
  c) 9·9   3·9   0·9

2. Berechne die Quotienten im Kopf.
  a) 16:8   16:4   16:2
  b) 35:7   70:7   140:7
  c) 5:5   15:15   76:76

3. Welche Zahl fehlt hier?
  a) ■·6 = 42   b) ■·8 = 88
  c) ■:99 = 1   d) ■:12 = 2

4. Erstelle eine Tabelle und schreibe die Begriffe der Kärtchen in die richtige Spalte.

·	:
mal	geteilt
■	■

dividieren   den Quotienten bilden
die Hälfte   multiplizieren
verdreifachen   das Doppelte   viermal
aufteilen   malnehmen   halbieren
das Produkt bilden   verteilen
den neunten Teil berechnen

5. Stellt euch gegenseitig Multiplikations- und Divisionsaufgaben. Verwendet dabei die Wörter aus Aufgabe 4.

Aufgabe 6 – 10

6. Schreibe als Rechenaufgabe ins Heft und rechne aus.
  a) Verteile 32 Bonbons gerecht an 8 Kinder.
  b) Verdopple die Zahl 16.
  c) Teile 72 Kekse in Tüten mit jeweils 8 Keksen auf.
  d) Berechne den neunten Teil von 81.
  e) Berechne das Dreifache von 11.
  f) Bilde das Produkt aus 7 und 6.

7. a) Nenne zwei Zahlen, die das Produkt 120 ergeben. Gib zwei Möglichkeiten an.
  b) Der Quotient zweier Zahlen ist 9. Suche zwei passende Zahlenbeispiele.

8. Multipliziere wie im Beispiel. Die Lösungen stehen auf den Bällen.

  a) 5·13   b) 3·18
  c) 7·12   d) 3·14
  e) 9·15   f) 5·17
  g) 4·16   h) 6·15
  i) 8·13   j) 6·18

> **BEISPIEL**
> 4·17 = **68**
> 4·10 = 40
> 4· 7 = 28
> addieren
> 40 + 28 = 68

9. a) Als Gruppe zahlen 5 Personen für die Zugfahrt 75 €. Wie viel € sind das pro Person?
  b) Im Kinosaal sind 8 Reihen mit je 16 Sitzen. Wie viele Plätze sind es insgesamt?
  c) Im Lager stehen 14 Stapel mit je 7 Kästen Saft. Wie viele Kästen sind es zusammen?
  d) Zusammen mit 4 Freundinnen hat Mia beim Teamwettbewerb 120 € gewonnen. Wie viel € erhält jedes Mädchen?

10. Erfinde eine eigene Sachaufgabe zur Rechnung 4·9.

Multiplizieren und Dividieren

ÜBEN

II Aufgabe 11 – 16

11. Berechne das Produkt im Kopf.
a) 24 · 6   b) 26 · 5   c) 31 · 4
d) 26 · 7   e) 33 · 8   f) 42 · 9

12. Welche Zahl fehlt hier?
a) 420 : 7 = ▪
b) 180 : ▪ = 9
c) ▪ : 50 = 5
d) ▪ : 6 = 0
e) ▪ : 3 = 75
f) 320 : ▪ = 8
g) 540 : 6 = ▪
h) 450 : ▪ = 9

13. Bestimme die gesuchte Zahl.
a) Wenn du die gesuchte Zahl verdreifachst, erhältst du 48.
b) Der sechste Teil der gesuchten Zahl ist 14.
c) Multiplizierst du die gesuchte Zahl mit 8, erhältst du 136.
d) Das Produkt aus der gesuchten Zahl und 4 ist 88.
e) Der Quotient aus 135 und der gesuchten Zahl ist 9.
f) Die Hälfte der gesuchten Zahl ist 7.

14   15   16   17   22   84

14. Denke dir zur Rechnung eine Sachaufgabe aus, deren Lösung das Ergebnis ist.
a) 4 · 5   b) 42 : 6   c) 3^2

15. Setze Malpunkte und Geteiltzeichen ein, sodass das Ergebnis stimmt.
a) 12 ▪ 3 ▪ 2 = 18   b) 128 ▪ 2 ▪ 8 = 8
c) 18 ▪ 6 ▪ 8 = 24   d) 13 ▪ 4 ▪ 3 = 156

16. Zwischen welchen zwei benachbarten Quadratzahlen liegt das Ergebnis der Multiplikationsaufgabe?
a) 8 · 9   b) 9 · 12   c) 16 · 7

III Aufgabe 17 – 20

17. Auf ihrer Klassenfahrt besuchen die 24 Schülerinnen und Schüler der Klasse 5b mit ihren beiden Klassenlehrerinnen einen Freizeitpark.

PHANTASIAPARK
Eintrittspreise

Erwachsene	28 €
Kinder ab 4 Jahren	18 €
Kinder unter 4 Jahren	frei

In Schulklassen hat jeder 6. Schüler freien Eintritt.

a) Berechne den Gesamtpreis, den die Lehrerinnen an der Kasse zahlen müssen.
b) Der Gesamtpreis für die Kinder wird unter den Schülerinnen und Schülern aufgeteilt. Wie viel € muss jedes Kind zahlen?

18. a) Der Divisor ist 7, der Dividend beträgt 84. Wie groß ist der Quotient?
b) Das Produkt lautet 57, ein Faktor ist 3. Bestimme den zweiten Faktor.
c) Wenn der Quotient 8 und der Divisor 16 ist, welchen Wert hat dann der Dividend?
d) Welcher Divisor gehört zum Quotienten 15 und zum Dividenden 75?

19. Bestimme die gesuchte Zahl.
a) Das Zehnfache der gesuchten Zahl ist das Dreifache von 20.
b) Das 8-fache der gesuchten Zahl ist die Hälfte von 144.
c) Die Quadratzahl der gesuchten Zahl ist 196.

20. Tim hat gelesen, dass sich jede natürliche Zahl als Summe von höchstens 4 Quadratzahlen schreiben lässt. Überprüfe dies an den Zahlen 20 bis 30 und notiere jeweils die passende Zerlegung.

Multiplizieren und Dividieren mit Zehnerzahlen

Ein Anbieter für Klassenfahrten veranstaltet ein Gewinnspiel.

Welchen Wert haben alle Preise im Gewinnspiel zusammen?

Schreibt eure Rechnungen übersichtlich auf und präsentiert sie in der Klasse.

1. a) Übertrage die beiden Stellenwerttafeln ins Heft. Fülle die rechte Stellenwerttafel richtig aus. Erkläre deiner Klasse, warum du dabei fast gar nicht rechnen musst.
   b) Erkläre Maliks Überlegungen und löse dann die Aufgaben.

   Ich brauche die Stellenwerttafel gar nicht. Ich füge einfach Nullen an oder streiche sie weg.

   Ⓐ 32 · 10 Ⓑ 732 · 100 Ⓒ 81 · 1000
   Ⓓ 350 : 10 Ⓔ 9800 : 100 Ⓕ 27 000 : 1000

Multiplikation mit 10, 100, 1000

Multiplizierst du eine Zahl mit 10, 100 oder 1000, dann rücken alle Ziffern in der Stellenwerttafel um 1, 2 oder 3 **Stellen nach links**.

Das bedeutet, dass du 1, 2 oder 3 **Nullen anhängen** musst.

37 · 10 = 370

37 · 100 = 3700

Division durch 10, 100, 1000

Dividierst du eine Zahl durch 10, 100 oder 1000, dann rücken alle Ziffern in der Stellenwerttafel um 1, 2 oder 3 **Stellen nach rechts**.

Das bedeutet, dass du 1, 2 oder 3 **Nullen wegstreichen** musst.

5000 : 10 = 500

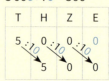

5000 : 1000 = 5

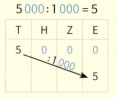

---

2. Multipliziere die Zahl mit 10, 100 und 1000.
   a) 5   b) 47   c) 74   d) 30   e) 638   f) 900

3. Dividiere die Zahl durch 10, 100 und 1000.
   a) 3000   b) 6000   c) 72 000   d) 54 000   e) 20 000   f) 949 000

Multiplizieren und Dividieren ÜBEN 101

▮□□ Aufgabe 1 – 5

1. BEISPIEL

HT	ZT	T	H	Z	E
		5	2	0	
5	2	0	0	0	

520 · 100 = **52 000**

Löse die Aufgabe wie im Beispiel mit einer Stellenwerttafel.
a) 64 · 10 b) 70 · 100 c) 82 · 1 000
d) 350 · 10 e) 239 · 100 f) 920 · 1 000
g) 400 : 10 h) 7 000 : 1 000 i) 3 000 : 100

2. Berechne im Kopf.
a) 93 · 10 b) 25 · 100 c) 60 · 1 000
d) 10 · 980 e) 100 · 936 f) 1 000 · 303
g) 7 800 : 10 h) 8 000 : 1 000 i) 5 000 : 100

3. a) Berechne den zehnten Teil von 900.
b) Bilde das Produkt aus 100 und 470.
c) Verzehnfache die Zahl 2 340.
d) Bilde den Quotienten aus den Zahlen 320 000 und 1 000.

4. Multipliziere schrittweise wie im Beispiel.

BEISPIEL
3 · 500 = ▨
3 $\xrightarrow{\cdot 5}$ 15 $\xrightarrow{\cdot 100}$ 1 500
3 · 500 = **1 500**

a) 4 · 700 b) 8 · 90 c) 5 · 6 000
d) 3 · 800 e) 7 · 50 f) 9 · 40 000

5. *Jeder 100. Einkauf geschenkt. SuperMarkt*

Am Samstag kommen 2 800 Personen in den Supermarkt.
Wie viele von ihnen müssen nichts zahlen?

▮▮□ – ▮▮▮ Aufgabe 6 – 11

6. Übertrage die Rechnung in dein Heft und ergänze die Lücke.
a) ▨ · 10 = 60 000 b) 700 : ▨ = 7
c) ▨ · 100 = 4 000 d) 50 · ▨ = 5 000
e) ▨ : 100 = 800 f) 200 · ▨ = 2 000
g) ▨ : 1 000 = 90 h) 400 000 : ▨ = 400

7. Multipliziere schrittweise wie im Beispiel.

BEISPIEL
80 · 400 = ▨
80 $\xrightarrow{\cdot 4}$ 320 $\xrightarrow{\cdot 100}$ 32 000
80 · 400 = **32 000**

a) 80 · 600 b) 90 · 400 c) 70 · 3 000
d) 20 · 80 e) 60 · 500 f) 90 · 7 000

8. Dividiere schrittweise wie im Beispiel.

BEISPIEL
2 400 : 600 = ▨
2 400 $\xrightarrow{:100}$ 24 $\xrightarrow{:6}$ 4
2 400 : 600 = **4**

a) 2 700 : 90 b) 5 400 : 900
c) 2 500 : 50 d) 4 200 : 600
e) 16 000 : 20 f) 28 000 : 400

9. Schreibe das Ergebnis in Ziffern und in Worten.
a) 4 000 · 1 000 b) 80 000 · 1 000
c) 7 300 · 1 000 d) 24 920 · 1 000
e) 900 000 · 1 000 f) 6 000 000 · 1 000

10. Berechne die Quadratzahl.
a) $1\,000^2$ b) $2\,000^2$ c) $3\,000^2$
d) $5\,000^2$ e) $20\,000^2$ f) $40\,000^2$

11. Schreibe das Ergebnis in Ziffern und in Worten.
a) 5 000 · 9 000 b) 30 000 · 7 000
c) 2 300 · 3 000 d) 25 000 · 6 000
e) 5 400 · 4 000 f) 70 500 · 2 000

Rechenregeln

Erkläre, welche Rechnungen zu den unterschiedlichen Ergebnissen führen.

Wer von beiden hat Recht?

Kennst du Regeln, die beim vermischten Rechnen von Punkt- und Strichrechnung gelten?

1. Zu jeder Aufgabe gehört ein Rechenbaum. Ordnet richtig zu und erklärt euch gegenseitig eure Überlegungen.

$10 - 4 + 5$ $10 - (4 + 5)$

$10 \cdot 4 + 5$ $10 \cdot (4 + 5)$

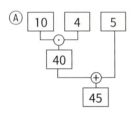 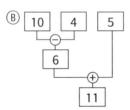 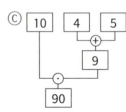 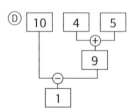

Rechenregeln für gemischte Punkt- und Strichrechnung 📹 Video

① Was in Klammern steht, wird zuerst berechnet.

$7 \cdot (6 + 4)$
$= 7 \cdot 10$
$= 70$

② Punktrechnung ($\cdot$ und $:$) geht vor Strichrechnung ($+$ und $-$).

$15 - 5 \cdot 2$
$= 15 - 10$
$= 5$

③ Sonst wird von links nach rechts gerechnet.

$9 + 6 - 5$
$= 15 - 5$
$= 10$

Zur Veranschaulichung kannst du dir zu jedem Rechenausdruck einen Rechenbaum zeichnen.

2. Berechnet den Rechenausdruck mit Hilfe eines Rechenbaums. Beachtet dabei die Rechenregeln.

a) $4 \cdot (13 + 7)$
b) $60 : (49 - 29)$
c) $62 - 2 \cdot 10$
d) $36 - 5 + 14$
e) $45 - (12 + 3)$
f) $3 \cdot (14 - 9) + 8$
g) $5 + (27 - 3) : 6$
h) $7 \cdot 6 - 45 : 9$

LÖSUNGEN: 3 | 9 | 23 | 30 | 37 | 42 | 45 | 80

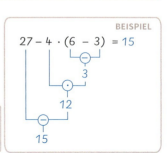

BEISPIEL: $27 - 4 \cdot (6 - 3) = 15$

Multiplizieren und Dividieren — ÜBEN

I Aufgabe 1 – 4

1. Übersetze den Rechenbaum in einen Rechenausdruck und berechne.

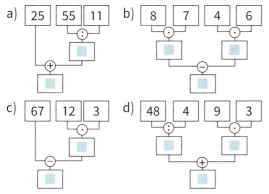

2. Berechne zuerst die Klammern. Der Größe nach geordnet erhältst du ein Gebirge.

a) $8 \cdot (17 - 11)$ | **P** $6 \cdot (18 - 9)$ | **E**
    $180 : (38 + 52)$ | **A**
    $48 : (32 - 24)$ | **L** $5 \cdot (6 + 5)$ | **N**

b) $(2 + 5) \cdot (19 - 13)$ | **D**
    $(39 - 12) : (17 - 14)$ | **N**
    $(30 + 34) : (17 - 9)$ | **A**
    $(18 - 9) \cdot (23 - 17)$ | **E**
    $(12 + 13) \cdot (7 + 13)$ | **N**

3. Denke daran: „Punkt- vor Strichrechnung".

a) $38 + 5 \cdot 9$
b) $95 - 5 \cdot 7$
c) $42 + 64 : 8$
d) $85 - 36 : 6$
e) $8 \cdot 9 + 3 \cdot 8$
f) $8 \cdot 6 - 5 \cdot 5$
g) $54 : 6 + 42 : 7$
h) $72 : 9 + 48 : 6$

LÖSUNGEN: 15 | 16 | 23 | 50 | 60 | 79 | 83 | 96

4. Finde den Fehler und korrigiere ihn im Heft.

a)
| $3 + 6 \cdot (5 - 3)$ |
| $= 3 + 30 - 3$ |
| $= 33 - 3$ |
| $= 30$ f. |

b)
| $25 - (5 + 2) \cdot 3$ |
| $= 25 - 7 \cdot 3$ |
| $= 18 \cdot 3$ |
| $= 54$ f. |

II–III Aufgabe 5 – 7

5. Übersetze den Rechenbaum in einen Rechenausdruck und berechne.

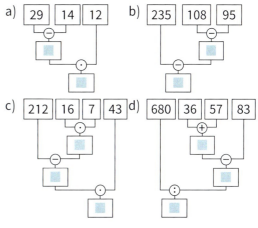

6. Ordne jedem Text den passenden Rechenausdruck zu. Berechne dann das Ergebnis.

① Multipliziere die Summe aus 100 und sechs mit zehn.
② Addiere das Produkt aus sechs und zehn zu 100.
③ Bilde den Quotienten aus 100 und der Differenz aus zehn und sechs.
④ Subtrahiere sechs vom Quotienten aus 100 und zehn.

Ⓐ $100 : (10 - 6)$ Ⓑ $100 : 10 - 6$
Ⓒ $100 + 6 \cdot 10$ Ⓓ $(100 + 6) \cdot 10$

7. Gegeben sind die Zahlen

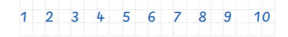

a) Setze zwischen die Zahlen Rechenzeichen und Klammern, sodass das Ergebnis des dabei entstehenden Rechenausdrucks möglichst nah bei 100 liegt.

b) Ist es möglich, dass das Ergebnis genau 100 beträgt? Überlegt gemeinsam.

Geschicktes Rechnen

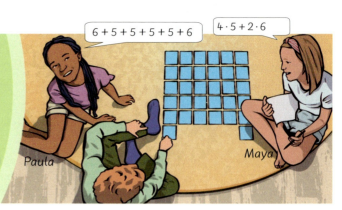

Erkläre, wie Paula und Maja zu ihren Rechenausdrücken kommen.

Notiere weitere mögliche Rechenausdrücke.

Begründe, welchen Rechenweg du am einfachsten findest.

1. Findet jeweils verschiedene Möglichkeiten, Ergebnisse zu berechnen.
   Entscheidet dann, welche Rechnung am einfachsten ist.

2. Matteo soll im Kopf $1100 \cdot 14$ ausrechnen. Er überlegt: „1 000 mal 14 kann ich, 100 mal 14 auch. Und dann ...". Setze Matteos Überlegung fort und berechne das Ergebnis im Kopf.

Video

Kommutativgesetz (Vertauschungsgesetz)	**Assoziativgesetz (Verbindungsgesetz)**	**Distributivgesetz (Verteilungsgesetz)**
In einem Produkt darfst du die Faktoren vertauschen.	In einem Produkt darfst du beliebig Klammern setzen oder weglassen.	Summen und Differenzen darfst du gliedweise multiplizieren.
$2 \cdot 14 \cdot 5 = 2 \cdot 5 \cdot 14$	$4 \cdot (5 \cdot 3) = (4 \cdot 5) \cdot 3$	$(8 + 4) \cdot 5 = 8 \cdot 5 + 4 \cdot 5$
$28 \cdot 5 = 10 \cdot 14$	$4 \cdot 15 = 20 \cdot 3$	$12 \cdot 5 = 40 + 20$

---

3. a) Berechne durch geschicktes Zerlegen.
   - Ⓐ $120 \cdot 5$
   - Ⓑ $33 \cdot 8$
   - Ⓒ $99 \cdot 8$
   - Ⓓ $9 \cdot 23$

   b) Berechne durch Zusammenfassen.
   - Ⓐ $64 \cdot 7 + 36 \cdot 7$
   - Ⓑ $37 \cdot 12 - 34 \cdot 12$
   - Ⓒ $19 \cdot 6 + 31 \cdot 6$
   - Ⓓ $29 \cdot 14 - 19 \cdot 14$

BEISPIEL

Zerlegen
$14 \cdot 3$
$= (10 + 4) \cdot 3$
$= 10 \cdot 3 + 4 \cdot 3$
$= 30 + 12$
$= 42$

Zusammenfassen
$6 \cdot 13 - 4 \cdot 13$
$= (6 - 4) \cdot 13$
$= 2 \cdot 13$
$= 26$

LÖSUNGEN
36 | 140 | 207 | 264 | 300 | 600 | 700 | 792

Multiplizieren und Dividieren

I□□ Aufgabe 1 – 5

1. Berechne die Lösung durch geschicktes Vertauschen.

TIPP
4·25 = 5·20 = 100
4·250 = 8·125 = 1 000

a) 2·39·5
b) 4·19·25
c) 20·47·5
d) 8·19·125
e) 250·32·4
f) 58·50·2
g) 5·8·200
h) 14·125·8

2. Zerlegen oder Zusammenfassen, welcher Rechenweg ist geschickter? Begründe.
a) 17·4 + 8·4   oder   (17 + 8)·4?
b) 10·8 + 7·8   oder   (10 + 7)·8?
c) 19·6 – 16·6   oder   (19 – 16)·6?
d) 100·7 – 1·7   oder   (100 – 1)·7?

3. Rechne die Aufgabe möglichst geschickt.
a) (7 + 10)·3
b) (13 – 3)·5
c) (30 – 21)·6
d) (100 + 3)·7
e) 10·6 + 7·6
f) 12·9 – 7·9
g) 60·8 + 40·8
h) 38·5 – 18·5

4. Finde den Fehler und korrigiere im Heft.

a)	3 5	·8	–	1 5	·8	b)	2 9	· 9		
=	(3 5	+	1 5)	· 8		=	(3 0	– 1)	· 9	
=			5 0	· 8		=	3 0	· 9	– 1·9	
=	4 0 0	f.				=	2 7 0	– 1·9		
						=	2 5 1	f.		

5. a) Stoppe die Zeit. Wie lange brauchst du, um die Aufgaben durch geschicktes Zerlegen zu berechnen?
① 13·4   ② 15·7   ③ 5·19
④ 12·8   ⑤ 8·18   ⑥ 21·7
⑦ 11·30   ⑧ 6·99   ⑨ 29·5

b) Schaffst du es, schneller zu sein als in Aufgabenteil a)?
① 12·7   ② 15·5   ③ 4·18
④ 13·6   ⑤ 9·19   ⑥ 20·12
⑦ 8·19   ⑧ 7·101   ⑨ 49·3

II□–III Aufgabe 6 – 10

6. Lara bekommt monatlich 10 € Taschengeld. Ihr kleiner Bruder Linus erhält 4 € im Monat.
a) Wie viel € bekommen Sie in einem Jahr zusammen? Rechne auf zwei Wegen.
b) Wie viel € bekommt Lara in einem Jahr mehr als Linus? Rechne auf zwei Wegen.

7. Rechne die Aufgabe möglichst geschickt.
a) (27 + 13)·15
b) (60 – 3)·9
c) (16 + 16)·12
d) (67 – 52)·16
e) 28·14 + 12·14
f) 20·12 + 6·12
g) 20·17 – 3·17
h) 43·9 – 18·9

8. Finde den Fehler und korrigiere ihn im Heft.

a) 19·40 + 32·20	b) 5·29 + 3·58
= 10·20 + 9·20 + 32·20	= 5·29 + 3·2·29
= (10 + 9 + 32)·20	= (5 + 3 + 2)·29
= 51·20	= 10·29
= 1 020 f.	= 290 f.

9. Malik und Selma sind die Rechenchampions ihrer Klasse. Erkläre ihre Rechentricks.

122·35
= 61·2·5·7
= 61·10 ·7
= 610·7
= 4 270

57·47 + 52·57
= 99·57
= 100·57 – 57
= 5 700 – 57
= 5 643

10. Suche dir einen möglichst geschickten Rechenweg.
a) 17·50 + 2·83·25
b) 28·9·2 – 3·18·6
c) 28·9 + 7·8·4 + 3·28
d) (5 + 24)·7 – 12·6·2
e) 2·6·15 + 35·3·4
f) 82·17 + 2·9² + 18·8
g) 142·45
h) 55·108

6 390
1 700
560
5 000
59
180
600
5 940

Lösen von Sachaufgaben

Hast du schon einmal an einer Aktion für den Umweltschutz mitgewirkt?

Wie viel kg Müll hat jedes Kind der Klasse 5a ungefähr pro Tag gesammelt?

Klassenfahrt für den Umweltschutz
An den 5 Tagen ihrer Klassenfahrt haben 20 Schülerinnen und Schüler der Klasse 5a der Gauß-Schule insgesamt 7 000 kg Abfall gesammelt.

1. Die drei Freunde Serkan, Ben und Dimitri fahren über das Wochenende von Freitag bis Sonntag zum Zelten in die Eifel. Dort mieten sie sich einen Stellplatz für ihr 3-Mann-Zelt.
Wie viel Euro muss jeder der drei Freunde am Ende der Reise für die Übernachtungen zahlen?

Du kannst Sachaufgaben lösen, indem du diese Schritte beachtest:
① **Lies** dir den Text und die Aufgaben **genau durch**, um die Situation zu verstehen. Gibt es Bilder oder Grafiken, die zusätzliche Informationen liefern?
② Notiere dir die wichtigen Informationen (**gegeben**) und schreibe auf, wonach gefragt ist (**gesucht**).
③ Überlege dir, welche **Rechnungen** du verwenden musst, um die Aufgabe zu lösen. Führe die Rechnungen dann durch.
④ Notiere eine **Antwort** auf die Frage und überprüfe dein Ergebnis mit einer **Probe**.

2. Maxi feiert heute seinen 11. Geburtstag. Er ist der blonde Junge auf dem Bild und heißt mit vollem Namen eigentlich Maximilian. Der 38-jährige Herr Stefan Luger und dessen drei Jahre jüngere Frau Anette Luger sind Maxis Eltern.
Höhepunkt des Kindergeburtstages ist der Kinobesuch mit den Eltern. Auf dem Bild rechts fehlen zwei Kinder, die zum Geburtstag eingeladen sind. Sie sind gerade auf der Toilette des Kinos.
   a) Welcher Name steht auf Maxis Kinderausweis?
   b) Wie viele Kinder sind zum Geburtstag gekommen?
   c) Wie alt sind Maxi und seine Eltern zusammen?
   d) Wie teuer ist der Eintritt für den Kinobesuch?

Multiplizieren und Dividieren — ÜBEN

I□□ Aufgabe 1 – 2

1. Die Klasse 5c plant ihre Klassenfahrt. Losgehen soll es am Montag, die Rückfahrt ist für Freitag geplant. Im Klassenrat spricht die Klassenlehrerin Frau Fiebelkorn über die Kosten.

Die Busfahrt kostet für jedes Kind 33 €. Die Jugendherberge berechnet für Unterkunft und Verpflegung 39 € pro Person und Nacht. Hinzu kommen noch 50 € pro Person für die Aktivitäten.

a) Berechne, wie teuer die Klassenfahrt für jedes Kind ist.
b) Milos fällt ein: „Wir haben doch beim letzten Schulfest 500 € eingenommen." Wie viel Euro muss jedes Kind für die Klassenfahrt zahlen, wenn die 500 € gerecht unter den 25 Kindern der 5c aufgeteilt werden.

2. Für ihre Klassenfahrt können die 25 Schülerinnen und Schüler der 5c zwischen verschiedenen Programmbausteinen wählen. Frau Fiebelkorn lässt die Schülerinnen und Schüler abstimmen.

Kletterpark	(21 €)	ⅦII
Museum	(11 €)	II
Therme	(15 €)	ⅦIII
Schifffahrt	(17 €)	IIII
Floßbau	(21 €)	ⅦⅦIII
Kanutour	(24 €)	ⅦI
Radtour	(13 €)	ⅦIIII
Wildpark	(14 €)	I

a) Für wie viele Aktivitäten durfte sich jedes Kind melden?
b) Die drei Programmbausteine mit den meisten Stimmen werden gebucht. Reichen die eingeplanten 50 Euro pro Kind?
c) Bei welcher Aktivität beträgt die Rechnung für die 25 Kinder zusammen 375 €?

II□– III Aufgabe 3 – 4

3.

CANADIER-VERLEIH

Bootstyp	1 Tag (Mo bis Fr)	1 Tag (Sa oder So)
3er	30 €	36 €
4er	36 €	44 €
5er	47 €	57 €
10er	85 €	105 €

a) Eine Gruppe von 18 Personen plant für Sonntag eine Canadier-Tour. Berechne den günstigsten Preis, der möglich ist.

b) *An Wochentagen kostet es für jede Person 2 € weniger als am Wochenende.*

Nimm Stellung zu Mareks Aussage.

4. Frau Kleine, Frau Scholz, Herr Tah, Herr Aktas und Lina kaufen Eis.

Kleine	3 Kugeln	4,20 €
Scholz	4 Kugeln	6,40 €
Tah	5 Kugeln	8,00 €
Aktas	4 Kugeln	5,60 €
Lina	2 Kugeln	2,80 €

a) Welches ist der Lieblings-Fußballverein von Herrn Tah?
b) Hat Frau Kleine in der „Eisdiele Zaubereis" oder im „Eiscafé Venezia" gegessen?
c) Was kostet eine Kugel in der „Eisdiele Zaubereis"?

Rechengeschichten

1. – Wählt mindestens fünf der Rechengeschichten ① bis ⑨ aus.
– Notiert zu jeder Rechengeschichte einen passenden Rechenausdruck mit Rechenzeichen und (falls nötig) mit Klammern.
– Berechnet dann das Ergebnis.

① Für jedes von 25 Kindern sind 4 € Eintritt zu zahlen. Zusätzlich kostet die Busmiete 35 €.

② Für jedes von 25 Kindern sind 5 € Fahrtkosten und 4 € Eintritt zu zahlen.

③ Frau Dott kauft für jedes ihrer vier Kinder 3 T-Shirts zum Preis von 5 € pro Stück.

④ Herr Drop tauscht im Geschäft T-Shirts um, drei für 6 € pro Stück gegen drei für 8 € pro Stück.

⑤ Fünf Freunde gehen ins Kino (45 € für alle) und dann Pizza essen (30 €). Jeder zahlt den gleichen Teil.

⑥ Tim bezahlt im Buchladen fünf Taschenbücher zu je 9 € abzüglich eines Geschenkgutscheins von 30 €.

⑦ Jan will vier Kinokarten zu je 7 € kaufen und freut sich, dass sie heute 2 € billiger sind als sonst.

⑧ Außer der Gruppeneintrittskarte für 50 € für den Erlebnispark sind noch sieben Einzelkarten zu je 3 € für die Delfinschau zu zahlen.

⑨ Sechs Freunde bestellen beim „Pizza-Blitz" drei Pizzas zu je 8 €. Die Kosten teilen sie gerecht.

2. – Wählt mindestens fünf der Rechenausdrücke Ⓐ bis Ⓘ aus.
– Schreibt zu jedem Rechenausdruck eine passende Rechengeschichte in der angedeuteten Sachsituation.

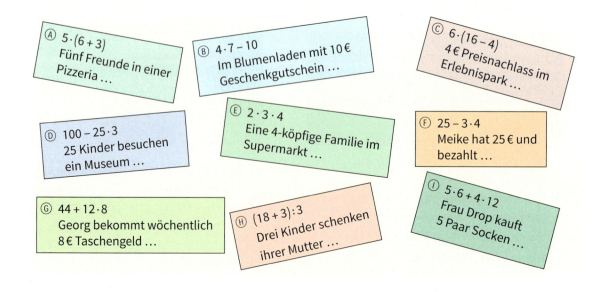

Ⓐ 5 · (6 + 3)
Fünf Freunde in einer Pizzeria …

Ⓑ 4 · 7 − 10
Im Blumenladen mit 10 € Geschenkgutschein …

Ⓒ 6 · (16 − 4)
4 € Preisnachlass im Erlebnispark …

Ⓓ 100 − 25 · 3
25 Kinder besuchen ein Museum …

Ⓔ 2 · 3 · 4
Eine 4-köpfige Familie im Supermarkt …

Ⓕ 25 − 3 · 4
Meike hat 25 € und bezahlt …

Ⓖ 44 + 12 · 8
Georg bekommt wöchentlich 8 € Taschengeld …

Ⓗ (18 + 3) : 3
Drei Kinder schenken ihrer Mutter …

Ⓘ 5 · 6 + 4 · 12
Frau Drop kauft 5 Paar Socken …

Wiederholungsaufgaben

Die Ergebnisse der Aufgaben 1 bis 8 ergeben drei Tiere, die in Deutschland leben.

1. Berechne im Kopf.
   a) 65 + 145
   b) 19 + 59
   c) 98 + 94
   d) 165 − 70
   e) 174 − 168
   f) 140 − 99
   g) 95 − 18 − 32
   h) 136 + 154 + 60

2. Welche Geraden sind parallel?

   a ‖ b (10)
   a ‖ c (20)
   b ‖ c (30)

3. Kann man aus diesem Netz einen Quader falten?

   ja (23)
   nein (33)

4. Schreibe in Ziffern.
   a) vierundvierzigtausendneunhundertsieben
   b) zweitausendneunundachtzig
   c) vierhundertsiebenundzwanzig

5. Runde auf den angegebenen Stellenwert.
   a) 145 (auf Zehner)
   b) 249 (auf Hunderter)
   c) 550 (auf Hunderter)

6. Ordne die Kärtchen. Schreibe die Zahl mit Ziffern.
   a) 5 T   2 Z   1 E   4 H
   b) 9 H   0 Z   7 E   1 T

7. Lies die Anzahl der Tore von Igor und Jan aus dem Diagramm ab.

   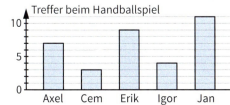
   Treffer beim Handballspiel

E | 4	M | 6
T | 10	R | 11
F | 20	U | 23
R | 30	A | 33
A | 41	U | 45
E | 78	D | 95
K | 140	H | 150
L | 192	A | 200
F | 210	U | 250
S | 350	S | 427
P | 500	M | 600
T | 1 907	H | 2 089
L | 2 098	W | 2 980
I | 4 907	I | 5 214
S | 5 421	C | 44 907

Überschlagen und halbschriftliches Multiplizieren

Recherchiere im Internet, wo die „Route des Grandes Alpes" liegt.

Wie viel km hat der Fahrradfahrer bei seinen sechs Touren auf der „Route des Grande Alpes" insgesamt zurückgelegt?

Sechsmal bin ich nun schon die 685 km lange „Route des Grandes Alpes" abgefahren.

1. Für das Auswärtsspiel der deutschen Nationalmannschaft werden von der Bahn für die 4 850 deutschen Fans insgesamt neun Sonderzüge eingesetzt.

   In jeden Zug passen 543 Personen. Hoffentlich finden alle Fans Platz.
   9 · 500 = 4 500. Ich fürchte, da kommen nicht alle mit.
   10 · 500 = 5 000. Das sollte für alle passen.

   a) Vergleiche die Überschläge von Yara und Kamil. Wem würdest du Recht geben?
   b) Amira geht so vor: „Ich rechne im Kopf erst 9 · 500, dann 9 · 40 und schließlich 9 · 3. Dann notiere ich mir die Zwischenergebnisse und addiere sie dann schriftlich."
   Gehe so vor wie Amira. Kommen alle Fans in den Sonderzügen mit?

Wenn du größere Zahlen vervielfachen möchtest, machst du am besten zuerst einen **Überschlag im Kopf**.
Mit dem Überschlag kannst du später grobe Fehler schnell erkennen.

```
  5 8 7 · 7
    ↓   ↓
≈ 6 0 0 · 7 = 4 200
```

Das genaue Ergebnis kannst du dann durch **halbschriftliches Multiplizieren** berechnen.

```
5 8 7 · 7 =

5 0 0 · 7 = 3 5 0 0
   8 0 · 7 =   5 6 0
      7 · 7 =      4 9
              ─────────
                4 1 0 9
```

2. Mache zuerst einen Überschlag im Kopf. Rechne dann genau durch halbschriftliches Multiplizieren.
   a) 87 · 4   b) 93 · 6   c) 53 · 7   d) 48 · 9
   e) 528 · 3   f) 865 · 5   g) 634 · 8   h) 728 · 7
   i) 248 · 3   j) 416 · 9   k) 783 · 6   l) 824 · 4

   LÖSUNGEN
   348 | 371 | 432
   558 | 744 | 1 584 | 3 296 | 3 744
   4 325 | 4 698 | 5 072 | 5 096

Multiplizieren und Dividieren   ÜBEN   111

I□□ Aufgabe 1 – 4

1. Ordne jeder Aufgabe im Ballon den passenden Überschlag zu. Das Lösungswort verrät dir, wohin die Ballons fliegen.

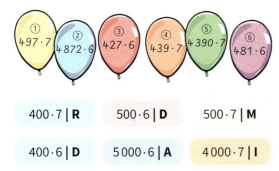

① 497·7 ② 4 872·6 ③ 427·6 ④ 439·7 ⑤ 4 390·7 ⑥ 481·6

| 400·7 \| R | 500·6 \| D | 500·7 \| M |
| 400·6 \| D | 5 000·6 \| A | 4 000·7 \| I |

2. Drei Aufgaben sind falsch gerechnet. Finde sie allein mit einem Überschlag im Kopf.

a) 6 2 3 · 8   b) 5 0 3 · 7   c) 4 8 9 · 6
   4 9 8 4   5 3 2 1   3 0 3 4

d) 8 9 2 · 7   e) 9 7 4 · 3   f) 6 1 4 · 4
   6 2 4 4   2 9 2 2   2 3 5 6

3. Multipliziere halbschriftlich.
a) 69·7   b) 84·6   c) 77·4
d) 628·3 e) 983·7 f) 637·9
g) 827·5 h) 386·8 i) 466·5

LÖSUNGEN
308 | 483 | 504 | 1 884 | 2 330
3 088 | 4 135 | 5 733 | 6 881

4. Schätze zuerst mit einem Überschlag. Rechne dann auch genau.
a) Zur Aufführung der Theater-AG werden 372 Karten zu jeweils 6 € verkauft.
b) Ein Transporter hat neun Motorräder geladen, die jeweils 267 kg schwer sind.
c) Eine Runde um den Park ist 828 m lang. Heute ist Maria sieben Runden gelaufen.
d) Die Lindenschule schafft acht Computer für je 475 € an.

II□–III Aufgabe 5 – 8

5. Ordne jeder Aufgabe mit einem Überschlag im Kopf das richtige Ergebnis zu. Du erhältst einen angenehmen Schultag.

① 7 859·3   ② 8 362·3   ③ 6 251·9
④ 6 176·8   ⑤ 5 512·6   ⑥ 5 489·6
⑦ 6 984·9   ⑧ 8 126·8   ⑨ 8 748·9

62 856 | T	33 072 | E	23 577 | W
49 408 | D	78 732 | G	56 259 | N
65 008 | A	25 086 | A	32 934 | R

6. Berechne durch halbschriftliches Multiplizieren.
a) 4 962·6   b) 7 592·8   c) 3 864·7
d) 1 755·9   e) 6 456·4   f) 3 896·3
g) 8 083·9   h) 2 867·6   i) 7 895·7

LÖSUNGEN
11 688 | 15 795 | 17 202 | 25 824
27 048 | 29 772 | 55 265 | 60 736 | 72 747

7. Schätze zuerst mit einem Überschlag. Rechne dann auch genau.
a) Für das Handballspiel wurden 6 852 Karten zu je 9 € und 3 238 Schülerkarten zu je 4 € verkauft.
b) Ein Schwerlasttransport hat sechs Kisten geladen, die je 1 874 kg wiegen. Hinzu kommen drei Kisten zu je 4 837 kg.

8. Für die 79 Schülerinnen und Schüler der 5. Klassen der Wilhelm-Busch-Schule werden Atlanten gekauft. Reichen 3 000 € dafür aus?

35,95 €

Schriftliches Multiplizieren

Acht Kinder der Geschwister-Scholl-Schule dürfen an einer Schülerbegegnung in Paris teilnehmen, die für einen vergünstigten Preis von 476 € angeboten wird.

Überschlage den Gesamtpreis für alle acht Kinder im Kopf.

Wie hoch ist der exakte Gesamtpreis?

1. a) Erklärt euch gegenseitig, wie Martha die Aufgabe 483 · 7 berechnet. Vervollständigt den Text in der letzten Sprechblase.

b) Rechnet euch die folgenden Aufgaben abwechselnd genauso ausführlich wie Martha vor.

Ⓐ 634 · 6   Ⓑ 563 · 4   Ⓒ 489 · 7   Ⓓ 687 · 9

Schriftliches Multiplizieren (zweiter Faktor einstellig):

① Schreibe die Zahlen nebeneinander.

② Multipliziere die zweite Zahl einzeln mit jeder Stelle der ersten Zahl.

③ Merke dir bei jedem Schritt den Übertrag und addiere ihn.

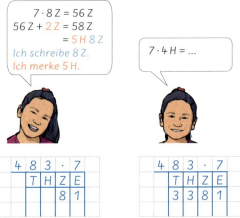

---

2. Mache zuerst einen Überschlag im Kopf. Rechne dann genau durch schriftliches Multiplizieren.

a) 322 · 3   b) 531 · 9   c) 742 · 6   d) 845 · 4
e) 583 · 7   f) 630 · 8   g) 840 · 5   h) 964 · 2
i) 3 324 · 2   j) 7 064 · 7   k) 4 936 · 8   l) 7 486 · 9

LÖSUNGEN

966 | 1 928 | 3 380 | 4 081
4 200 | 4 452 | 4 779 | 5 040
6 648 | 39 488 | 49 448 | 67 374

Multiplizieren und Dividieren BASIS 113

3.
a) 912·40 b) 527·30 c) 683·90
d) 735·20 e) 603·40 f) 539·70
g) 235·300 h) 351·500 i) 558·800
j) 340·900 k) 507·600 l) 639·600

LÖSUNGEN
14 700 | 15 810 | 24 120 | 36 480 | 37 730 | 61 470
70 500 | 175 500 | 304 200 | 306 000 | 383 400 | 446 400

4. a) Erklärt euch gegenseitig, wie Samu die Aufgabe 397·54 berechnet. Schreibt erklärende Texte für die zweite und dritte Sprechblase.

b) Rechnet euch die folgenden Aufgaben abwechselnd genauso ausführlich wie Samu vor.
Ⓐ 432·26 Ⓑ 231·34 Ⓒ 537·81 Ⓓ 648·72

Schriftliches Multiplizieren (zweiter Faktor mehrstellig):
① Schreibe die Zahlen nebeneinander.
② Multipliziere einzeln jede Stelle der zweiten Zahl mit jeder Stelle der ersten Zahl.
③ Schreibe die Ergebnisse stellengerecht untereinander.
④ Addiere die Teilergebnisse.

```
3 4 1 · 2 7
    6 8 2 0    multiplizieren mit 2Z
    2 3 8 7    multiplizieren mit 7E
      1 1
    9 2 0 7    addieren
```

---

5. Multipliziere schriftlich.
a) 97·65 b) 48·39 c) 67·29 d) 67·92
e) 94·82 f) 63·51 g) 733·42 h) 463·85
i) 727·82 j) 457·54 k) 826·69 l) 786·88

LÖSUNGEN
1 872 | 1 943 | 3 213 | 6 164
6 305 | 7 708 | 24 678 | 30 786
39 355 | 56 994 | 59 614 | 69 168

---

6. Die Reihenfolge der Faktoren ist für das Ergebnis egal. Wie verhält es sich mit dem Arbeitsaufwand beim schriftlichen Rechnen? Vergleiche.
a) 7·523 und 523·7 b) 6·3894 und 3894·6

---

7. Für eine Schule werden 476 Stühle zu je 68 € gekauft. Berechne den Gesamtpreis.

Aufgabe 1 – 4

1. Wie schwer ist die Ladung insgesamt?

a)    b)

2. a) Vom kleinsten zum größten Ergebnis geordnet: der totale Durchblick.

475 · 4 | E   239 · 8 | R   654 · 3 | N

965 · 3 | L   841 · 9 | S   236 · 8 | F

657 · 7 | A   543 · 5 | G

b) Vom größten zum kleinsten Ergebnis geordnet: der große Wurf.

887 · 68 | B   568 · 62 | A   298 · 86 | E

98 · 66 | A   78 · 26 | L   443 · 59 | S

378 · 69 | K   58 · 69 | L

67 · 98 | B   123 · 84 | T

3. Entscheide vor dem Rechnen, in welcher Reihenfolge du die Faktoren schreibst.
a) 4 · 786   b) 374 · 9   c) 7 · 4 147
d) 19 · 753   e) 444 · 66   f) 82 · 3 992

4. a) Im Kino wurden am Wochenende 786 Karten zu je 9 € verkauft. Wie viel Euro wurden eingenommen?
b) In einer Fabrik werden pro Stunde 280 Autos produziert. Wie viele Autos werden in einer 8-stündigen Schicht fertig?
c) Emily fährt täglich mit ihrem E-Auto zur Arbeit. Ihre Arbeitsstelle ist 24 km von ihrer Wohnung entfernt. Wie viel Kilometer legt sie bei der Hin- und Rückfahrt in einem Jahr mit 243 Arbeitstagen zurück?

Aufgabe 5 – 8

5. Finde die Fehler und korrigiere sie im Heft.

a) 6 2 0 · 4 3
   2 4 8 4 0
     1 8 6 3
   2 6 7 0 3 f.

b) 3 5 7 · 4 8
   2 8 5 6 0
     1 4 2 8
   2 9 9 8 8 f.

c) 3 0 4 · 7 6
     2 1 2 8
     1 8 2 4
     3 9 5 2 f.

d) 2 1 3 · 2 9
     4 2 6 0
   1 8 9 2 7
   2 3 1 8 7 f.

6.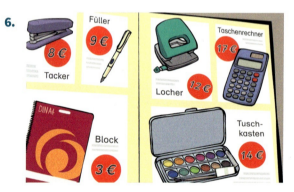

Der Schulshop bestellt für das neue Schuljahr. Was kosten
a) 87 Füller,   b) 389 Blöcke,
c) 76 Tuschkästen,   d) 88 Locher,
e) 64 Tacker,   f) 683 Taschenrechner?

7. Schreibt den Rechenvorgang mit Stellenwerttafeln wie auf S. 113 und erklärt euch gegenseitig die einzelnen Rechenschritte.
a) 483 · 732   b) 825 · 673   c) 937 · 418

8. Multipliziere schriftlich.
a) 248 · 321   b) 623 · 784   c) 527 · 714
d) 672 · 567   e) 488 · 293   f) 954 · 198

LÖSUNGEN
79 608 | 142 984 | 188 892
376 278 | 381 024 | 488 432

II Aufgabe 9 – 12

9.

Auf dem Rhein zwischen Rüdesheim und Koblenz sieht man vom Schiff aus viele mittelalterliche Burgen und Festungen. Auf einem Ausflugsschiff bezahlen Erwachsene 19 € für die Tour, Kinder zahlen 7 €.
Für die heutige Fahrt wurden 357 Tickets für Erwachsene und 284 Tickets für Kinder verkauft. Berechne die Gesamteinnahmen.

10. Herr Maliku ist Elektriker und verdient im Monat 1 937 €. Wie viel verdient er in einem Jahr, wenn er noch 325 € Urlaubsgeld und 750 € Weihnachtsgeld erhält?

11.

Im Freibad wurden im Juni folgende Eintrittskarten verkauft:

Einzelkarten		Zehnerkarten	
Erw.	Kd.	Erw.	Kd.
8 461	12 342	986	3 285

Berechne die Gesamteinnahmen.

12. Der Mond legt auf seiner Umlaufbahn um die Erde in einer Stunde 3 672 km zurück. Die Erde legt in einer Sekunde etwa 30 km auf ihrer Bahn um die Sonne zurück. Wer ist auf seiner Umlaufbahn schneller?

III Aufgabe 13 – 16

13.

a) Erkläre, wie die Kandidatin die Aufgabe so schnell lösen konnte.
b) Ordne jeder Aufgabe im Kopf das Ergebnis zu. Es ergibt sich ein Computerspiel.
① 587 · 644   ② 837 · 398   ③ 753 · 468
④ 579 · 613   ⑤ 296 · 987   ⑥ 387 · 777
⑦ 585 · 569   ⑧ 617 · 613   ⑨ 423 · 871

333 126 | I	368 433 | T	354 927 | E
332 865 | A	292 152 | C	378 028 | M
352 404 | N	378 221 | F	300 699 | R

14. Begründe, welcher Produktwert größer ist: 48 · 72 oder 78 · 42?

15. Setze die Ziffern passend ein und berechne.

☐☐ · ☐☐ = ?   4   5   8   9

a) Der Produktwert soll möglichst klein sein.
b) Der Produktwert soll möglichst groß sein.
c) Welche Möglichkeiten gibt es, wenn die Einerstelle des Produktwerts eine sechs sein soll?

16. Fülle die Lücken mit den passenden Ziffern.

a) 3 1 7 · 7
    1 6 ☐ 1

b) 2 ☐ 5 · 9
    2 1 2 ☐ 2

c) 8 4 ☐ · 6☐
    5 0 9 4 0
    2 ☐ 4 7
    5 ☐ ☐ ☐ 7

d) 1 ☐ ☐ · 3 2 ☐
    ☐ 9 0 0
    2 4 ☐ 0
    ☐ ☐ ☐
    9 4 8 3

Schriftliches Dividieren

Die drei fünften Klassen der Gropius-Schule haben bei einem großen Robotik-Wettbewerb 384 € gewonnen. Wie viel Geld bekommt jede Klasse?

Anton zerlegt die 384 € in 300 € + 60 € + 24 €. Erkläre, warum die Zerlegung Sinn macht.

Wie berechnest du den Anteil für jede Klasse?

1. a) Hat Ivan Recht?
Überprüft mit Hilfe der Umkehraufgabe.

> 7428 : 3 = 2476

TIPP
Aufgabe: 8 : 2 = 4
Umkehraufgabe: 4 · 2 = 8

b) Unten seht ihr Ivans Rechnung, eine schriftliche Division mit Stellenwerttafel. Die Rechenschritte sind farbig. Rechts seht ihr die Erklärungen zu Ivans Rechenschritten:

```
T H Z E        T H Z E
7 4 2 8  : 3 = 2 4 7 6
- 6
  1 4
- 1 2
    2 2
  - 2 1
      1 8
    - 1 8
        0
```

Meine Rechenreihenfolge:
2 → 14 → 4 → 22 → 7 → 18 → 6

Ⓐ 1 Z + 8 E = 18 E
Ⓑ 1 T + 4 H = 14 H
Ⓒ 7 T : 3 = 2 T, Rest 1 T
Ⓓ 2 H + 2 Z = 22 Z
Ⓔ 18 E : 3 = 6 E, Rest 0 E
Ⓕ 22 Z : 3 = 7 Z, Rest 1 Z
Ⓖ 14 H : 3 = 4 H, Rest 2 H

Ordnet jedem der sieben Rechenschritte die passende Erklärung Ⓐ bis Ⓖ zu. Beginnt so:

Ⓒ gehört zu 2, denn   7 T : 3 = 2 T, Rest 1 T
Ⓑ gehört zu 14, denn 1 T + 4 H = 14 H

2. Rechnet die Aufgabe rechts wie Ivan in Aufgabe 1. Erklärt eure Lösungsschritte. Wechselt euch mit dem Erklären ab. Führt anschließend die Probe mit Hilfe der Umkehraufgabe durch.

```
T H Z E        T H Z E
7 1 6 5  : 5 =
```

3. Rechnet wie Ivan die Aufgabe 26 712 : 7.
Kontrolliert euer Ergebnis mit einer Probe.
Erklärt die Unterschiede zu den Aufgaben 1 und 2.

Die 7 passt nicht in die 2, deshalb beginne ich mit 26 : 7.

Multiplizieren und Dividieren

Schriftliches Dividieren

Aufgabe: 858 : 3

Überschlag: 858 : 3 ≈ 900 : 3 = 300

Rechnung:

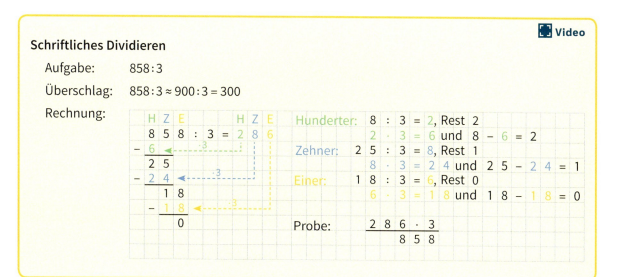

4. Dividiere schriftlich. Mache vorher einen Überschlag.
- a) 810 : 6
- b) 852 : 3
- c) 635 : 5
- d) 896 : 4
- e) 4 374 : 9
- f) 4 536 : 7
- g) 7 416 : 8
- h) 8 049 : 3
- i) 7 108 : 4
- j) 5 528 : 8
- k) 2 568 : 6
- l) 3 801 : 7

LÖSUNGEN
127 | 135 | 224 | 284
428 | 486 | 543 | 648
691 | 927 | 1 777 | 2 683

5. Toni wundert sich über das Ergebnis.
- a) Begründet mit einem Überschlag, dass das Ergebnis nicht stimmen kann.
- b) Rechnet die Aufgabe schriftlich. Erklärt, welchen Fehler Toni gemacht hat.

6. Dividiere schriftlich. Achte besonders auf Nullen im Ergebnis.
- a) 918 : 3
- b) 21 182 : 7
- c) 20 040 : 5
- d) 2 432 : 8
- e) 63 081 : 9
- f) 32 008 : 4
- g) 3 042 : 6
- h) 28 840 : 8
- i) 36 504 : 9

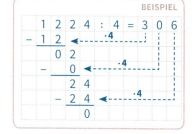

LÖSUNGEN
304 | 306 | 507 | 3 026
3 605 | 4 008 | 4 056 | 7 009 | 8 002

7. Vier Freunde fahren gemeinsam ein Wochenende lang zum Skifahren in Urlaub und teilen sich alle Rechnungen. Wie viel Euro muss jeder am Ende insgesamt bezahlen?

ÜBEN — Multiplizieren und Dividieren

Aufgabe 1 – 3

1. Finde den Fehler und korrigiere ihn im Heft.

a)
```
1 3 1 6 : 7 = 1 6 1 3   f.
- 7
  5 1
- 4 2
    9 1
  - 9 1
      0
```

b)
```
3 3 5 5 : 5 = 6 6 7   f.
- 3 0
    3 3
  - 3 0
      3 5
    - 3 5
        0
```

c)
```
1 6 3 2 : 4 = 4 8   f.
- 1 6
    0 3 2
  -   3 2
        0
```

d)
```
5 5 8 0 : 6 = 9 3   f.
- 5 4
    1 8
  - 1 8
      0 0
    - 0 0
        0
```

2. Vom größten zum kleinsten Ergebnis geordnet eine Stadt.

a)
- 897 : 3 | O
- 836 : 4 | M
- 1017 : 3 | D
- 696 : 4 | N
- 2024 : 8 | R
- 1170 : 6 | U
- 825 : 5 | D
- 1498 : 7 | T

b)
- 8940 : 4 | M
- 6430 : 5 | R
- 15522 : 6 | A
- 10409 : 7 | B
- 10592 : 8 | E
- 8082 : 3 | B
- 10647 : 9 | G

3. Mache zuerst einen Überschlag. Berechne dann das genaue Ergebnis durch schriftliche Division.

a) 785 kg Kartoffeln werden in 5 kg-Beutel gefüllt. Wie viele Beutel sind es?
b) Ein Förster pflanzt 136 Pappeln in 8 Reihen. Wie viele Pappeln sind es in einer Reihe?
c) Vier Geschwister teilen 30 400 €. Wie viel Euro bekommt jede Person?
d) 1 440 Autos werden in Züge verladen, 8 pro Waggon. Wie viele Waggons sind nötig?
e) Eine Pfadfindergruppe kauft für 396 € sechs gleiche Zelte. Wie teuer ist ein Zelt?

Aufgabe 4 – 7

4. Versuche, möglichst viele Aufgaben im Kopf zu rechnen. Wenn es dir nicht gelingt, rechne schriftlich. Mache immer eine Probe.

a) 660 : 6
   660 : 3
   1320 : 3

b) 1332 : 3
   1332 : 6
   1332 : 9

c) 3024 : 7
   3024 : 8
   3024 : 9

5.

Omas Pfannkuchen
Zutaten für 6 Personen
12 Eier
6 Esslöffel Zucker
570 g Mehl
1050 ml Milch

Berechne, welche Mengen der Zutaten man für eine Person braucht.

6. Woran erkennt ihr, ob die erste Ergebnisziffer richtig ist? Berechnet das Ergebnis.

a)
```
7 3 6 : 1 6 = 3 ...
- 4 8    :16

7 3 6 : 1 6 = 4 ...
- 6 4    :16

7 3 6 : 1 6 = 5 ...
- 8 0    :16
```

b)
```
8 8 2 : 1 4 = 7 ...
- 9 8    :14

8 8 2 : 1 4 = 5 ...
- 7 0    :14

8 8 2 : 1 4 = 6 ...
- 8 4    :14
```

7. Könnt ihr Rikes Rechentrick erklären? Nutzt den Trick, um die folgenden Aufgaben zu lösen.

Statt 5520 : 20 rechne ich einfach 552 : 2.

a) 5520 : 20
b) 21 720 : 60
c) 29 600 : 800
d) 25 900 : 700
e) 83 160 : 110
f) 481 500 : 1 500

Aufgabe 8 – 10

8. Dividiere schriftlich. Achte besonders auf Nullen im Ergebnis. Kontrolliere dein Ergebnis mit einer Probe.
a) 1 248 : 12
b) 8 442 : 14
c) 3 344 : 16
d) 8 534 : 17
e) 7 254 : 18
f) 9 633 : 19

LÖSUNGEN
104 | 209 | 403 | 502 | 507 | 603

9. Vom größten zum kleinsten Ergebnis geordnet erhältst du etwas Sportliches.

a)
7 362 : 18 | M   8 160 : 16 | Y
    3 562 : 13 | D   3 135 : 15 | E
11 375 : 13 | O   11 118 : 17 | L
    6 156 : 19 | A   4 788 : 12 | P
5 572 : 14 | I

b)
5 484 : 12 | E   7 362 : 18 | L
    6 748 : 14 | I   7 111 : 13 | D
7 905 : 15 | S   8 216 : 13 | N
    8 619 : 17 | P   8 328 : 12 | E

10. Mache zuerst einen Überschlag. Berechne dann das genaue Ergebnis durch schriftliche Division.
a) Eine Fahrradhändlerin bestellt 15 gleiche Fahrräder zu einem Gesamtpreis von 5 970 €. Wie teuer ist ein Fahrrad?
b) 7 310 352 € waren im Jackpot, den 16 Personen geknackt haben. Wie viel Euro erhält jede von ihnen?
c) Familie Luhmann mietet vom 15. Juli bis zum 5. August eine Ferienwohnung und zahlt 1 323 €. Berechne den Preis pro Nacht.

Aufgabe 11 – 14

11. Zeige mit Hilfe zweier Rechnungen, dass weder Jan noch Dana Recht hat.

Teilt man eine vierstellige durch eine einstellige Zahl, dann hat das Ergebnis immer drei Stellen.

Teilt man eine vierstellige durch eine einstellige Zahl, dann hat das Ergebnis immer vier Stellen.

12. a) Wie verändert sich der Quotient, wenn der Dividend verdoppelt wird?
b) Wie verändert sich der Quotient, wenn der Divisor verdoppelt wird?
c) Wie verändert sich der Quotient, wenn Dividend und Divisor verdoppelt werden?

13. Ergänze die fehlenden Ziffern im Heft.

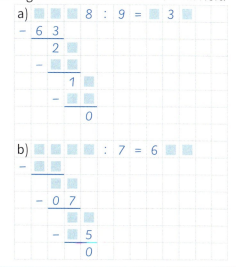

14. Bauer Heinrich zäunt sein 552 m langes und 282 m breites rechteckiges Feld ein. An jeder Ecke steht ein Pfosten für den Zaun, ansonsten sind die Abstände zwischen zwei Pfosten 6 m. Für ein Tor müssen 12 m ausgespart werden. Erstelle eine Skizze und berechne, wie viele Pfosten er benötigt.

Division mit Rest

Die 5a verkauft Plätzchen, um Geld für ihre Klassenfahrt zu sammeln.

750 Plätzchen sollen dafür in Tüten mit je neun Stück verpackt werden.

Wie viele Tüten kommen zusammen? Bleiben Plätzchen übrig?

1. In den Lkw sollen würfelförmige Kartons gestapelt werden.

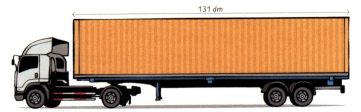
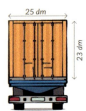

a) Begründe, warum man im Laderaum nicht mehr als 5 Kartons übereinander stapeln kann.
b) Überlege, wie viele Kartons auf die Ladefläche passen, ohne sie übereinander zu stapeln.
c) Wie viele Kartons passen insgesamt in den Laderaum des Lkws?

---

2. Frieda möchte herausfinden, wie viele Wochen ein Jahr hat. Dazu führt sie die abgebildete Division durch.

a) Erkläre, warum Frieda 365 : 7 rechnet.
b) Erkläre das Ergebnis. Was bedeutet die Zahl 1 ganz unten?
c) Frieda möchte überprüfen, ob sie richtig gerechnet hat. Wie könnte sie eine Probe durchführen?

```
3 6 5 : 7 = 5 2
-3 5
    1 5
  - 1 4
      1
```

Warum steht da jetzt keine Null?

Division mit Rest

Wenn die Division nicht aufgeht, musst du den Rest notieren.

Bei der Probe musst du daran denken, den Rest am Ende zu addieren.

```
1 0 0 0 : 7 = 1 4 2, Rest: 6
-  7
  3 0
- 2 8      Probe:  1 4 2 · 7
    2 0                9 9 4
  - 1 4
      6            9 9 4 + 6 = 1 0 0 0
```

▶ Video

3. Berechne schriftlich. Kontrolliere dein Ergebnis mit einer Probe.

a) 815 : 4   b) 472 : 5   c) 982 : 3   d) 411 : 9
e) 3 520 : 6 f) 7 593 : 7 g) 8 261 : 9 h) 62 008 : 9

1 | 2 | 3 | 4 | 5 | 6 | 7 | 8   RESTE

Multiplizieren und Dividieren — ÜBEN

Aufgabe 1 – 3

1.

Berechne die Anzahl der Packungen und den Rest. Oben siehst du, was übrigbleibt.

a) 549 Eier in 6er-Kartons
b) 349 Paprikaschoten in 3er-Netzen
c) 1 250 Schreibhefte in 8er-Packs
d) 4 000 Saftflaschen in 6er-Kartons
e) 9 000 Paar Socken in 7er-Packs
f) 2 030 Textmarker in 4er-Packungen
g) 18 635 Spielzeugautos in 9er-Kartons

2. Luna hat eine Vorratsbox mit 650 Gummibärchen geschenkt bekommen. Sie möchte sie fair mit ihren beiden Eltern und ihren drei Geschwistern teilen.
Berechne, wie viele Bärchen jeder bekommt und wie viele übrig bleiben.

3.

Selina macht eine Ausbildung zur Tischlerin. Für den Bau eines Regals muss sie eine 5 m lange Holzleiste in 30 cm lange Stücke sägen. Wie viele Stücke erhält sie und wie lang ist der Rest der Holzleiste?

TIPP: 1 m = 100 cm

Aufgabe 4 – 8

4. Am 1. Spieltag besuchten insgesamt 424 238 Zuschauer die neun Spiele der ersten Bundesliga. Berechne, wie viele Zuschauer das durchschnittlich pro Spiel waren.

5. Berechne. Die Reste findest du unten.

a) 9 071 : 11   b) 7 775 : 12   c) 6 937 : 17
d) 8 008 : 15   e) 5 329 : 14   f) 4 399 : 16
g) 5 128 : 19   h) 7 441 : 13   i) 6 843 : 18

RESTE: 1 | 3 | 5 | 7 | 9 | 11 | 13 | 15 | 17

6. Bestimme den fehlenden Dividenden.

TIPP: Nutze die Probe.

a) ■ : 6 = 583, Rest 5   b) ■ : 13 = 402, Rest 9
c) ■ : 7 = 499, Rest 1   d) ■ : 18 = 476, Rest 17

7.

Carlo und Rosalie wollen ihre Hochzeit groß feiern. Sie rechnen mit 310 Gästen. Für die Feier wollen sie Bierzeltgarnituren mieten. Wie viel Euro müssen sie dafür mindestens einplanen?

8. Ein Traktor hat 372 Liter Benzin im Tank. Im Durchschnitt verbraucht er 16 Liter pro Stunde bei voller Belastung.
Wie viele Stunden und Minuten kann der Traktor voll belastet fahren, bis der Tank leer ist?

Schwarzwaldhotel

Ein echter Familienbetrieb

Seit inzwischen 15 Jahren führt das Ehepaar Schuster das „Naturhotel Schuster" im Hochschwarzwald. Frau Marlene Schuster ist 46 Jahre alt, ihr Mann Thomas ist knapp 10 Jahre älter, dieses Jahr hat er einen Schnapszahl-Geburtstag gefeiert. Als ihr Sohn Paul geboren wurde, war Herr Schuster 32 Jahre alt. Da Paul gern in die Fußstapfen seiner Eltern treten möchte, macht er gerade eine Ausbildung zum Koch in einem 5-Sterne-Hotel in München. Das Naturhotel Schuster hat 26 Zimmer: neun Einzelzimmer, der Rest Doppelzimmer. Im hoteleigenen Restaurant, das täglich ab 18 Uhr geöffnet ist, werden die Gäste kulinarisch verwöhnt. Hier steht der Besitzer noch selbst hinter dem Herd. Auf der Speisekarte findet man fünf Vorspeisen, acht Hauptgerichte und sechs Desserts. Neben gutem Essen finden die Gäste in der hoteleigenen Natursauna Entspannung. Das Konzept kommt gut an: „Im Frühjahr sind die Betten mal wieder sehr gut belegt, vom 12. bis 25. April sind wir völlig ausgebucht", sagt Frau Schuster.

Naturhotel Schuster
(840 m ü.M.)

Übernachtung
inkl. Frühstück
Preise pro Person
Im Einzelzimmer: 58 €
Im Doppelzimmer: 43 €

1. a) Lest den Zeitungsartikel sorgfältig durch und betrachtet das Bild genau. Gibt es unbekannte Wörter im Text? Klärt ihre Bedeutung in eurer Klasse oder recherchiert sie im Internet.
   b) Legt euch im Heft eine Tabelle an, in die ihr alle wichtigen Informationen aus dem Artikel eintragt.

Hotelbesitzer	Hotel	Restaurant

2. Versucht nun gemeinsam, die folgenden Fragen zu beantworten. Bei einigen Fragen müsst ihr rechnen, bei anderen nicht. Sammelt insgesamt mindestens 7 Punkte.

① **(1 Punkt)**
In welcher Höhe über dem Meeresspiegel liegt das Hotel?

② **(2 Punkte)**
Wie viele Gäste können gleichzeitig im Naturhotel übernachten?

③ **(3 Punkte)**
Wie alt ist Herr Schuster, wie alt ist Paul und wie alt sind alle drei Schusters zusammen?

④ **(4 Punkte)**
Wie hoch waren die Einnahmen aus Übernachtung und Frühstück vom 12.04. bis zum Morgen des 25.04.?

⑤ **(3 Punkte)**
Ein 3-Gänge-Menü besteht aus Vorspeise, Hauptspeise und Dessert. Wie viele verschiedene 3-Gänge-Menüs kann man im Naturhotel essen?

⑥ **(4 Punkte)**
An einem Wintertag übernachten 35 Gäste im Hotel. Wie hoch sind die Einnahmen für die Übernachtung mit Frühstück mindestens, wie hoch sind sie höchstens?

Wir planen unsere Klassenfahrt

Tabellen sind praktisch, um Informationen übersichtlich darzustellen.
Mit einem Tabellenkalkulationsprogramm könnt ihr Informationen auf einfache Art und Weise mit Tabellen darstellen und sie weiterverarbeiten (z.B. Berechnungen durchführen oder Zahlen in Diagrammen darstellen).

1. Nele und Marcin wollen ein Tabellenkalkulationsprogramm nutzen, um eine Übersicht über die Kosten ihrer Klassenfahrt zu erstellen.

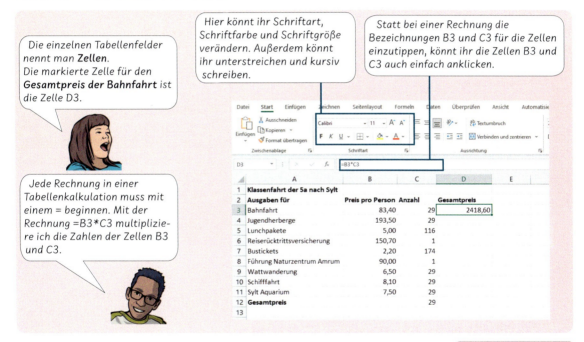

a) Übertragt die Tabelle in ein Tabellenkalkulationsprogramm.
b) Erklärt euch gegenseitig, wie Nele und Marcin den „Gesamtpreis" für die Bahnfahrt in Zelle D3 berechnet haben. Berechnet dann mit dem Tabellenkalkulationsprogramm die Gesamtpreise für die weiteren Ausgaben (Zelle D4 bis D11).
c) Tragt in die Zelle D12 den Befehl =SUMME(D3:D11) ein. Was wird berechnet?
d) Berechnet in Zelle B12, wie viel Euro jeder der 29 Teilnehmer für die Klassenfahrt zahlen muss.

Rechenzeichen TIPP
plus +
minus –
mal *
geteilt /

2. Plant nun mit einem Tabellenkalkulationsprogramm eure eigene Traum-Klassenfahrt.
   a) Legt zunächst fest, wohin die Reise gehen soll und mit welchen Kosten ihr rechnet. Plant auch Aktivitäten ein. Recherchiert die Preise dafür im Internet.
   b) Wie viele Personen sind in eurer Klasse und würden auf die Klassenfahrt mitkommen? Berechnet den Gesamtpreis der Fahrt. Wie teuer wird eure Klassenfahrt für jeden Teilnehmer?
   c) Präsentiert eure Überlegungen in der Klasse.

ZUSAMMENFASSUNG

Multiplikation (Malrechnen)

Faktor · Faktor = Produkt
8 · 6 = 48

Das **Produkt** der Faktoren 8 und 6 ist 48.

Rechnen mit Null: 0 · 8 = 0   8 · 0 = 0

Multiplikation mit 10, 100, 1 000
Multiplizierst du eine Zahl mit 10, 100 oder 1 000, dann musst du 1, 2 oder 3 **Nullen anhängen**.

37 · 10 = 370   37 · 100 = 3 700

Division (Geteiltrechnen)

Dividend : Divisor = Quotient
48 : 6 = 8

Der **Quotient** der Zahlen 48 und 6 ist 8.

0 : 8 = 0   ~~8 : 0~~ (geht nicht)

Division durch 10, 100, 1 000
Dividierst du eine Zahl durch 10, 100 oder 1 000, dann musst du 1, 2 oder 3 **Nullen wegstreichen**.

5 000 : 10 = 500   5 000 : 1 000 = 5

Rechenregeln für gemischte Punkt- und Strichrechnung

① Was in Klammern steht, wird zuerst berechnet.

7 · (6 + 4)
= 7 · 10
= **70**

② Punktrechnung (· und :) geht vor Strichrechnung (+ und −).

8 · 5 + 6 : 3
= 40 + 2
= **42**

③ Sonst wird von links nach rechts gerechnet.

9 + 6 − 5
= 15 − 5
= **10**

Kommutativgesetz

2 · 14 · 5 = 2 · 5 · 14
28 · 5 = 10 · 14

Assoziativgesetz

4 · (5 · 3) = (4 · 5) · 3
4 · 15 = 20 · 3

Distributivgesetz

(8 + 4) · 5 = 8 · 5 + 4 · 5
12 · 5 = 40 + 20

Schriftliche Multiplikation

235 · 27 =

Überschlag:
235 · 27 ≈ 200 · 30 = 6 000

Schriftliches Multiplizieren:

```
 2 3 5 · 2 7
     4 7 0 0
     1 6 4 5
     6 3 4 5
```

Schriftliche Division

882 : 3 =

Überschlag:
882 : 3 ≈ 900 : 3 = 300

Schriftliches Dividieren:

```
  8 8 2 : 3 = 2 9 4
− 6
  2 8
− 2 7          Probe:
    1 2        2 9 3 · 4
  − 1 2          8 8 2
      0
```

Division mit Rest

880 : 3 =

Überschlag:
880 : 3 ≈ 900 : 3 = 300

```
  8 8 0 : 3 = 2 9 3, Rest: 1
− 6
  2 8           Probe:
− 2 7           2 9 3 · 3
    1 0           8 7 9
  −   9
        1       8 7 9 + 1 = 8 8 0
```

Multiplizieren und Dividieren   TRAINER   125

Aufgabe 1 – 4

1. Übertrage die Tabelle in dein Heft und ergänze die fehlenden Zahlen.

·	3	7	4	8
12	36			
15				
25				
	18			
			120	

2. Berechne im Kopf.
   a) 78 · 10   36 · 100   45 · 1 000
   b) 3 700 : 10   8 000 : 100   9 000 : 1 000
   c) 827 · 1   827 : 827   0 : 827

3. Rechne möglichst geschickt.
   a) 2 · 67 · 50
   b) 25 · 59 · 4
   c) 20 · 793 · 5
   d) 500 · 88 · 2
   e) (13 + 87) · 19
   f) (100 − 4) · 7
   g) 64 · 8 − 44 · 8
   h) 30 · 4 + 7 · 4
   i) 6 · 13 + 6 · 17
   j) 27 · 48 + 27 · 52

4.

   a) Frau Rossi verbringt ihren zweiwöchigen Urlaub (14 Nächte) in den Alpen. Dafür sucht sie eine Unterkunft mit Frühstück. Wo wäre der Urlaub günstiger?
   b) Herr Holten hat für 4 Übernachtungen 304 € gezahlt. Welches Hotel hat er gewählt?

Aufgabe 5 – 6

5.

   a) Frau Kleiß kauft 16 Flaschen Wasser. Reicht ein 10-€-Schein zum Bezahlen?
   b) Herr Dogan bezahlt 6 Flaschen Apfelsaft und 12 Flaschen Orangensaft mit einem 50-€-Schein. Berechne das Rückgeld.

6. Lies dir den Text zuerst genau durch. Beantworte dann die Fragen.

   Karibus gehören zur Familie der Hirsche und sind enge Verwandte der Rentiere. Ihr Lebensraum liegt im Norden des nordamerikanischen Kontinents in Alaska. Dort verteilen sie sich auf 32 riesige Herden. Jede dieser Herden besteht aus durchschnittlich 30 000 Tieren.
   In ihren Herden legen die Karibus beim Wechsel zwischen Sommer- und Winterquartier große Strecken von bis zu 500 km pro Woche zurück. Bei Karibus wachsen nicht nur den Männchen, sondern auch den Weibchen Geweihe.

   a) Was für ein Tier ist ein Karibu?
   b) Wie viele Karibus leben etwa in Alaska?
   c) Was unterscheidet Karibu-Weibchen von vielen anderen Hirscharten?
   d) Welche Strecken können Karibus ungefähr pro Tag zurücklegen?
   e) Auf welchem Kontinent liegt Alaska?

TRAINER

Aufgabe 7–11

7. Finde die Ergebnisse durch Überschlagsrechnungen. Du erhältst einen Frühblüher.
① 612·19   ② 34·489   ③ 197·12
④ 386·49   ⑤ 29·44   ⑥ 51·28

| 1276 | U | | 2364 | O | | 11628 | K |
| 16626 | R | | 1428 | S | | 18914 | K |

8. Rechne schriftlich.
a) 572·6   b) 47·38   c) 704·69
d) 847:7   e) 4216:4 f) 57663:9

9. Wie heißt die gesuchte Zahl?
a) ■·7 = 49   b) ■:4 = 5
c) ■·6 = 132   d) ■:8 = 36
e) ■·10 = 4600   f) ■:100 = 9000
g) ■·3 = 2886   h) ■:5 = 627

10. Martha hat 9060:12 = 755 richtig vorgerechnet. Janek soll nun die Aufgabe 9084:12 rechnen. Nach fünf Sekunden nennt er das Ergebnis. Erklärt, wie er das gemacht hat.

11.

Die 27 Schülerinnen und Schüler der Klasse 5b planen gemeinsam mit ihrer Klassenlehrerin, am Wandertag die Westernstadt zu besichtigen. Dort wollen sie auch eine gemeinsame Kutschfahrt unternehmen. Wie viel Euro muss jedes Kind dafür mitbringen?

Aufgabe 12–14

12. Notiere zuerst eine Rechnung. Berechne dann die Lösung.
a) Dividiere das Produkt der Zahlen 77 und 15 durch die Zahl 21.
b) Dividiere die Differenz der Zahlen 9276 und 5124 durch 12.
c) Multipliziere die Summe der Zahlen 1488 und 12 mit dem Quotienten derselben beiden Zahlen.
d) Multipliziere die Summe der Zahlen 468 und 792 mit 15. Dividiere das Produkt durch 700.

13. Berechne.
a) 32000:800   b) 32000:8000
c) 720000:9000   d) 3000000:500
e) 70000000:20000   f) 1 Mrd.:1 Mio.
g) 15 Mrd.:3 Mio.   h) 3 Mrd.:15 Mio.

14.

Meryem und Luca sind beide im Schwimmverein. Im Moment trainieren sie auf der 50 m-Bahn für ihren Wettkampf über 400 m.
a) Meryem schwimmt ein gleichmäßiges Tempo. Pro Bahn braucht sie im Durchschnitt 67 Sekunden. Wie viele Minuten und Sekunden braucht sie für die gesamten 400 m?
b) Luca braucht für die 400 m insgesamt 5 min 28 s. Wie viele Sekunden benötigt er durchschnittlich pro Bahn?

Multiplizieren und Dividieren — TRAINER

II Aufgabe 15 – 16

15. Lies dir den Text zuerst genau durch. Beantworte dann die Fragen.

Auch wenn man es nicht vermutet, so ist der Klippschliefer mit dem Elefanten verwandt. Biologen haben mit Hilfe der DNA herausgefunden, dass die beiden Tierarten vor etwa 80 Mio. Jahren gemeinsame Vorfahren hatten.
Während der 50 cm lange Klippschliefer gerade mal 4 000 g wiegt, kann ein Elefant bis zu 6 000 kg auf die Waage bringen und eine Länge von 7 m haben.
Bei seinem großen Gewicht braucht ein Elefant auch viel Nahrung: Pro Tag frisst er 150 kg Pflanzen und trinkt 140 ℓ Wasser.

a) Vor wie vielen Jahrhunderten lebten die gemeinsamen Vorfahren der Elefanten und Klippschliefer?
b) Übertrage die beiden Aussagen in dein Heft. Ergänze sie mit passenden Zahlen.
 Ein Elefant ist ungefähr ▪ mal so schwer wie ein Klippschliefer.
 Ein Elefant ist ungefähr ▪ mal so lang wie ein Klippschliefer.
c) Wie viel Nahrung nimmt ein Elefant im Jahr zu sich?

16. Die Klassen 5a (27 Kinder), 5b (25 Kinder) und 5c (28 Kinder) fahren gemeinsam auf Klassenfahrt. Dafür muss jedes Kind 150 € bezahlen. Herr Luthe sammelt das Geld ein. Er zählt auf dem Klassenfahrtskonto 11 100 €. Wie viele Kinder müssen noch bezahlen?

III Aufgabe 17 – 20

17. Paul hatte im letzten Schuljahr insgesamt 15 Wochen Ferien. Hinzu kamen fünf Feiertage, an denen er auch keinen Unterricht hatte, und drei Tage, an denen er krank war. In der restlichen Zeit fuhr er von Montag bis Freitag mit dem Fahrrad hin zur 13 km entfernten Schule und auch wieder zurück. Welche Strecke legte er dabei insgesamt zurück?

18. Bestimme die gesuchte Zahl.
a) Wenn du die gesuchte Zahl mit 32 multiplizierst und anschließend durch 15 dividierst, so erhältst du die Zahl 160.
b) Wenn du die Summe aus der gesuchten Zahl und 47 verdreifachst und das Ergebnis um 1 vergrößerst, so erhältst du 400.

19. Leif schlägt Hannah ein Würfelspiel vor:

Du würfelst mit einem Würfel. Wenn das Hundertfache deiner Augenzahl vergrößert um vier durch drei teilbar ist, gewinnst du. Wenn nicht, dann gewinne ich.

a) Sollte Hannah dieses Spiel spielen? Begründe deine Antwort.
b) Erfinde selbst ein Würfelspiel. Erkläre, ob es gerecht oder ungerecht ist.

20. Verwende jede Ziffer genau einmal und bilde zwei zweistellige Zahlen, sodass …   1 8 7 2
a) … das Produkt der beiden Zahlen möglichst groß ist.
b) … der Quotient der beiden Zahlen eine Quadratzahl ist.

Klassenfahrt nach ...

Die 26 Schülerinnen und Schüler der Klasse 5b der Dortmunder Anne-Frank-Schule fahren gemeinsam mit ihren beiden Klassenlehrerinnen Frau Schröder und Frau Geisler von Montag bis Freitag auf Klassenfahrt.

a) Die Hinfahrt nutzt die Mathematiklehrerin Frau Schröder für einen kleinen Kopfrechenwettbewerb. Notiere die beschriebenen Rechenausdrücke und berechne die Lösungen.

① Addiere das Produkt aus sieben und acht zu 76.

② Dividiere 539 000 durch 100.

③ Multipliziere die Zahl 8 mit 95.

④ Berechne die Quadratzahl von 12.

b) Für Unterkunft und Verpflegung muss jedes Kind und jede Lehrerin insgesamt 148 € zahlen.
① Berechne, wie viel Euro das pro Übernachtung sind.
② Berechne, wie viel Euro insgesamt an die Jugendherberge überwiesen werden müssen.

c) Am ersten Tag unternimmt die Klasse eine Stadtrundfahrt. Dafür hat Frau Geisler 600 € mitgenommen.
① Überschlage im Kopf, ob die 600 € für alle Kinder und Lehrerinnen ausreichen. Notiere deine Rechnung.
② Berechne nun genau, wie viel Euro fehlen oder nach der Zahlung übrigbleiben.

Große Stadtrundfahrt im Doppeldecker-Bus
Erwachsene: 21 €
Kinder ab 8 Jahren: 18 €
Kinder unter 8 Jahren: frei

d) Bei der Bootsfahrt bleiben einige Kinder mit Frau Schröder krank in der Jugendherberge. Frau Geisler zahlt bei einem Preis von 9 € pro Person insgesamt 216 €. Wie viele Kinder waren krank?

e) Hier siehst du den Kilometerstand des Reisebusses vor und nach der Reise.

Kilometerstand vor der Abfahrt: 0083565 km

Kilometerstand nach der Rückkehr: 0084445 km

Während der Woche blieb der Bus auf dem Parkplatz der Jugendherberge stehen und wurde nicht benutzt. Welche deutsche Stadt hat die 5b besucht?

Entfernungstabelle (alle Angaben in km)

	Berlin	Bremen	Dresden	München
⋮				
Dortmund	422	197	440	630

5 | Größen

1. Unsere Währung in Deutschland heißt Euro.
   a) Wie viele verschiedene Münzen gibt es? Nenne auch die Werte der Münzen.
   b) Wie viele verschiedene Geldscheine gibt es? Wie groß ist die Summe dieser Scheine in Euro?

   > Ich kann mit einfachen Geldbeträgen rechnen.
   > Das kann ich gut. | Ich bin noch unsicher.
   > → S. 223, Aufgabe 1, 2

2. Ordne das passende Längenmaß zu.
   a) Höhe eines Schreibtisches
   b) längste Seite eines Geodreiecks
   c) Höhe einer Tür
   d) Dicke eines Bleistifts
   e) Breite eines DIN-A4-Blatts
   f) Länge eines Radiergummis

   2 m   7 mm   70 cm   21 cm   15 cm   5 cm

   > Ich kann Gegenständen ihr Längenmaß zuordnen.
   > Das kann ich gut. | Ich bin noch unsicher.
   > → S. 224, Aufgabe 1, 2

3. Wie schwer sind die abgebildeten Gegenstände? Ordne zu.

   1 kg   300 g   4 kg   10 kg

   > Ich kann Gegenständen ihre Masse zuordnen.
   > Das kann ich gut. | Ich bin noch unsicher.
   > → S. 225, Aufgabe 1

4. Gib in der richtigen Einheit an.
   a) Dauer einer Schulstunde: 45
   b) Weltrekord im Sprint über 100 m: 9,58
   c) Bahnfahrt von Hamburg nach München: 6
   d) Zeit zwischen zwei Fußballweltmeisterschaften: 4
   e) Dauer einer Schulwoche: 5

   > Ich kenne die Einheiten, mit denen die Zeit gemessen wird.
   > Das kann ich gut. | Ich bin noch unsicher.
   > → S. 223, Aufgabe 3

5. Lies die Uhrzeit ab.

   > Ich kann die Uhr lesen.
   > Das kann ich gut. | Ich bin noch unsicher.
   > → S. 225, Aufgabe 2

EINSTIEG

Wie lange dauert eine Fahrt auf eine der ostfriesischen Inseln?

Hier siehst du die ostfriesischen Inseln in der Nordsee. Recherchiere ihre Namen. Welches ist die größte der Inseln?

5 | Größen

Wie lang und wie breit ungefähr ist die Nordseeinsel Baltrum?

In diesem Kapitel lernst du, …

… wie du mit Geldbeträgen rechnest,

… wie du Längeneinheiten umwandelst und mit ihnen rechnest,

… was der Begriff Maßstab bedeutet und wie du im Alltag mit verschiedenen Maßstäben umgehst,

… wie du Masseeinheiten umwandelst und mit ihnen rechnest,

… wie du verschiedene Zeiteinheiten nutzt und mit ihnen rechnest.

Geld

Ab wie vielen Stunden Aufenthalt lohnt sich die Tagesmiete für einen Strandkorb?

Wie viel Geld muss man mindestens haben, um einen Strandkorb zu mieten?

1. Schätzt gemeinsam, wie viel Geld ihr ungefähr benötigt, wenn ihr Folgendes bezahlen müsst:
   a) ein Eis   b) eine Sonnencreme   c) eine Taucherbrille   d) Miete eines Surfbretts

2. Beim Einkauf möchtet ihr passend bezahlen und möglichst wenige Scheine und Münzen verwenden. Wie bezahlt ihr am geschicktesten?

   a)  17 €
   b)  5,20 €
   c)  2,80 €
   d)  29,90 €

In vielen Ländern Europas gibt es für Geldbeträge die Einheiten **Euro und Cent**.

Es gilt: **1 Euro = 100 Cent**
           1 €   = 100 ct

40 € — Maßzahl / Maßeinheit

Geldbeträge können unterschiedlich angegeben werden.
- Cent-Schreibweise: 475 ct
- gemischte Schreibweise: 4 € 75 ct
- Kommaschreibweise: 4,75 €

---

3. Gib den Geldbetrag in den beiden anderen Schreibweisen an.
   a) 300 ct   b) 465 ct   c) 202 ct
   d) 3 € 42 ct   e) 11 € 21 ct   f) 50 € 50 ct
   g) 5,49 €   h) 43,60 €   i) 8,09 €

BEISPIEL
7,99 € = 7 € 99 ct = 799 ct
64 € 40 ct = 64,40 € = 6 440 ct
1 457 ct = 14 € 57 ct = 14,57 €

Größen

ÜBEN

I□□ Aufgabe 1 – 5

1. Übertrage ins Heft und setze eines der folgenden Zeichen ein: <, > oder =.
a) 7,86 € ▪ 499 ct   b) 10 € 64 ct ▪ 288 ct
c) 3 € 75 ct ▪ 3,57 €   d) 24,98 € ▪ 2 500 ct
e) 150 ct ▪ 1,50 €   f) 2 € 2 ct ▪ 210 ct

2. Ordne die Geldbeträge der Größe nach. Beginne mit dem kleinsten Wert.
a) 0,50 €   6 € 21 ct   777 ct   11,23 €   95 ct
b) 321 ct   17,45 €   0,99 €   2 €   1 € 5 ct

3. Gib den Gesamtbetrag in der Kommaschreibweise an.
a) 7 Münzen zu 50 ct   b) 30 Münzen zu 5 ct
c) 305 Münzen zu 1 ct   d) 44 Münzen zu 2 ct
e) 17 Münzen zu 10 ct   f) 27 Münzen zu 20 ct

4. Wie viel Geld erhältst du zurück, wenn du mit einem 50-€-Schein bezahlst?

a)  29 €

b) 22,50 €

c)  9,99 €

d)  16,90 €

5. Berechne.
a) 7,30 € + 9,20 €   b) 2,80 € + 4,60 €
c) 48,10 € + 51,90 €   d) 11,40 € + 0,99 €
e) 13,70 € – 5,30 €   f) 7,40 € – 2,50 €
g) 3 · 7 €   h) 3 · 2,10 €
i) 10 · 0,50 €   j) 2 · 3,80 €

II□ – III Aufgabe 6 – 9

6.

Damiano kauft ein. Er hat 20 € dabei. Wie viel Rückgeld erhält er?
a) zwei Lachsbrötchen
b) drei Krabbenbrötchen
c) ein Matjesbrötchen und einen Fischburger
d) ein Lachs- und zwei Backfischbrötchen

7. Diskutiert zu zweit.
a) Luca kauft beim Bäcker für 4,20 € ein. Er zahlt mit einem 5-€-Schein. Warum fragt der Verkäufer nach einer 20-ct-Münze?
b) Der Rechnungsbetrag ist 46,90 €. Warum bezahlt Frau Tulgar mit einem 50-€-Schein und einer 2-€-Münze?

8. Liam kauft im Supermarkt ein. Er hat einen Pfandbon im Wert von 5,50 €. Reichen seine 40 € aus, um alles zu bezahlen? Überschlage zuerst und berechne dann die genaue Einkaufssumme.

Kiste Limo	8,99 €
Wassermelone	3,49 €
Olivenöl	6,49 €
Kaffeebohnen	9,90 €
Erdbeeren	2,99 €
Käse	3,90 €
Lachs	6,99 €

9. Matteo behauptet, dass man einen Preis von 10 Cent auf acht verschiedene Weisen mit Münzen bezahlen kann. Tiffany meint, dass es sogar 11 Möglichkeiten gibt. Wer hat Recht?

TIPP Lege eine Tabelle an.

Länge

Wie weit ist es von dir zu Hause bis an die Nordsee?

Ein Fischkutter fährt in einer Stunde bis zu 20 km weit. Wie viele Meter sind das?

1. Bei den Maßeinheiten werden unterschiedliche Vorsilben verwendet. Hier seht ihr einige davon.

   Kilo: das 1 000-Fache   Hekto: das 100-Fache   Deka: das 10-Fache

   Dezi: der 10. Teil   Zenti: der 100. Teil   Milli: der 1 000. Teil

   a) Erklärt die Aussagen der Kinder.

   - Bo: Gestern sind wir 12 Kilometer gewandert.
   - Marie: Hast du den Hektometer-Lauf gewonnen?
   - Adam: Unser Klassenzimmer ist einen Dekameter lang.
   - Joana: Mein Daumen ist 2 Zentimeter dick.
   - Malika: Ein Kästchen im Matheheft ist 5 Millimeter hoch.
   - Denis: Unser Mathebuch ist fast 3 Dezimeter lang.

   b) Einige Kinder haben Begriffe benutzt, die nicht üblich sind. Welche Begriffe sind das?

2. Ergänzt die Angabe mit der passenden Längeneinheit.   cm   mm   km   m
   a) Dicke eines Schulbuches: 12 ▪   b) Schrittlänge: 60 ▪
   c) Breite eines Handballtors: 3 ▪   d) Entfernung Hamburg-Kiel: 94 ▪

Die **Länge** wird in den Maßeinheiten **Kilometer (km)**, **Meter (m)**, **Dezimeter (dm)**, **Zentimeter (cm)** und **Millimeter (mm)** angegeben.

Es gilt: 1 km = 1 000 m
          1 m = 10 dm
          1 dm = 10 cm
          1 cm = 10 mm

14 m → Maßzahl   Maßeinheit

---

3. Schreibe in der angegebenen Einheit.
   a) 1 m 20 cm = ▪ cm   b) 9 m 70 cm = ▪ cm
   c) 2 m 5 cm = ▪ cm   d) 1 km 821 m = ▪ m
   e) 3 km 420 m = ▪ m   f) 1 km 20 m = ▪ m

   BEISPIEL
   5 m 23 cm   2 km 345 m
   = 500 cm + 23 cm   = 2 000 m + 345 m
   = 523 cm   = 2 345 m

Größen

Aufgabe 1 – 6

1. Miss folgende Gegenstände mit einem Maßband.
   a) Breite deines Schulheftes
   b) Länge eines Bleistiftes
   c) Höhe deines Stuhles
   d) Höhe und Breite der Tafel

2. Ordne die passende Länge zu:

   5 cm   6 m   25 m   30 cm

   a) Blauwal   b) Krill

   c) Sardine   d) Hammerhai

3. Wandle wie im Beispiel in Millimeter (mm) um.
   a) 7 cm   b) 18 cm
   c) 29 cm   d) 5 cm
   e) 12 cm   f) 82 cm

   BEISPIEL: · 10 ↱ 14 cm = 140 mm ↰ : 10

4. Wandle in Zentimeter (cm) um.
   a) 3 m   b) 17 dm   c) 21 m
   d) 80 mm   e) 2 m   f) 370 mm

5. Wandle in Meter (m) um.
   a) 9 km   b) 34 km   c) 500 cm
   d) 7 000 cm   d) 2 km 300 m f) 250 dm

6. Vervollständige die Umrechnungen.
   a) 70 mm = ▮ cm   b) 40 dm = ▮ m
   c) 230 cm = ▮ dm   d) 6 000 m = ▮ km
   e) 700 cm = ▮ m   f) 800 mm = ▮ cm

Aufgabe 7 – 10

7. Wandle in die angegebene Einheit um.
   a) 17 dm = ▮ mm   b) 6 000 mm = ▮ m
   c) 9 m = ▮ mm   d) 4 300 mm = ▮ dm
   e) 84 km = ▮ cm   f) 25 km = ▮ dm
   g) 35 000 mm = ▮ m   h) 85 000 dm = ▮ km

8. Achtung, Silas sind bei einigen Aufgaben Fehler unterlaufen. Finde seine Fehler und verbessere sie in deinem Heft.

a) 4 m = 4 000 cm	b) 53 km = 5 300 m
c) 3 m 5 cm = 350 cm	d) 9 000 mm = 9 m
e) 8 700 cm = 87 m	f) 12 m 7 cm = 127 cm

9. Ordne die Längenangaben der Größe nach. Wandle sie dafür in die gleiche Maßeinheit um.
   a) 4 000 mm   800 cm   70 dm   12 m
   b) 3 km   5 000 m   4 670 m   40 dm
   c) 440 mm   5 m   750 cm   24 dm

10.

Die Insel Juist ist die längste der ostfriesischen Inseln und hat einen Sandstrand mit einer Länge von etwa 17 km.
   a) Wie viele Strandkörbe lassen sich hier nebeneinander in einer Reihe aufstellen? Rechnet mit einer Breite von 250 cm je Strandkorb.
   b) Schätzt, wie viel Zeit man für eine Wanderung über den gesamten Sandstrand einplanen sollte.

Kommaschreibweise bei Längen

Welches der angegebenen Ziele hat die kürzeste Entfernung zum Wegweiser, welches die längste?

Wie weit ist es bis zum Leuchtturm?

Wie viele Meter musst du zurücklegen, wenn du schwimmen gehen möchtest?

1. Darf das Schiff in den Hafen einlaufen? Begründe deine Antwort.

Für die **Kommaschreibweise** ist eine **Einheitentabelle** nützlich. Damit kannst du Längen in jeder gewünschten Maßeinheit schreiben.

157 cm = 15,7 dm = 1,57 m
15 dm = 1,5 m
48 mm = 4,8 cm = 0,48 dm = 0,048 m
3 500 m = 3,5 km

		m				
km	H	Z	E	dm	cm	mm
			1	5	7	
			1	5		
			0	0	4	8
3	5	0	0			

---

2. Erstelle eine Einheitentabelle und trage folgende Längen ein. Gib dann die Länge in der angegebenen Einheit an.
 a) 3,750 km = ■ m b) 23,4 km = ■ m c) 2,073 km = ■ m d) 0,5 km = ■ m
 e) 2,78 m = ■ cm f) 8,1 m = ■ cm g) 0,58 m = ■ cm h) 0,375 m = ■ cm

3. Gib die Länge in der angegeben Einheit an. Nutze dafür die Kommaschreibweise.
 a) 37 mm = ■ cm b) 78 mm = ■ cm c) 114 mm = ■ cm d) 3 230 mm = ■ cm
 e) 3 800 m = ■ km f) 17 300 m = ■ km g) 1 543 m = ■ km h) 720 m = ■ km

4. Miss die Länge der Strecke AB. Notiere die Länge in cm (Kommaschreibweise) und in mm.
 a) b)

5. Gib die Länge wie im Beispiel in drei Schreibweisen an.

a) 3 480 m
b) 2,38 km
c) 11 km 200 m
d) 695 m
e) 42,2 km
f) 6 km 90 m
g) 21 400 m
h) 9,87 km

> BEISPIEL
> 1 750 m
> = 1 km 750 m
> = 1,75 km

6.

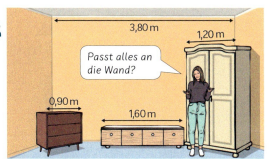

Beantwortet die Fragen auf den beiden Bildern. Schreibt auf, wie ihr rechnet und vergleicht mit euren Mitschülerinnen und Mitschülern.

Beim **Rechnen mit Längen** gehst du folgendermaßen vor:
① Wandle die Längenangabe in eine kleinere Einheit ohne Komma um.
② Rechne ohne Komma.
③ Wandle dein Ergebnis wieder in die ursprüngliche Einheit um.

Addition:
1,45 m + 3,28 m
= 145 cm + 328 cm
= 473 cm
= 4,73 m

Subtraktion:
2,28 m − 1,12 m
= 228 cm − 112 cm
= 116 cm
= 1,16 m

Multiplikation:
1,5 km · 5
= 1 500 m · 5
= 7 500 m
= 7,5 km

Division:
6,4 m : 4
= 64 dm : 4
= 16 dm
= 1,6 m

---

7. Berechne. Wandle dazu erst in die kleinere Einheit um.

a) 3,75 m + 2,55 m
b) 1,83 m + 5,67 m
c) 5,55 m − 2,37 m
d) 7,82 m − 6,19 m
e) 4,7 cm + 11,8 cm
f) 9,5 km + 10,8 km
g) 23,4 cm − 17,7 cm
h) 11,4 km − 8,8 km
i) 4,5 cm − 0,6 cm

> LÖSUNGEN
> 1,63 | 2,6 | 3,18 | 3,9
> 5,7 | 6,3 | 7,5 | 16,5
> 20,3

8. Berechne. Wandle dazu erst in die kleinere Einheit um.

a) 1,3 km · 5
b) 10 · 3,8 km
c) 2,48 km : 2
d) 9,2 km : 4
e) 7 · 1,5 cm
f) 1,4 m · 8
g) 22,5 m : 3
h) 10,8 cm : 6
i) 0,6 dm · 9

> LÖSUNGEN
> 1,24 | 1,8 | 2,3 | 5,4
> 6,5 | 7,5 | 10,5 | 11,2
> 38

ÜBEN

Aufgabe 1–4

1. BEISPIEL: 3,794 km = 3 794 m

	km	m		
		H	Z	E
	3	7	9	4
a)	1	5	3	2
b)	6	9	4	2
c)	8	4	0	5
d)	5	0	0	9
e)	0	2	5	0
f)	0	5	7	0

Schreibe die Angabe aus der Einheitentabelle einmal in Kilometer und einmal in Meter.

2. BEISPIEL: 5,432 m = 54,32 dm = 543,2 cm = 5 432 mm

	m	dm	cm	mm
	5	4	3	2
a)	2	7	5	0
b)	8	4	0	3
c)	1	0	0	7
d)	5	3	0	0
e)	0	6	5	3
f)	0	8	5	3

Schreibe die Angabe aus der Einheitentabelle in Meter, in Dezimeter, in Zentimeter und in Millimeter.

3. Schreibe in Kilometer. Verwende ein Komma.
a) 3 750 m b) 4 180 m c) 1 250 m
d) 750 m   e) 909 m   f) 150 m
g) 25 200 m h) 475 800 m g) 11 020 m

4. Schreibe in Meter. Verwende ein Komma.
a) 242 cm b) 911 cm   c) 85 cm
d) 55 dm   e) 95 dm   f) 4 dm
g) 3 500 mm h) 2 240 mm i) 950 mm

Aufgabe 5–8

5. a) Welche zwei Schülerinnen und Schüler sind zusammengerechnet am größten?

①
Maia 1,61 m und Luan 134 cm

②
Nele 141 cm und Bryan 15,4 dm

③
Mara 1,62 m und Ben 144 cm

b) Bildet Paare in eurer Klasse und berechnet, wie groß sie zusammen sind.

6. Wie viele Zentimeter fehlen bis zu einem Meter?
a) 0,63 m b) 0,15 m c) 0,08 m
d) 0,99 m e) 0,9 m   f) 0,3 m

7. Achtung, Kaya sind bei allen Aufgaben Fehler unterlaufen. Schreibe in dein Heft und verbessere die Fehler.

a) 3,5 km = 3 500 cm f.	b) 17,5 m = 175 cm f.
c) 0,8 m = 8 000 mm f.	d) 120 cm = 12,5 m f.
e) 680 m = 6,8 km f.	f) 3 500 mm = 305 cm f.

8. Rechne ohne Komma. Gib dein Ergebnis in der ursprünglichen Einheit an.
a) 0,8 m · 5   b) 1,2 dm · 8
c) 15,6 km : 3   d) 4,5 dm : 9
e) 3,8 m + 6,5 m   f) 4,2 cm + 2,8 cm
g) 9,3 cm − 5,1 cm h) 12,6 km − 2,9 km

LÖSUNGEN: 0,5 | 4 | 4,2 | 5,2 | 7 | 9,6 | 9,7 | 10,3

II Aufgabe 9–12

9.

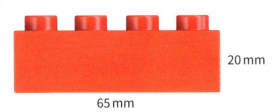

65 mm, 20 mm

Luca und Zoe möchten einen Turm aus Muplo-Steinen bauen, der bis zur Decke reichen soll. Das Zimmer ist 2,8 m hoch.
a) Wie viele Steine brauchen sie?
b) Die beiden möchten auch eine Strecke quer durch das Zimmer legen. Von Wand zu Wand sind es 3,9 m. Bestimme die Anzahl der benötigten Steine.

10. Gib das Ergebnis in der größeren Einheit an.
a) 35 dm + 70 m
b) 1,2 km + 780 m
c) 87 cm + 367 mm
d) 348 dm + 9,3 m
e) 56,8 dm – 37 cm
f) 4,6 km – 780 m
g) 4,56 m – 52 cm
h) 7,8 cm – 25 mm

LÖSUNGEN
1,98 | 3,82 | 4,04 | 5,3 | 44,1 | 53,1 | 73,5 | 123,7

11. Wandle in die angegebene Einheit um.
a) 9 004 cm = ▮ m
b) 85 m = ▮ km
c) 87 dm = ▮ km
d) 7 738,4 m = ▮ km
e) 953,1 cm = ▮ m
f) 25,7 cm = ▮ dm

12. Beantworte die Frage mit einer Rechnung.
a) An fünf Schultagen legt Fynn mit dem Bus 13 km zurück. Wie weit fährt er pro Tag?
b) Dayan ist am Wochenende 25,6 km gewandert. Am Samstag wanderte er 11,8 km weit. Wie weit war die Strecke am Sonntag?
c) Im Hamburger Hafen werden vier Schiffscontainer aufeinandergestapelt. Jeder Container ist 12,20 m hoch. Wie hoch ist der Containerstapel?

III Aufgabe 13–17

13. Größer oder kleiner? Rechne und entscheide.
a) 3 dm + 0,95 m ▮ 105 cm + 0,1 m
b) 37 cm + 2 dm ▮ 0,25 m + 0,35 m
c) 1,1 km + 30 m ▮ 600 m + 550 m
d) 7,2 dm – 48 cm ▮ 15 dm – 84 cm
e) 4,2 km – 1 800 m ▮ 11 km – 7 900 m

14. Übertrage in dein Heft und ergänze in einer sinnvollen Einheit.

| a) 8,94 m – ▮ = 5,30 m |
| b) 1,378 km + ▮ = 5,765 km |
| c) ▮ + 2,503 km = 2,883 km |
| d) 10,64 m – 3,21 m – ▮ = 6,64 m |

15. Gib das Ergebnis in der größeren Einheit an.
a) 5 · 9 dm + 2 m
b) 2,5 m · 4 – 7 dm
c) 1,6 km + 3 · 450 m
d) 75 cm · 8 – 3 dm
e) 2,5 km : 5 + 763 m
f) 72 dm : 8 – 6 mm
g) 120 m : 6 + 52 dm
h) 5,4 km : 9 – 82 m

LÖSUNGEN
0,518 | 1,263 | 2,95 | 6,5 | 8,94 | 9,3 | 25,2 | 57

16. Toni läuft dreimal in der Woche eine Strecke von 2 800 m Länge. Er trainiert 26 Wochen im Jahr. Toni behauptet: „Im Jahr laufe ich mehr als die Strecke von Berlin nach Hamburg und das sind etwa 280 km." Hat Toni Recht? Begründe deine Antwort mit einer Rechnung.

17. Von einem 10 m langen Stab werden zwei Stücke zu je 1,70 m und drei Stücke zu je 7,6 dm abgeschnitten. Der Rest wird in zwei gleich große Teile geteilt. Wie groß ist jedes Restteil? Notiere eine Rechnung und gib dein Ergebnis in Meter an.

Maßstab

Auf dem Bild siehst du ein Langschnäuziges Seepferdchen. Es ist verkleinert dargestellt.

Diese Seepferdchen werden 18 cm lang. Wie viel Mal größer ist es in der Wirklichkeit als auf diesem Bild?

1. Auf dem Bild seht ihr einen Verwandten des Seesterns, den Schlangenstern. Dieser ist im Maßstab 1:5 dargestellt. Das bedeutet, dass alle Längenmaße am Schlangenstern in Wirklichkeit 5-mal so lang wie auf dem Bild sind.
   a) Wie lang ist ein Arm des Schlangensterns in Wirklichkeit?
   b) Wie breit ist das kreisförmige Zentrum, die Körperscheibe, des Schlangensterns?
   c) Wie lang kann es bei einem Schlangenstern von einer Armspitze zur anderen sein?

Maßstab 1:5

Video

Der **Maßstab** zeigt dir an, ob eine Abbildung verkleinert oder vergrößert dargestellt ist.

Verkleinerung
Ein **Maßstab von 1:50** (lies „eins zu fünfzig") bedeutet, dass die **Abbildung um das Fünfzigfache verkleinert** ist.

Abbildung : Wirklichkeit
1 : 50
1 cm in der Abbildung entspricht 50 cm in der Wirklichkeit.

Die Schülerin ist in der Abbildung 3 cm groß.
In Wirklichkeit ist die Schülerin 3 cm · 50 = 150 cm groß.

2.

Maßstab	Abbildung (gemessene Strecke)	Wirklichkeit
1:1000	1 cm	1 cm · 1000 = 1000 cm = 10 m

Übertrage die Tabelle in dein Heft. Ergänze sie. Die gemessene Strecke ist immer 1 cm.
Gib die Maße der Wirklichkeit ohne Komma in einer möglichst großen Einheit an.
   a) Maßstab 1:3   b) Maßstab 1:5   c) Maßstab 1:10   d) Maßstab 1:100
   e) Maßstab 1:250   f) Maßstab 1:10 000 g) Maßstab 1:25 000 h) Maßstab 1:100 000

Größen · BASIS · 141

3.

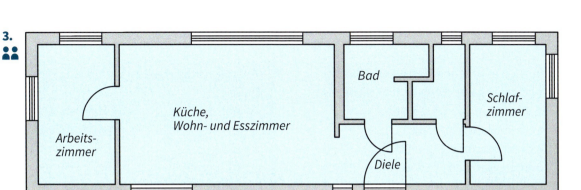

Maßstab 1 : 100

Lilly möchte ein Tiny Haus kaufen. Bei einer Recherche hat sie den abgebildeten Grundriss gefunden.
a) Welche Länge in der Wirklichkeit entspricht 1 cm in der Zeichnung?
b) Wie lang und wie breit ist das Tiny Haus?
c) Welche Breite darf die Küchenzeile maximal haben?
d) Wie weit ist der Weg vom Schreibtisch bis zur Toilette?

Vergrößerung

Ein **Maßstab von 3 : 1** (lies „drei zu eins") bedeutet, dass die **Abbildung um das Dreifache vergrößert** ist.

Abbildung : Wirklichkeit
3 : 1

3 cm in der Abbildung entsprechen 1 cm in der Wirklichkeit.

Der Sandlaufkäfer ist in der Abbildung 45 mm lang.
In Wirklichkeit ist er 45 mm : 3 = 15 mm groß.

4. Auf dem Bild links siehst du einen Ruderfußkrebs, der um das Dreißigfache vergrößert, also im Maßstab 30 : 1 abgebildet ist.
a) Wie lang ist der Ruderfußkrebs in Wirklichkeit?
b) Wie lang ist ein Fühler des Ruderfußkrebses in Wirklichkeit?

Ruderfußkrebs

5.

Maßstab	Abbildung (gemessene Strecke)	Wirklichkeit
100 : 1	10 cm	10 cm : 100 = 100 mm : 100 = 1 mm

Übertrage die Tabelle in dein Heft. Ergänze sie.
Die gemessene Strecke ist immer 10 cm. Forme bei Bedarf erst in Millimeter um.
a) Maßstab 2 : 1   b) Maßstab 5 : 1   c) Maßstab 25 : 1   d) Maßstab 50 : 1

Aufgabe 1 – 2

1. Ordne den gegebenen Messwerten die tatsächliche Länge der Strecke zu. Als Lösungswort erhältst du ein Wassertier.
a) 6 cm im Maßstab 1 : 500
b) 4 cm im Maßstab 1 : 25 000
c) 8 cm im Maßstab 1 : 5 000
d) 4 cm im Maßstab 1 : 100 000
e) 8 cm im Maßstab 1 : 125 000
f) 6 cm im Maßstab 1 : 500 000

| R \| 400 m | H \| 30 km | S \| 4 km |
| O \| 1 km | D \| 30 m | C \| 10 km |

2. Messt auf der Deutschlandkarte die Länge der Luftlinie zwischen zwei Landeshauptstädten. Wie weit sind die Städte in Wirklichkeit voneinander entfernt?

a) Berlin ⟷ München
b) Stuttgart ⟷ Hannover
c) Bestimmt die Entfernungen von drei weiteren Städtepaaren.

Aufgabe 3 – 7

3. Vergrößere die Figur im Heft im angegebenen Maßstab.
a) Maßstab 3 : 1
b) Maßstab 4 : 1

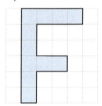

4. Ein Spielzeugauto wird im Maßstab 1 : 64 und 1 : 72 angeboten. In welchem Maßstab ist das Spielzeugauto kleiner? Begründe deine Antwort.

5. Ordne den richtigen Maßstab zu.

	Abbildung	Wirklichkeit
a)	15 cm	15 dm
b)	2 cm	200 m
c)	8 mm	80 cm
d)	5 cm	5 km

1 : 10
1 : 100
1 : 10 000
1 : 100 000

6. Berechne, wie groß die Entfernung auf einer Landkarte im angegebenen Maßstab dargestellt ist.
a) 25 km im Maßstab 1 : 250 000
b) 300 m im Maßstab 1 : 6 000
c) 6 km im Maßstab 1 : 100 000
d) 2 m im Maßstab 1 : 100

7. Die Figur ist im Maßstab 2 : 1 dargestellt. Übertrage die Figur in Originalgröße ins Heft.

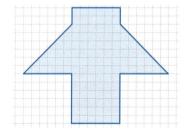

Größen

ÜBEN 143

Aufgabe 8 – 10

8. Bei den Rechnungen von Jonas ist leider immer etwas schiefgegangen. Findet die Fehler und berechnet die richtigen Werte.

a) Maßstab 1 : 25 000; gemessene Strecke: 5 cm
   Strecke in der Wirklichkeit:
   5 cm · 25 000 = 12 500 cm = 125 m f

b) Maßstab 100 : 1; gemessene Strecke: 7 cm
   Strecke in der Wirklichkeit:
   7 cm · 100 = 700 cm = 7 m f

c) Maßstab 1 : 100 000; gemessene Strecke: 9 cm
   Strecke in der Wirklichkeit:
   9 cm · 100 000 = 900 000 cm = 900 m f

d) Maßstab 1 : 250; gemessene Strecke: 4,2 cm
   Strecke in der Wirklichkeit:
   4,2 cm · 250 = 42 mm · 250 = 1 500 mm
                                = 15 m f

9. Übertrage die Tabelle ins Heft und ergänze fehlende Werte. Achte auf die Einheit.

	Maßstab	Abbildung	Wirklichkeit
a)	5 : 1	80 mm	
b)	3 : 1		4 cm
c)		8,4 cm	7 mm
d)	30 : 1	6 cm	
e)	50 : 1	2,5 dm	
f)		1 m	4 cm

10. Die Karte im Maßstab 1 : 50 000 zeigt die Wegstrecke einer Rundwanderung. Schätzt, wie lang die gesamte Wanderstrecke ungefähr ist.

Aufgabe 11 – 12

11.

Das Satellitenfoto zeigt die Insel Sylt im Maßstab 1 : 500 000.

a) Bestimme den Abstand zwischen der südlichen und der nördlichen Spitze von Sylt.
b) Welche Strecke misst Sylt an seiner schmalsten Stelle?
c) Östlich der Südspitze von Sylt siehst du die Insel Föhr. Bestimme den Abstand von Sylt zur Insel Föhr.

12. Von jeder Farbe eins. Ordnet jeweils drei Kärtchen einander zu.

Abbildung:

| 4 mm | 8 mm | 2 cm | 3 cm |
| 4 cm | 5 cm | 6 cm | 7 cm |

Maßstab:

| 1 : 10 | 1 : 100 | 1 : 250 | 1 : 1 000 |
| 1 : 5 000 | 1 : 25 000 | 1 : 100 000 | 1 : 1 000 000 |

Wirklichkeit:

| 30 cm | 5 m | 10 m | 20 m |
| 100 m | 300 m | 800 m | 70 km |

Ausflug nach Borkum

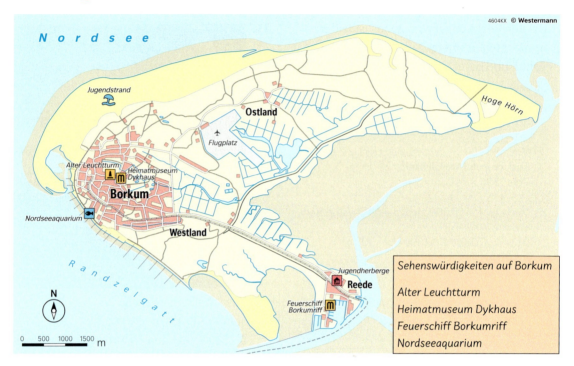

Borkum ist die westlichste der deutschen Nordseeinseln und als Ausflugsziel beliebt.

Gestaltet in Dreiergruppen ein Werbeplakat der Insel Borkum.
Schreibt dafür hilfreiche Informationen zu Borkum auf.

① Recherchiert im Internet Fährzeiten und Fährpreise, um auf die Insel zu gelangen.
② Erkundigt euch im Internet über die genannten Sehenswürdigkeiten und fasst alles Wissenswerte dazu zusammen. Findet ihr noch weitere spannende Orte auf der Insel?
③ Bestimmt folgende Entfernungen auf der Insel:
Jugendherberge (bei der Reede Borkum) – Nordsee-Aquarium
Heimatmuseum Dykhus – Jugendstrand
Alter Leuchtturm – Ostland
④ Plant eine Wanderung oder eine Radtour über die Insel. Gebt dafür Wegpunkte und Streckenlängen an. Ein Routenplaner kann hilfreich sein.
⑤ Findet einen Werbespruch für Borkum.

> **TIPP**
> Für die Planung eurer Wanderung oder Fahrradtour könnt ihr im Internet recherchieren oder einen Chatbot nutzen.
> ① Sucht mit einer Suchmaschine nach einem „chatbot" oder fragt eure Lehrerin oder euren Lehrer.
> ② Tippt in den Chatbot eure Anfrage ein, zum Beispiel:
> „Plane eine Wanderung auf der Insel Borkum." „Plane eine Fahrradtour auf der Insel Borkum."
> ③ Plant Ausflugsdetails durch weitere Nachfragen, zum Beispiel:
> „Wo kann man bei der Wanderung essen gehen?" „Wie viel Zeit sollte man für die Fahrradtour einplanen?" „Plane eine Schnitzeljagd für die Inselwanderung."

Größen   BLEIB FIT   145

Wiederholungsaufgaben

Die Ergebnisse der Aufgaben 1 bis 9 ergeben zwei typisch norddeutsche Speisegerichte.

1. Runde auf ganze Euro und rechne im Kopf.
   a) 145,29 € + 23,59 € ≈ ■ €
   b) 10,30 € + 9,98 € + 12,57 € ≈ ■ €
   c) 82,21 € − 37,18 € ≈ ■ €
   d) 19,59 € − 8,79 € ≈ ■ €

2. Multipliziere.
   a) 112 · 36
   b) 96 · 21

3. Dividiere.
   a) 1 239 : 3
   b) 1 636 : 4

4. Beim Fußballspiel wurden 648 Karten zu 8,00 € und 324 Schülerkarten zum halben Preis verkauft.
   a) Wie viele Karten wurden verkauft?
   b) Wie viel Euro wurden dabei eingenommen?

5. Welche Figur besitzt zwei gleich lange Diagonalen, die zueinander senkrecht sind?
   Quadrat (10)   Rechteck (20)

6. Lässt sich aus dem Netz ein Würfel falten?

   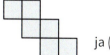

   ja (30)   nein (40)

7. Wie viele Ecken hat ein Würfel?

8. Welche Aussagen sind richtig?

   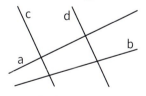

   a ⊥ b (12)   a ⊥ c (22)   c ∥ d (32)   b ∥ a (42)

9. Runde.
   a) 3 449 auf Hunderter
   b) 2 398 auf Zehner
   c) 44 560 auf Tausender
   d) 5 649 auf Hunderter
   e) 6 550 auf Tausender

V	4	W	6
N	8	R	10
L	11	U	12
Z	20	G	22
K	24	I	30
S	32	E	33
O	34	O	40
K	42	E	45
M	168	S	169
S	409	D	411
H	413	H	972
C	2 016	U	2 390
A	2 400	N	3 042
S	3 400	A	4 032
A	5 600	Q	6 000
E	6 480	T	7 000
P	44 000	L	45 000

BASIS

Größen

Masse

Clara packt ihren Koffer. Sie darf maximal 10 kg mitnehmen.

Clara packt noch ein Buch, ein Spiel und die Schaufel ein. Zeigt die Waage jetzt mehr als 10 kg an?

1. Flynns Oma möchte ihm ein Päckchen schicken. Das Päckchen darf maximal 2 kg wiegen.
   a) Dürfen 5 Trinkpäckchen eingepackt werden?
   b) Sie hat zwei Kuchen eingepackt. Wie viele Tüten Gummibärchen darf sie jetzt noch dazulegen?
   c) Wähle mindestens acht Dinge, sodass es genau 2 kg sind.

2. Wie schwer sind die Dinge? Ordne zu.

   | 45 kg | 1 kg | 250 g | 6 t | 5 g | 1 000 kg | 50 mg |

Die **Masse** wird in den Maßeinheiten **Tonne (t)**, **Kilogramm (kg)**, **Gramm (g)** und **Milligramm (mg)** angegeben.

Es gilt: 1 t = 1 000 kg
         1 kg = 1 000 g
         1 g = 1 000 mg

In der Umgangssprache wird für die Größe Masse häufig der Begriff „Gewicht" benutzt.

3. Wandle in die angegebene Maßeinheit um.
   a) 6 kg = ▮ g   b) 2 000 g = ▮ kg   c) 97 000 g = ▮ kg   d) 570 kg = ▮ g
   e) 83 t = ▮ kg   f) 4 g = ▮ mg   g) 56 000 mg = ▮ g   h) 65 t = ▮ g

Größen

4. Wandle wie im Beispiel in die angegebene Maßeinheit um.
a) 2 kg 600 g = ⬜ g   b) 4 t 820 kg = ⬜ kg   c) 3 kg 500 g = ⬜ g
d) 5 t 600 kg = ⬜ kg   e) 4 kg 20 g = ⬜ g   f) 2 t 75 kg = ⬜ kg

> **BEISPIEL**
> 6 kg 300 g
> = 6 000 g + 300 g = 6 300 g

5. Wandle in die gemischte Schreibweise um.
a) 7 200 g = ⬜ kg ⬜ g   b) 34 200 kg = ⬜ t ⬜ kg   c) 57 800 mg = ⬜ g ⬜ mg
d) 5 790 kg = ⬜ t ⬜ kg   e) 12 019 mg = ⬜ g ⬜ mg   f) 152 843 g = ⬜ kg ⬜ g

6. Welche Massenstücke brauchst du, um die Masse zu wiegen?

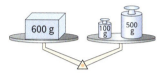

Massenstücke: 500 g, 200 g, 100 g, 50 g, 20 g, 10 g, 5 g, 2 g, 1 g

a) 850 g   b) 370 g   c) 135 g   d) 725 g   e) 818 g   f) 501 g   g) 282 g

---

Für die **Kommaschreibweise ist eine Einheitentabelle** nützlich. Damit kannst du Massen in jeder gewünschten Maßeinheit schreiben.

📹 **Video**

	t			kg			g			mg		
	H	Z	E	H	Z	E	H	Z	E	H	Z	E
7 kg = 7 000 g						7	0	0	0			
1,5 g = 1 500 mg									1	5	0	0
3,05 t = 3 050 kg			3	0	5	0						

---

7. Schreibe mit Hilfe der Einheitentabelle ohne Komma.
a) 12,216 g   b) 2,56 g   c) 56,681 t   d) 2,5 kg   e) 2,08 t

> **BEISPIEL**
> 4,127 g = 4 127 mg

8. Schreibe mit Komma. Wandle in die nächstgrößere Maßeinheit um.
a) 5 217 kg   b) 12 365 g   c) 567 200 kg   d) 2 650 g   e) 78 021 mg

> **BEISPIEL**
> 6 421 kg = 6,421 t

9. Berechne. Wandle dazu erst in die kleinere Einheit um.
a) 3,5 kg + 1,2 kg   b) 32,3 g + 56,4 g   c) 6,3 kg – 4,2 kg
d) 5,3 t – 2,7 t   e) 2,65 g + 2,35 g   f) 3,9 kg – 0,7 kg

> **LÖSUNGEN**
> 2,1 | 2,6 | 3,2 | 4,7
> 5 | 88,7

10. Rechne ohne Komma. Gib dein Ergebnis in der ursprünglichen Einheit an.
a) 8 · 2,5 kg   b) 5 · 1,1 g   c) 0,7 t · 8   d) 1,75 g · 3
e) 6,5 kg : 5   f) 9,6 t : 3   g) 1,2 g : 4   h) 2,5 kg : 50

> **BEISPIEL**
> 4,5 kg : 5
> 4 500 g : 5 = 900 g
> 900 g = 0,9 kg

> **LÖSUNGEN**
> 0,05 | 0,3 | 1,3 | 3,2 | 5,25 | 5,5 | 5,6 | 20

ÜBEN

Aufgabe 1–5

1. Schreibe in der nächstgrößeren Einheit.

> **BEISPIEL**
> 2 175 g = 2,175 kg

a) 4 310 g b) 6 273 kg c) 23 450 g
d) 47 152 mg e) 3 050 g f) 67 034 mg

2. Wandle in die angegebene Maßeinheit um.
a) 5 000 g = ■ kg b) 3 kg = ■ g
c) 72 000 kg = ■ t d) 140 t = ■ kg
e) 8,042 kg = ■ g f) 4,312 g = ■ mg
g) 56,2 kg = ■ g h) 5,25 kg = ■ g

3. Runde auf ganze kg.

> 5 621 g ≈ 6 kg **BEISPIEL**

a) 3 216 g b) 6 745 g
c) 973 g d) 41 212 g

4. Rechne ohne Komma. Gib dein Ergebnis in der ursprünglichen Einheit an.
a) 6,4 g + 2,6 g b) 36,5 t + 4,45 t
d) 4,76 g – 1,42 g e) 67,4 kg – 31,2 kg
f) 6,2 kg · 9 g) 21 · 4,7 g
h) 33,6 t : 3 i) 7,2 g : 6

5. Ordne die passende Masse zu.

2 g   50 g   45 kg   140 t

a) Blauwal b) Krill

c) Sardine d) Hammerhai

Aufgabe 6–10

6. Achtung, Paula sind bei den Umwandlungen Fehler passiert. Übertrage in dein Heft und verbessere.

| a) 7 t 34 kg = 7 340 kg f. |
| b) 852 mg = 8 g 52 mg f. |
| c) 12,15 kg = 1 215 kg f. |
| d) 4 kg 67 mg = 4 067 mg f. |

7. Ordne die Massen. Beginne mit der größten Massenangabe. Als Lösungswort erhältst du eine Muschelart.

T | 2,07 kg   E | 725 g   U | 7,2 kg
R | 0,72 kg   S | 0,007 t   A | 0,03 t

8. <, > oder = ? Wandle um und entscheide.
a) 3 700 g ■ 3 kg 70 g
b) 5,240 kg ■ 5 kg 240 g
c) 62 kg 52 g ■ 62 520 g
d) 7,56 t ■ 756 kg

9. Mit welchen Massenstückchen bekommst du die Waage ins Gleichgewicht?

10. Dürfen alle Personen mit dem Fahrstuhl gleichzeitig fahren? Begründe deine Antwort mit Hilfe einer Rechnung.

II Aufgabe 11 – 15

11. Berechne und gib dein Ergebnis in der größeren Einheit an.
a) 450 mg + 2 g
b) 12,73 kg + 312 g
c) 1,754 kg – 342 g
d) 4,96 g – 240 mg

12. Ergänze die Lücke.
a) 3 500 g + ▨ = 6 900 g
b) ▨ + 22 g = 76 g
c) 5 500 kg – ▨ = 3 100 kg
d) ▨ – 45 kg = 21 kg

13. Ein Sack Zement wiegt 25 kg. Die leere Palette hat eine Masse von 20 kg.

a) Darf der Kranführer die Palette heben?
b) Wie viele Säcke können insgesamt auf die Palette gelegt werden?

14. Mario verteilt mit seinem Lastenfahrrad am Wochenende Prospekte. Ein Prospekt wiegt 120 g. Diese Woche erhält er 900 Prospekte.

Kann Mario alle Prospekte auf einmal transportieren?

15. Lore behauptet: „Meine Schultasche ist für mich zu schwer. Sie wiegt mehr als 4 kg."
Überprüfe die Masse von Lores Schultasche.

III Aufgabe 16 – 19

16. Ein LKW wiegt unbeladen 8 t. Er wird mit Paletten beladen auf denen Wasserkisten stehen. Nach dem Beladen wiegt der LKW 16,816 t. Die leeren Paletten wiegen zusammen 176 kg.
Berechne die Anzahl der Wasserkisten, die der LKW geladen hat.

17.

> **Kuchenrezept für 4 Personen**
>
> 200 g Butter   250 g Mehl
> 0,15 kg Zucker   17 g Backpulver
> 5 Eier (pro Ei 52 g)
> 80 g Milch

Sophia möchte einen Kuchen für 8 Personen backen. Ihre Küchenmaschine kann 1,5 kg Kuchenteig kneten. Überprüfe, ob sie den Kuchenteig mit ihrer Küchenmaschine auf einmal kneten kann.

8. Zehn Pinnnadeln wiegen ca. 4 g. Wiegt der Inhalt der abgebildeten Verpackung mehr als 100 g?
Begründet eure Entscheidung.

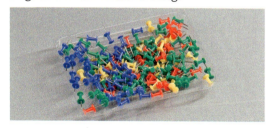

19. Wie schwer ist Elma? Erkläre deinen Lösungsweg.

Ich bin 7 kg leichter als mein Bruder Marcel.

Zusammen wiegen Elma und ich 63 kg.

Elma   Marcel

BASIS

Zeit

Flynn will mit der nächsten Fähre nach Norderney fahren.

Wie lange dauert die Überfahrt?

Wie viel Zeit bleibt Flynn bis zur Abfahrt?

1. Ordnet die Dauer den Vorgängen zu.

27 Tage   12 Sekunden   8 Stunden   40 Minuten

A    B    C    D

2. a) Seefahrer haben im Mittelalter mit einer Sanduhr die Zeit gemessen. Beschreibe, wie eine Sanduhr funktioniert. Was ist der Nachteil gegenüber einer Stoppuhr?

b) Schon 3 000 vor Christus haben die Ägypter mit einem Stab die Zeit gemessen. Informiere dich im Internet, wie die Ägypter es gemacht haben.

▶ Video

Die **Zeit** wird in den Maßeinheiten **Jahr (a), Tag (d), Stunde (h), Minute (min)** oder **Sekunde (s)** angegeben.

Es gilt: 1 a = 365 d
           1 d = 24 h
             1 h = 60 min
               1 min = 60 s

12 s — Maßzahl / Maßeinheit

3. In welcher Zeiteinheit würdet ihr folgende Vorgänge angeben? Diskutiert gemeinsam.
a) Schulstunde
b) Klassenfahrt
c) Umlauf der Erde um die Sonne
d) 75-Meter-Lauf
e) Halbzeit beim Fußballspiel
f) Nudeln kochen
g) Atemzug
h) Wanderung

Zeiteinheiten:
s   min   h   d   a

Größen   BASIS   151

4. Wandle in die angegebene Maßeinheit um.

a) in Sekunden: 2 min   5 min   12 min   24 min   1 h
b) in Minuten: 3 h   8 h   14 h   240 s   3 600 s
c) in Stunden: 1 d   4 d   10 d   120 min   360 min

BEISPIEL
·60
4 min = 240 s
:60

5. Wandle in die kleinere Einheit um.

a) 3 min 12 s = ▨ s   b) 3 h 4 min = ▨ min   c) 3 d 12 h = ▨ h
d) 2 h 5 min = ▨ min   e) 8 min 43 s = ▨ s   f) 4 h 18 min = ▨ min

BEISPIEL
4 min 16 s
= 240 s + 16 s = 256 s

6. Wandle in die gemischte Schreibweise um.

a) 72 s = ▨ min ▨ s   b) 118 s = ▨ min ▨ s   c) 145 s = ▨ min ▨ s
d) 256 s = ▨ min ▨ s   e) 375 s = ▨ min ▨ s   f) 960 s = ▨ min ▨ s

BEISPIEL
85 s
= 60 s + 25 s = 1 min 25 s

7. Zwei Karten gehören jeweils zusammen. Ordne zu.

610 s   1 h 22 min
9 min 20 s
322 s
82 min   10 min 10 s   5 min 22 s   560 s

8. Gib die Zeitspanne in Minuten an:

a) eine halbe Stunde   b) eine Viertelstunde
c) eine Dreiviertelstunde   d) eineinhalb Stunden

Eine **Zeitspanne** gibt die Zeit zwischen zwei Zeitpunkten in Sekunden, Minuten, Stunden oder Tagen an.

9. Marie, Alen und Serkan haben die Zeitspanne zwischen 8:15 Uhr und 11:40 Uhr berechnet. Erklärt euch gegenseitig die Rechenwege.

TIPP
Digital+
WES-117751-151

10. Berechne die Zeitspanne in Minuten.

a) 8:00 Uhr bis 8:45 Uhr   b) 12:20 Uhr bis 13:30 Uhr   c) 15:45 Uhr bis 19:20 Uhr

ÜBEN

Aufgabe 1 – 5

1. Ordne die Zeiten der Größe nach. Beginne mit der kleinsten Angabe. Als Lösungswort erhältst du einen Nordseebewohner.

F | 85 s   I | 2 min 13 s   E | 123 min

E | 223 s   R | 1 min 30 s   S | 2 h

2. Beim Einsetzen der Zeichen <, > oder = haben sich Fehler eingeschlichen. Korrigiere.
a) 4 min 15 s > 265 s f.
b) 218 min < 2 h 18 min f.
c) 2 d 12 h > 60 h f.

3. Vom Busbahnhof fährt die Buslinie 352 alle 20 Minuten ab.
Der erste Bus fährt um 7:05 Uhr.
a) Notiere alle Busabfahrtzeiten zwischen 7:00 Uhr und 10:30 Uhr.
b) Wie viele Busse der Linie 352 sind in dieser Zeit vom Busbahnhof abgefahren?

4. Berechne die Fahrzeit der einzelnen Züge.

Zugnummer	Abfahrt Berlin	Ankunft Münster
ICE 954	7:46	11:22
IC 144	12:34	16:56
FLX 1236	16:24	20:47

5. Die Anzahl der Tage pro Monat kann man mit den Fäusten bestimmen.
Erklärt euch die Regel gegenseitig oder recherchiert im Internet.

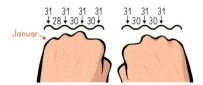

Aufgabe 6 – 7

6. Hier siehst du einen Auszug aus einem Busfahrplan der Buslinie 411.

Buslinie 411		
Saarplatz	15:11	15:21
Ottweilerstraße	15:12	15:22
Hildesheimer Straße	15:14	15:24
Rudolfplatz	15:16	15:26
Petristraße	15:17	15:27
Maschstraße	15:19	15:29
Radeklind	15:20	15:30
Güldenstraße	15:21	15:31
Altstadtmarkt	15:23	15:33
Friedrich-Wilhelm-Platz	15:24	15:34
Friedrich-Wilhelm-Straße	15:25	15:35
Münzstraße	15:26	15:36
Rathaus	15:28	15:38

a) Nora wohnt in der Petristraße. Sie möchte mit dem Bus zur Münzstraße fahren. Berechne die Zeit, die sie mit dem Bus unterwegs ist.
b) Flynn muss um 15:35 Uhr am Rathaus sein. Er steigt um 15:26 Uhr am Rudolfplatz in den Bus ein. Kommt er pünktlich an? Begründe deine Entscheidung.
c) Tino steigt um 15:19 Uhr in den Bus ein. Sein Freund Mario steigt 4 Minuten später dazu. An welcher Bushaltestelle ist Mario zugestiegen?
d) Um 15:31 Uhr startet der nächste Bus am Saarplatz. Wann kommt er vermutlich am Rathaus an?

7. Wie alt wurden die abgebildeten Personen?

Astrid Lindgren (Autorin)	Ludwig van Beethoven (Musiker)	Pablo Picasso (Maler)
* 1907 † 2002	* 1770 † 1827	* 1881 † 1973

II Aufgabe 8 – 12

8. a) Wie lange war Zena in der Schule?

b) Wie lange hat Kamil geschlafen?

9. Bestimme die Anzahl der Tage.
a) 4. Sep. bis 18. Nov.   b) 12. März bis 7. Juli
c) 22. Mai bis 31. Dez.   d) 9. Okt. bis 12. Jan.

10. Überprüfe, ob Ida Recht hat.

Max: *Heute ist der 23. 08.*
Ida: *Dann ist in 128 Tagen der 31. 12.*

11. Lisa fährt mit dem Zug von Hamburg nach Berlin. Die angegebene Fahrzeit beträgt 126 Minuten. Der Zug kommt mit 4 Minuten Verspätung um 14:59 Uhr in Berlin an. Wann ist Lisa in Hamburg losgefahren?

12. Zoe hat sich am Schwimmbad um 15:00 Uhr verabredet. Sie braucht 5 Minuten zum Packen ihrer Badetasche, eine Viertelstunde mit dem Fahrrad zum Schwimmbad und 2 Minuten zum Treffpunkt.
Hat Zoe Recht? Begründe deine Aussage.

Ich muss spätestens um 14:43 Uhr losgehen.

III Aufgabe 13 – 15

13. Marie legt ihren Schulweg zu Fuß und mit dem Bus zurück.

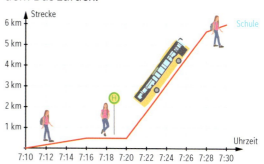

a) Bestimme die Zeit, die Marie insgesamt für den Schulweg benötigt.
b) Wie lange muss Marie auf den Bus warten?
c) Bestimme die Zeit, die Marie zu Fuß geht.
d) Marie behauptet: „Die Fahrzeit mit dem Bus beträgt eine Viertelstunde."
Überprüfe die Behauptung von Marie.

14. Emma ist am 2. Oktober 2012 geboren. Wie alt war sie am 23. Februar 2016?
a) Bestimme ihr Alter in vollen Jahren.
b) Bestimme ihr Alter in Jahren und vollen Monaten.

15. Das Diagramm zeigt den Verlauf von Ebbe und Flut an der deutschen Nordseeküste innerhalb eines Tages.

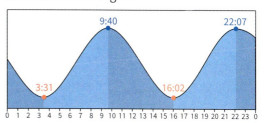

a) Welche Werte kannst du im Diagramm ablesen?
b) Wie oft ist Ebbe / Flut an diesem Tag?
c) Wie groß ist die Zeitspanne zwischen Ebbe und Flut?

ZUSAMMENFASSUNG

Geld

Es gilt: **1 Euro = 100 Cent**
 1 €   = 100 ct

Unterschiedliche Schreibweisen:
- Cent-Schreibweise: 475 ct
- gemischte Schreibweise: 4 € 75 ct
- Kommaschreibweise: 4,75 €

40 € → Maßzahl / Maßeinheit

Länge

Es gilt: 1 km = 1 000 m
 1 m = 10 dm
 1 dm = 10 cm
 1 cm = 10 mm

14 m → Maßzahl / Maßeinheit

		m				
km	H	Z	E	dm	cm	mm
				1	5	7
				1	5	
				0	0	4	8
3	5	0	0			

157 cm = 15,7 dm = 1,57 m
15 dm = 1,5 m
48 mm = 4,8 cm = 0,48 dm = 0,048 m
3 500 m = 3,5 km

Masse

Es gilt: 1 t = 1 000 kg
 1 kg = 1 000 g
 1 g = 1 000 mg

7 kg → Maßzahl / Maßeinheit

t			kg			g			mg		
H	Z	E	H	Z	E	H	Z	E	H	Z	E
					7	0	0	0			
								2	0	0	0
								1	5	0	0
	3	0	5	0							

7 kg = 7 000 g
2 000 mg = 2 g
1 500 mg = 1,5 g
3,05 t = 3 050 kg

Zeit

Es gilt: 1 a = 365 d
 1 d = 24 h
 1 h = 60 min
 1 min = 60 s

12 s → Maßzahl / Maßeinheit

Größen

Aufgabe 1 – 5

1. Übertrage die Tabelle in dein Heft und ordne die Werte in die Tabelle ein.

Geld	Länge	Masse	Zeit

12 m 4 s 3,6 kg 8 h 17 mg

0,05 g 56,8 dm 5,6 t 24,3 cm

16,50 € 17 min 23 ct 8,2 km

2. Cédric kauft beim Inselbäcker drei Brötchen, ein Brot und zwei Croissants. Reichen 8 € um seinen Einkauf zu bezahlen?

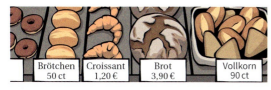

Brötchen 50 ct Croissant 1,20 € Brot 3,90 € Vollkorn 90 ct

3. Wandle in die angegebene Maßeinheit um.
a) 5,67 m = ▇ cm b) 2,4 km = ▇ m
c) 782 dm = ▇ m d) 56 cm = ▇ m
e) 12,453 kg = ▇ g f) 7,639 g = ▇ mg
g) 5 678 kg = ▇ t h) 5 600 mg = ▇ g

4. Mia und Paul unternehmen eine 4-tägige Wanderung. Die beiden notieren jeden Abend die gewanderte Strecke.

Tag 1	Tag 2	Tag 3	Tag 4
12,4 km	9,5 km	11,7 km	7,3 km

Berechne die Länge der gesamten Wanderstrecke.

5. Bei der Geburt wiegt ein Buckelwal 900 kg. Nach 15 Jahren wiegt er schon 27 t. Wie viel Kilogramm hat er zugenommen?

Aufgabe 6 – 11

6. Wandle in die angegebene Maßeinheit um.
a) 3 h = ▇ min b) 12 min = ▇ s
c) 840 s = ▇ min d) 2 d = ▇ h

7. Mike ist mit Nora um 16 Uhr verabredet. Er fährt mit der U-Bahn um 15:35 Uhr los. Die Fahrt dauert 20 Minuten. Bis zum Treffpunkt muss er dann noch 4 Minuten laufen. Kommt er rechtzeitig am Treffpunkt an?

8. >, < oder = ? Rechne und entscheide.
a) 450 ct ▇ 4 € 5 ct b) 4 m 12 cm ▇ 4,12 m
c) 3 min 10 s ▇ 190 s d) 5 kg 34 g ▇ 5,34 kg
e) 7,56 km ▇ 756 m f) 3 € 50 ct ▇ 3,5 €
g) 2 min 40 s ▇ 240 s h) 5 t 367 kg ▇ 53,67 t

9. Berechne. Die Lösungszahlen findest du in den Kreisen.
a) 12,42 € + 45,51 € b) 458 kg – 226 kg
c) 7 500 m + 235 m d) 12,3 dm – 5,2 dm
e) 2,64 t + 24,73 t f) 459 mg – 332 mg

127 | 7,1 | 232 | 57,93 | 7 735 | 27,37

10. Übertrage die Tabelle in dein Heft und ergänze die fehlenden Werte.

	Abfahrt	Ankunft	Fahrzeit
a)	9:40 Uhr	12:55 Uhr	
b)	15:35 Uhr		2 h 30 min
c)		20:30 Uhr	4 h 55 min

11. Rechne ohne Komma. Gib dein Ergebnis in der ursprünglichen Einheit an.
a) 10 · 3,5 kg b) 7,38 g : 10
c) 12,5 m · 3 d) 4,9 km : 7
e) 15,80 € · 5 f) 23,50 € : 5

LÖSUNGEN
0,7 | 0,738 | 4,70 | 35 | 37,5 | 79

Aufgabe 12–16

12. Marlene kauft auf dem Wochenmarkt ein. Ihr Vater hat ihr 20 € mitgegeben. Das Restgeld darf Marlene behalten. Stelle eine Frage. Beantworte sie mit Hilfe einer Rechnung.

13. Peter will eine Strecke von 160 km in drei Tagen mit seinem Fahrrad fahren. Am ersten Tag schafft er 52,4 km, am zweiten Tag 54,6 km. Welche Strecke muss er am dritten Tag mit seinem Fahrrad zurücklegen?

14. Die vier Kinder der Familie Müller wiegen zusammen 170,5 kg.

Nora	Tino	Clara	Leon
45,3 kg	32 kg 100 g		53 kg 500 g

Wie schwer ist Clara?

15. Süher fährt mit dem Zug von Hannover nach Oldenburg. Wie lange ist sie mit dem Zug unterwegs?

Abfahrt 16:29 Hannover
Ankunft 18:23 Oldenburg

16. Wie lang sind die Strecken in Wirklichkeit?
a) 1 : 5

b) 1 : 10   c) 1 : 100

Aufgabe 17–21

17. Steffi hat in ihrem Sparschwein nur 1-Euro-Münzen gespart. Das Sparschwein wiegt mit Inhalt 1,29 kg.

250 g   8 g

Bestimme die Anzahl der 1-Euro-Münzen im Sparschwein.

18. Ein Paket mit 500 Blatt wiegt 2 500 g. Die Gutenberg-Schule hat eine Papier-Lieferung von 210 kg erhalten.

4,20 €

Berechne die Kosten für alle Pakete.

19. Lea läuft im Training 6 Runden. Eine Runde ist 400 m lang. Wie viel km ist sie insgesamt gelaufen?

20. Berechne. Gib dein Ergebnis in der größten Einheit an.

a) 67 dm + 7,8 m + 350 cm   3,1

b) 2,6 km + 870 m – 3 700 dm   6,15

c) 780 dm + 40 cm + 5 600 mm   18

d) 7,2 km – 3 500 dm – 700 m   840

21. Übertrage die Tabelle in dein Heft und ergänze die fehlenden Werte.

	Maßstab	Abbildung	Wirklichkeit
a)	1 : 100	8 cm	
b)	4 : 1	6 cm	
c)	1 : 2		3 m
d)		5 cm	500 m
e)		2 cm	2 mm

Größen

II⦁ Aufgabe 22 – 25

22. Jan, Ole und Marvin treffen sich genau alle drei Wochen zum Kartenspielen. Dabei wechseln sie sich als Gastgeber ab. Am 10. April treffen sie sich bei Jan, danach bei Ole. Wann treffen sie sich bei Marvin?

23. Das Kino „Apollo" zeigt einen Film zweimal hintereinander. Die erste Vorstellung beginnt um 16:45 Uhr und endet um 18:23 Uhr. Die zweite Vorstellung endet um 20:53 Uhr.
a) Wann hat die zweite Vorstellung begonnen?
b) Lars besucht mit zwei Freunden die erste Vorstellung. Er bezahlt für die drei Eintrittskarten und eine Portion Popcorn 27,20 €. Berechne den Preis für eine Kinokarte.

24. Ein Kleintransporter hat ein Leergewicht von 2 200 kg. Er wird mit vier Paletten beladen. Eine Palette wiegt 330 kg.

Darf der beladene Kleintransporter über die Brücke fahren? Begründe deine Entscheidung mit Hilfe einer Rechnung.

25. Die Abbildung zeigt eine Goldwespe. Wie lang ist die Goldwespe vom Kopf bis zur Flügelspitze in Wirklichkeit?

Maßstab 5 : 1

III Aufgabe 26 – 29

26. Herr Schwab möchte eine rechteckige Wand neu tapezieren.

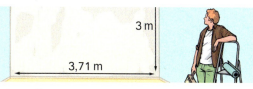

Die Rolle Tapete ist 0,53 m breit und 33 m lang. Reicht eine Rolle Tapete aus?

27. Bei einem Radrennen werden 15 Runden gefahren. Die Länge einer Runde beträgt 9,4 km.
a) Berechne die Gesamtstrecke des Rennens.
b) Peter schafft mit seinem Fahrrad in einer Stunde 30 km.
Er behauptet: „Diese Rennstrecke fahre ich in 270 Minuten". Zeige mit Hilfe einer Rechnung, dass die Behauptung falsch ist.

28. Eine der neun gleich großen Kugeln ist 4 g schwerer als die anderen acht Kugeln. Beschreibt, wie ihr diese Kugel mit Hilfe der abgebildeten Balkenwaage finden könnt. Ihr dürft die Waage nur zweimal benutzen.

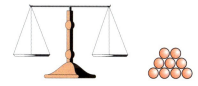

29. Die Entfernung (Luftlinie) zwischen Esens und Norddeich beträgt 30 km.

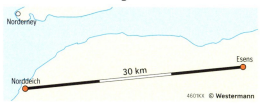

a) Bestimme den Maßstab der Karte.
b) Bestimme die Entfernung zwischen Norddeich und Norderney.

ABSCHLUSSAUFGABE

Urlaubsreise nach Wangerooge

Familie Sommer plant mit ihren zwei Kindern Nora und Tino eine 7-tägige Urlaubsreise auf die Nordseeinsel Wangerooge.

a) Familie Sommer startet um 11:01 Uhr vom Osnabrücker Hauptbahnhof.
① Notiere die Ankunfts- und Abfahrtzeiten an den einzelnen Stationen.
② Berechne alle Warte- und Fahrzeiten.
③ Die Überfahrt vom Anleger Harlesiel zum Anleger Wangerooge dauert 70 Minuten.
Wann kommt Familie Sommer am Anleger Wangerooge an?

11:01	○	Osnabrück
	🚆	NWB RE18
13:11	○	Sande
13:30	○	Sande
	🚌	Bus
14:20	○	Harlesiel Anleger
14:35	○	Harlesiel Anleger
	🚢	Schiff

b) Frau Sommer hat die Preise für die Urlaubsreise zusammengestellt. Wie hoch sind die Kosten pro Erwachsener für die 7-tägige Urlaubsreise?

Urlaubsreise vom 24.10. bis 30.10.

Übernachtung mit Verpflegung	297,50 € für 7 Tage
Kurtaxe	4,20 € pro Tag
Zugfahrt Hin- und Rückfahrt	68,50 €
Eintritt Schwimmbad	7,00 €
(alle Kosten pro Erwachsener)	

c) Ein Koffer darf maximal 15 kg wiegen. Nora und Tino möchten gerne noch das Wikinger-Schach mitnehmen.
① Nora sagt: „Ich packe 2 Kubbs und den König ein."
Kann Tino die restlichen Spielfiguren einpacken?
② Gib zwei weitere Möglichkeiten an, wie Nora und Tino die Spielfiguren aufteilen können.

d) Am Mittwoch ist die Inselwanderung geplant. Herr Sommer behauptet: „Die Strecke ist ja mindestens 15 km lang!"
Überprüfe die Behauptung von Herrn Sommer mit Hilfe der Karte.

6 | Umfang und Flächeninhalt

1. Zeichne die Strecke mit der angegebenen Länge in dein Heft.

$\overline{AB}$ = 6 cm $\overline{CD}$ = 4,5 cm
$\overline{EF}$ = 8,3 cm $\overline{GH}$ = 24 mm

2. Welche Geraden sind zueinander parallel? Überprüfe mit dem Geodreieck.

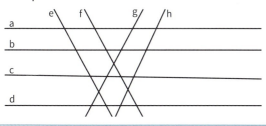

3. Übertrage die Strecke und den Punkt P in dein Heft. Zeichne dann eine Parallele zur Strecke durch den Punkt P.

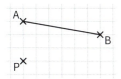
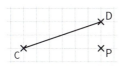

4. Wandle in die gegebene Längeneinheit um.
 a) 70 mm = ▊ cm
 b) 3,5 cm = ▊ mm
 c) 4,5 dm = ▊ cm
 d) 2,5 m = ▊ cm

5. Ergänze die fehlenden Koordinaten der Punkte.

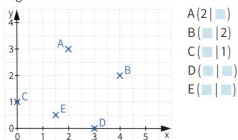

A (2 | ▊)
B (▊ | 2)
C (▊ | 1)
D (▊ | ▊)
E (▊ | ▊)

EINSTIEG

An der Rosa-Parks-Schule soll der Schulhof neu gestaltet werden. Beurteile die Planung. Wurde an alles gedacht?

6 | Umfang und Flächeninhalt

An welchen Orten des Schulhofs müssen Beläge für Flächen angeschafft werden?

Welche Bereiche müssen umrandet oder eingezäunt werden?

In diesem Kapitel lernst du, …

… wie du Rechtecke und Quadrate zeichnest,

… wie du den Umfang von Rechteck und Quadrat berechnest,

… wie du den Flächeninhalt von Rechteck und Quadrat berechnest,

… Flächeneinheiten kennen und umzuwandeln,

… wie du den Umfang und den Flächeninhalt von aus Rechtecken und Quadraten zusammengesetzten Flächen berechnest.

Rechteck und Quadrat

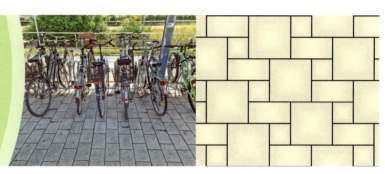

Der Fahrradparkplatz wird neu gepflastert.
Wie viele verschiedene Figuren erkennst du im Verlegemuster?
Nenne Eigenschaften.

1. Welche Textbausteine passen zur roten Figur? Welche passen zur blauen Figur? Ordne zu.

- gegenüberliegende Seiten sind parallel
- vier rechte Winkel
- alle Seiten sind gleich lang
- vier Ecken
- gegenüberliegende Seiten sind gleich lang

Video

Ein **Rechteck** hat vier rechte Winkel.
Gegenüberliegende Seiten sind gleich lang.
Gegenüberliegende Seiten sind parallel.

Ein **Quadrat** ist ein besonderes Rechteck.
Alle Seiten sind gleich lang.
Auch ein Quadrat hat vier rechte Winkel.
Gegenüberliegende Seiten sind parallel.

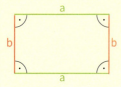

So zeichnest du ein Rechteck mit den Seitenlängen $a = 5\,cm$ und $b = 3\,cm$.

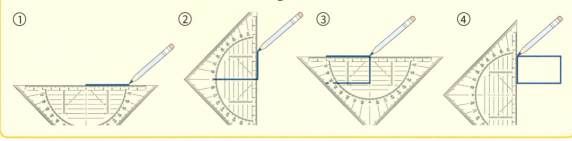

---

2. Zeichne ein Rechteck mit den Seitenlängen a und b.
a) $a = 6\,cm; b = 4\,cm$ b) $a = 3\,cm; b = 2\,cm$ c) $a = 4{,}5\,cm; b = 2{,}5\,cm$ d) $a = 3{,}2\,cm; b = 5{,}7\,cm$

---

3. Zeichne ein Quadrat mit der Seitenlänge a.
a) $a = 5\,cm$ b) $a = 3{,}5\,cm$ c) $a = 25\,mm$ d) $a = 63\,mm$

Umfang und Flächeninhalt

ÜBEN

I□□ Aufgabe 1 – 5

1. Familie Grave zieht um. Das Bild zeigt den Grundriss der neuen Wohnung.

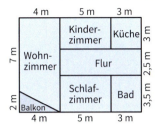

a) Welche Räume sind quadratisch?
b) Welche haben eine rechteckige Form?
c) Welche Räume sind weder quadratisch noch rechteckig?

2. Zeichne das Quadrat mit der Seitenlänge a.
  a) a = 4 cm
  b) a = 2,5 cm
  c) a = 7 cm
  d) a = 1,8 cm

3. Zeichne das Rechteck mit den Seitenlängen a und b.
  a) a = 6 cm und b = 3 cm
  b) a = 2 cm und b = 4,5 cm
  c) a = 3,2 cm und b = 5,7 cm

4. Trage die drei gegebenen Punkte in ein Koordinatensystem ein. Ergänze einen vierten Punkt so, dass das angegebene Viereck entsteht. Notiere die Koordinaten des vierten Punktes.
  a) Quadrat: A(1|1), B(5|1), C(5|5,) D(■|■)
  b) Rechteck: E(7|2), F(7|6), G(6|6), H(■|■)

5. Beschreibe die Eigenschaften eines Quadrats und eines Rechtecks. Nutze dabei die folgenden Textbausteine.
Alle Winkel …   Alle Seiten …
Gegenüberliegende Seiten …

… sind parallel
… sind gleich lang   … sind 90° groß.

II□–III Aufgabe 6 – 12

6. Zeichne die Figur mit den gegebenen Seitenlängen.
  a) Quadrat mit a = 0,35 dm
  b) Rechteck mit a = 0,8 dm und b = 0,03 m

7. In einem Koordinatensystem hat ein Rechteck die Eckpunkte A(6|0), B(7,5|3), C(3|5). Welche Koordinaten hat der fehlende Punkt D des Rechtecks?

8. Übertrage die Strecke $\overline{AB}$ in dein Heft und ergänze zum Quadrat.

9. Maja hat beim Quadrat und Rechteck Symmetrieachsen rot eingezeichnet. Erkläre und berichtige ihre Fehler.

a)   b)

10. Lennox behauptet: „Jedes Quadrat ist auch ein Rechteck!" Stimmt das? Begründe.

11.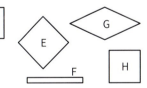

Welche Vierecke sind <u>keine</u> Rechtecke? Begründe.

12. Zeichne die Strecke $\overline{PQ}$ mit P(4|3) und Q(3|6) in ein Koordinatensystem. Gib zwei weitere Punkte an, mit denen du die Strecke zum Quadrat ergänzen kannst. Es gibt zwei Möglichkeiten.

Umfang einer Fläche

Die Garten-AG hat neue Gemüsebeete angelegt.

Wie viel Meter Zaun werden für die Umzäunung insgesamt benötigt?

Erklärt euren Lösungsweg.

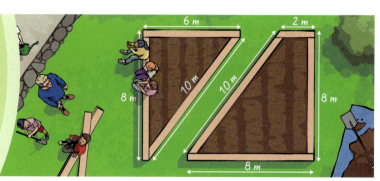

1. Die Kita „Fingerhut" hat für die Krippengruppe einen neuen Sandkasten angeschafft. Dieser wurde mit einem speziellen Kunststoffrand für Kleinkinder geliefert.
   Berechne die Länge des Kunststoffrands.

> Der **Umfang u** einer Figur ist die **Summe ihrer Seitenlängen**. Du berechnest ihn, indem du alle Seitenlängen der Figur addierst.
>
>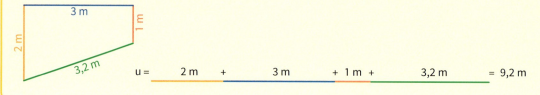

2. Berechne den Umfang u der Figur.

   a) 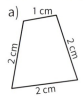   b) 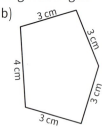   c) 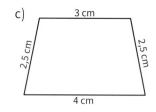   d)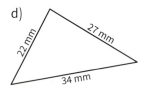

3. Zarah, Cem und Lea trainieren für das Laufabzeichen. Wer ist die längste Trainingsstrecke gelaufen?

Umfang und Flächeninhalt — ÜBEN

I □ □ Aufgabe 1 – 5

1. Berechne den Umfang der Figur.

a) 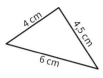   b)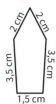

2. Übertrage die Figur in dein Heft. Miss alle Seitenlängen und berechne ihren Umfang.

a)   b)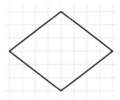

3. Trage die gegebenen Eckpunkte einer Figur in ein Koordinatensystem (1 LE = 1 cm) ein und verbinde sie mit dem Lineal in alphabetischer Reihenfolge. Miss dann alle Seiten und berechne den Umfang der Figur.
a) A (2 | 2), B (5 | 2), C (5 | 6)
b) D (0 | 7), E (4 | 7), F (8 | 10), G (0 | 10)

4. Berechne die Zaunlänge der Pferdekoppel.

5. Herr Müller hat ein Blumenbeet mit 15 m Randsteinen eingefasst. Berechne die fehlende Seitenlänge x.

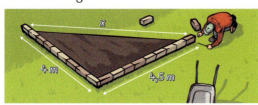

II □ – III Aufgabe 6 – 11

6. Berechne den Umfang der Figur. Beachte die verschiedenen Einheiten.

a)   b)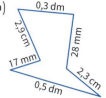

7. Übertrage die Figur in dein Heft. Miss alle Seitenlängen und berechne ihren Umfang.

a)   b)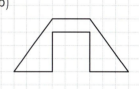

8. Trage die Punkte A (2 | 2), B (5 | 2), C (5 | 6), D (6,5 | 8), E (5 | 9), F (2 | 9), G (0,5 | 8) und H (2 | 6) in ein Koordinatensystem (1 LE = 1 cm) ein. Verbinde sie in alphabetischer Reihenfolge und berechne den Umfang der Figur.

9. Ein Viereck hat in einem Koordinatensystem (1 LE = 1 cm) drei Eckpunkte A (2 | 1), B (6 | 1) und C (6 | 3).
Gib einen vierten Eckpunkt D an, sodass der Umfang des Vierecks 16 cm beträgt.

10. Aicha hat einen 16,5 m langen Maschendrahtzaun für ein Hamstergehege gekauft. Zeichne drei verschiedene Gehege in dein Heft, die alle einen Umfang von 16,5 m haben. Wähle dabei 1 cm für 1 m Zaun.

11. Zeichne eine Figur mit einem Umfang von 9 cm in dein Heft. Die Fläche der Figur soll aus 10 Kästchen bestehen.

Umfang von Rechteck und Quadrat

Der Soccercourt wird noch gesichert.

Dazu wird er oberhalb der Bande mit einem Ballfangnetz umrandet.

Reicht das Reststück aus dem Angebot aus?

1. Murat, Anna und Patrick überlegen, wie sie die Länge des Ballfangnetzes bestimmen können. Sie haben unterschiedliche Ideen. Erklärt die Lösungswege von Murat, Anna und Patrick. Für welchen Lösungsweg würdet ihr euch entscheiden?

Murat: Wir müssen alle Seitenlängen addieren:
18 m + 12 m + 18 m + 12 m = 60 m

Anna: Ich rechne zweimal die Länge plus zweimal die Breite:
2 · 18 m + 2 · 12 m = 36 m + 24 m = 60 m

Patrick: Wir müssen die Länge und Breite addieren und das Ergebnis verdoppeln:
18 m + 12 m = 30 m
30 m · 2 = 60 m

Umfang eines Rechtecks:
$u = 2 \cdot a + 2 \cdot b$

gegeben: $a = 6\,cm$, $b = 3\,cm$
$u = 2 \cdot a + 2 \cdot b$
$u = 2 \cdot 6\,cm + 2 \cdot 3\,cm$
$u = 12\,cm + 6\,cm$
$u = 18\,cm$

Umfang eines Quadrats:
$u = 4 \cdot a$

gegeben: $a = 3\,cm$
$u = 4 \cdot a$
$u = 4 \cdot 3\,cm$
$u = 12\,cm$

---

2. Berechne den Umfang des Rechtecks.

a) 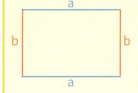 (4 cm × 2 cm)
b) (3 cm × 4 cm)
c) 34 mm × 11 mm
d) 5,3 cm × 3,1 cm

3. Berechne den Umfang des Quadrats mit der Seitenlänge a.
a) $a = 3\,cm$ b) $a = 4\,cm$ c) $a = 12\,mm$ d) $a = 2{,}7\,cm$

4. Zeichne die Figur und berechne den Umfang.
a) Rechteck mit $a = 4\,cm$ und $b = 3\,cm$
b) Quadrat mit $a = 5{,}5\,cm$
c) Rechteck mit $a = 7{,}5\,cm$ und $b = 2{,}5\,cm$
d) Quadrat mit $a = 35\,mm$

Umfang und Flächeninhalt

ÜBEN

I○○ Aufgabe 1 – 6

1. Übertrage in dein Heft und berechne den Umfang. Miss zuerst die Seitenlängen.
   a)   b)

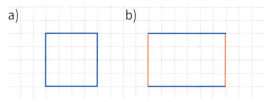

2. Ben umzäunt im Garten ein quadratisches Gehege für sein Kaninchen.
   Wie viel Meter Zaun benötigt Ben?

3. Das Fußballfeld in der Schalke Arena ist 68 m breit und 105 m lang. Berechne den Umfang des Spielfelds.

4. Zeichnet ein Quadrat und ein Rechteck mit jeweils 20 cm Umfang. Beschreibt, wie ihr vorgegangen seid.

5. Welche Figur hat den größten Umfang? Begründe.

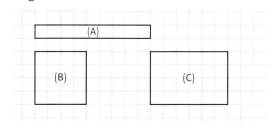

6. Zeichne die Figur in ein Koordinatensystem (1 LE = 1 cm). Berechne dann ihren Umfang.
   a) Quadrat mit A(1|1), B(4|1), C(4|4), D(1|4)
   b) Rechteck mit A(5|0), B(8|0), C(8|7), D(5|7)

II○ – III Aufgabe 7 – 11

7. Mira, Joana und Nellja haben in ihren Zimmern neuen Teppichboden bekommen. Jetzt fehlen nur noch die Fußleisten am Rand. Für welches Zimmer benötigen sie am meisten Fußleisten?

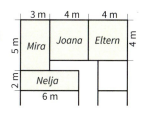

8. Ein quadratisches Grundstück soll so eingezäunt werden, dass 4,50 m für eine Einfahrt frei bleiben. Eine Grundstückseite ist 27 m lang. Wie viel Meter Zaun werden benötigt? Erstelle zunächst eine Skizze.

9. Fußballfelder sind rechteckig, dürfen aber verschieden groß sein. Die Spielfeldbreite muss mindestens 45 m und maximal 90 m betragen. Die Länge muss mindestens 90 m und maximal 120 m betragen.

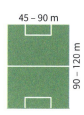

   a) Berechne den größtmöglichen Spielfeldumfang.
   b) Der Torwart des SV Hellern meint nach dem Warmlaufen: „Eine Runde um das Spielfeld hier ist kürzer als 250 m." Was meinst du dazu?

10. Janniks rechteckiges Zimmer bekam neue Fußleisten. Insgesamt wurden 14,50 m Fußleisten befestigt. Dabei wurde die 90 cm breite Tür ausgespart.
    Janniks Zimmer ist 4,50 m lang. Wie breit ist es? Erstelle zunächst eine Skizze.

11. Mert: „Wenn ich die Länge und die Breite eines Rechtecks verdopple, dann verdoppelt sich auch der Umfang!"
    Stimmt das? Überprüfe an zwei Beispielen.

Flächeninhalte vergleichen

Die neuen Klettergerüste erhalten sichere quadratische Fallschutzmatten (1 m x 1 m).

Vergleiche die Flächen.

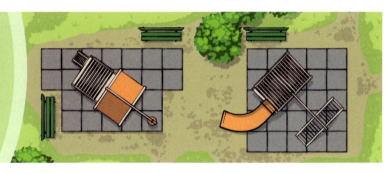

1. Die Zimmer werden mit rechteckigen gleich großen Korkfliesen ausgelegt. Welches Zimmer ist das größte, welches das kleinste?

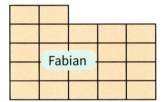 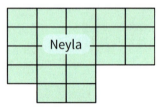 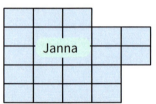

Der **Flächeninhalt** ist ein Maß für die Größe einer Fläche. Du kannst die Größe von zwei verschiedenen Flächen vergleichen, indem du sie mit gleich großen Teilflächen auslegst.

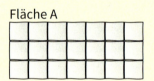 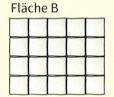

Fläche A ist mit 21 Quadraten ausgelegt, Fläche B nur mit 20. Also ist Fläche A größer.

2. Sortiere die Flächen von klein nach groß. Begründe.

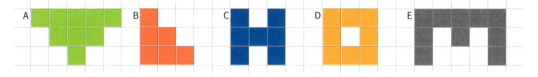

3. Übertrage die Figuren in dein Heft. Sind ihre Flächen gleich groß? Begründe.

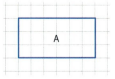 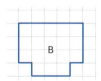 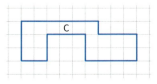

4. Zeichne drei verschiedene Figuren in dein Heft, die alle den gleichen Flächeninhalt haben.

Umfang und Flächeninhalt   ÜBEN   169

I□□ Aufgabe 1 – 5

1. Aus wie vielen Kästchen besteht die Fläche der Figur?
a) b)

2. Wer hat Recht? Begründet.

Fläche 1 ist größer, weil sie aus mehr Teilflächen besteht! — Leo

Beide Flächen sind gleich groß! — Kadia

Fläche 1   Fläche 2

3. Welche Fläche ist größer? Begründe.
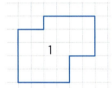 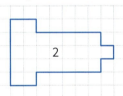
1   2

4. Übertrage beide Figuren in dein Heft.
a) Begründe, warum Figur 1 eine doppelt so große Fläche hat wie Figur 2.
b) Aus wie vielen Kästchen besteht die Fläche von Figur 2?

1   2

5. Trage die gegebenen Eckpunkte der Figur in ein Koordinatensystem (1 LE = 1 cm) ein und verbinde sie in alphabetischer Reihenfolge. Aus wie vielen Kästchen besteht die Figur?
a) A(1|1), B(5|1), C(5|5,) D(3|5), E(3|2), F(1|2)
b) A(4|6), B(8|6), C(8|7), D(6|9), E(4|7)

II□–III Aufgabe 6 – 10

6. Aus wie vielen Kästchen besteht die Fläche der Figur?
a) b)

7. Aus wie vielen Kästchen bestehen die Flächen der Figuren? Beschreibe, wie du zu deinem Ergebnis gekommen bist.
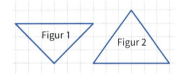
Figur 1   Figur 2

8. Vergleiche die Flächeninhalte der Figuren.
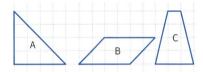
A   B   C

9. Trage die Punkte A(0|1), B(5|1), C(5|5), D(0|5), E(0|6) und F(10|6) in ein Koordinatensystem ein. Verbinde A, B, C und D zu einem Rechteck. Wähle dann zwei Punkte G und H so, dass du ein Rechteck EFGH zeichnen kannst, welches den gleichen Flächeninhalt wie das Rechteck ABCD hat. Notiere die Koordinaten von G und H.

10. Schätzt möglichst genau ab, aus wie vielen Kästchen der Flächeninhalt besteht. Beschreibt euer Vorgehen.
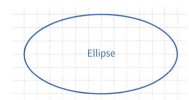
Ellipse

Flächen auslegen und vergleichen

Für ein Turnier der 5. Klassen bauen einige Kinder ein Spielfeld aus Turnmatten auf.

1. Zeichnet das Spielfeld ins Heft. Wählt für einen Meter 1 cm in der Zeichnung. Zeichnet dann die Turnmatten ein. Wie viele Matten fehlen noch?

2. Die Schule plant, die fehlenden Turnmatten zu kaufen. Sie wählt aus zwei Angeboten aus. Wie viel Euro muss die Schule mindestens bezahlen?

   Angebot 1:
   Turnmatte 2 m x 1 m
   für 149 €

   Angebot 2:
   Turnmatte 1 m x 1 m
   für 79 €

3. Denkt euch vier verschiedene Spielfelder aus, die ihr mit den 20 vorhandenen Turnmatten auslegen könntet, ohne dass eine Matte übrig bleibt.
   Zeichnet sie auf und beschriftet sie mit Längenangaben.

4. Wie viele Turnmatten habt ihr in eurer Sporthalle? Welche Spielfelder könnt ihr damit auslegen? Überlegt euch mehrere Möglichkeiten und probiert sie aus.

Wiederholungsaufgaben

Die Ergebnisse der Aufgaben 1 bis 3 und der Aufgaben 4 bis 8 ergeben zwei berühmte Sehenswürdigkeiten.

1. Rechne in die angegebene Einheit um.
   a) 2 Tage 6 h = ▨ h (Stunden)
   b) 3 h 35 min = ▨ min (Minuten)
   c) 1 kg 875 g = ▨ g (Gramm)
   d) 3 t 40 kg = ▨ kg (Kilogramm)

2. Wandle um.
   a) 382 cm = ▨ m   b) 408 cm = ▨ m

3. Berechne.
   a) 33 · 20 = ▨   b) 67 · 52 = ▨   c) 235 · 51 = ▨

4. Ein Sportgeschäft kauft für 380 € insgesamt 20 Fußbälle und für 2 340 € insgesamt 30 Paar Turnschuhe.
   Berechne die Stückpreise.
   a) Ein Fußball kostet ▨ €.
   b) Ein Paar Turnschuhe kostet ▨ €.

5. Berechne die fehlenden Werte.

Anfang	8:30 Uhr	7:45 Uhr	▨ :45 Uhr
Dauer	▨ h ▨ min	▨ h ▨ min	3 h 15 min
Ende	11:45 Uhr	12:05 Uhr	18:00 Uhr

6. Wie oft gibt es die Note 2, wie oft die Note 4?
   Wie viele Noten gibt es insgesamt?

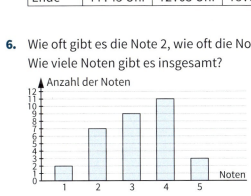

   Note 2: ▨ -mal   Note 4: ▨ -mal   insgesamt: ▨ Noten

7. Überschlage.
   a) 6 985 : 98 ≈ ▨   b) 21 · 58 ≈ ▨   c) 62 · 1 020 = ▨

8. Berechne die fehlende Zahl.
   a) ▨ : 2 = 494   b) 74 · ▨ = 7 400   c) ▨ · 3 = 9 600

A	3	E	3,82
D	4	R	4,08
B	7	D	10
U	11	N	14
N	15	B	19
E	20	R	30
R	32	B	45
K	54	G	70
R	78	O	100
E	120	H	187,5
Ö	215	F	320
K	340	D	660
T	988	E	1 200
L	1 875	N	3 040
R	3 200	E	3 400
O	3 484	Z	10 785
M	11 985	R	60 000

Einheitsflächen: m², dm², cm², mm²

In allen 5. Klassen werden neue Klapptafeln installiert.

Wie viel Quadratmeter können insgesamt beschrieben werden?

Die beiden Tafelflügel sind quadratisch.
Die Quadratseite ist 1 m lang.
So eine Fläche heißt Quadratmeter (1 m²).

1. Schneide 15 Quadrate mit 1 cm Seitenlänge aus. Bestimme, wie viele von diesen Quadratzentimetern in die Figur passen.

a) 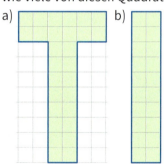 b) c) 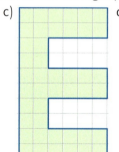 d)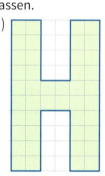

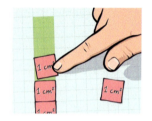

---

2. Nellja und Paul haben Quadrate mit 1 dm Seitenlänge ausgeschnitten und legen damit die Fläche ihres Arbeitsheftes aus.

Jetzt sind wir schon bei 3 Quadratdezimetern.

a) Wie viele Quadrate brauchen Nellja und Paul, um die Fläche auszulegen?
b) Schneidet zu zweit auch solche Quadrate aus Pappe aus. Legt damit eine Buchseite, ein Heft und einen Schülertisch aus.
c) Findet weitere Beispielflächen und messt ihre Größe möglichst genau.

Flächeninhalte werden mit **einheitlichen Maßquadraten** angegeben.
Ein Quadrat mit der Seitenlänge 1 m heißt **Quadratmeter (1 m²)**.
Ein Quadrat mit der Seitenlänge 1 dm heißt **Quadratdezimeter (1 dm²)**.
Ein Quadrat mit der Seitenlänge 1 cm heißt **Quadratzentimeter (1 cm²)**.
Ein Quadrat mit der Seitenlänge 1 mm heißt **Quadratmillimeter (1 mm²)**.

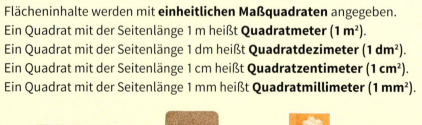

Turnmatte ca. 2 m²	Untersetzer ca. 1 dm²	Briefmarke ca. 6 cm²	Punkt ca. 1 mm²

Umfang und Flächeninhalt

3. Nellja und Paul haben zu wenige Quadratdezimeter aus Pappe ausgeschnitten, um damit die gesamte Fläche eines Tafelflügels in dm² zu bestimmen.
   a) Stimmt Pauls Vermutung? Begründet.
   b) Überprüft gemeinsam, wenn möglich im eigenen Klassenraum, wie viele Quadratdezimeter in einen Quadratmeter (zum Beispiel einen Tafelflügel) passen.

Da passen ja mindestens 100 Quadratdezimeter rein!!!

---

4. Zeichne den Quadratdezimeter mit einem Geodreieck in dein Heft. Kennzeichne insgesamt 10 gleichgroße Spalten und 10 gleichgroße Zeilen.
   a) Färbe einen Quadratzentimeter in blau und bestimme, wie viele Quadratzentimeter in den Quadratdezimeter passen.
   b) Kennzeichne einen Quadratmillimeter in rot. Wie viele Quadratmillimeter passen in einen Quadratzentimeter, wie viele in den gesamten Quadratdezimeter?

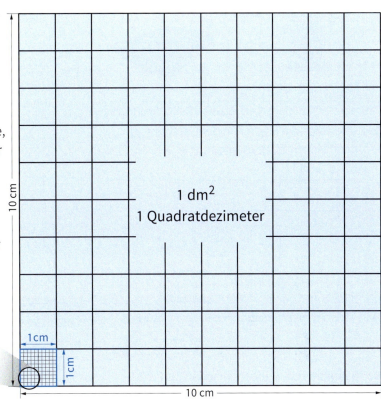

Du kannst Flächeninhalte in verschiedenen Einheiten angeben. Dabei gilt:

$$1\ m^2 = 100\ dm^2 \qquad 1\ dm^2 = 100\ cm^2 \qquad 1\ cm^2 = 100\ mm^2$$

So wandelst du in die **nächstkleinere** Einheit um:

$\cdot 100$: $4\ m^2 = 400\ dm^2$ $\qquad$ $\cdot 100$: $25\ dm^2 = 2\,500\ cm^2$

So wandelst du in die **nächstgrößere** Einheit um:

$3\,400\ mm^2 = 34\ cm^2$ ($:100$) $\qquad$ $9\,000\ dm^2 = 90\ m^2$ ($:100$)

---

5. Wandle in die angegebene Einheit um.
   a) $3\ m^2 =$ ▪ dm^2
   b) $14\ cm^2 =$ ▪ mm^2
   c) $90\ dm^2 =$ ▪ cm^2
   d) $250\ m^2 =$ ▪ dm^2
   e) $400\ mm^2 =$ ▪ cm^2
   f) $7\,300\ cm^2 =$ ▪ dm^2
   g) $2\,000\ dm^2 =$ ▪ m^2
   h) $15\,000\ cm^2 =$ ▪ dm^2

Aufgabe 1 – 4

1. Ordne die Flächenmaße den Beispielen zu.

6 m²   32 cm²   6 dm²   1 dm²   1 cm²

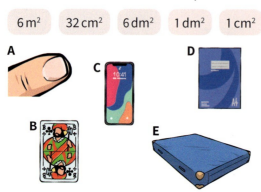

2. Übertrage die Figuren in dein Heft und gib den Flächeninhalt in cm² an.

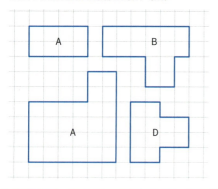

3. Bestimme den Flächeninhalt in mm².

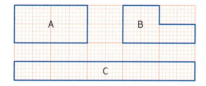

4. Wandle in die angegebene Einheit um.
a) 4 m² = ■ dm²
b) 600 cm² = ■ dm²
c) 56 dm² = ■ cm²
d) 2 500 mm² = ■ cm²
e) 2 cm² = ■ mm²
f) 6 000 dm² = ■ m²
g) 20 dm² = ■ cm²
h) 4 000 mm² = ■ cm²
i) 560 m² = ■ dm²
j) 25 000 dm² = ■ m²

LÖSUNGEN: 6 | 25 | 40 | 60 | 200 | 250 | 400 | 2 000 | 5 600 | 56 000

Aufgabe 5 – 9

5. In welcher Einheit würdest du den Flächeninhalt angeben?

m²   dm²   cm²   mm²

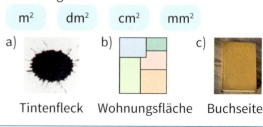

a) Tintenfleck   b) Wohnungsfläche   c) Buchseite

6. Gib wie im Beispiel in der kleineren Einheit an.

BEISPIEL
5 m² 25 dm² = 525 dm²
7 cm² 8 mm² = 708 mm²

a) 4 m² 65 dm²
b) 5 dm² 9 cm²
c) 5 cm² 12 mm²
d) 12 dm² 50 cm²
e) 20 dm² 3 cm²
f) 43 m² 5 dm²

7. Gib wie im Beispiel mit gemischter Schreibweise an.

BEISPIEL
495 dm² = 4 m² 95 dm²
805 mm² = 8 cm² 5 mm²

a) 255 dm²
b) 905 dm²
c) 410 cm²
d) 1 202 mm²
e) 208 cm²
f) 7 005 dm²

8. Auch bei Flächen kannst du die Kommaschreibweise verwenden. Schreibe wie im Beispiel mit Komma.

BEISPIEL
695 dm² = 6,95 m²
150 cm² = 1,5 dm²

a) 145 mm² = ■ cm²
b) 485 dm² = ■ m²
c) 205 cm² = ■ dm²
d) 2 549 dm² = ■ m²
e) 5 028 dm² = ■ m²
f) 4 005 mm² = ■ cm²
g) 850 cm² = ■ dm²
h) 90 mm² = ■ cm²

9. Welche Flächenangaben sind gleich? Suche die Paare und notiere sie wie im Beispiel.

BEISPIEL
3 dm² = 300 cm²

4 m²   0,4 m²   4 cm²   940 cm²
0,9 cm²   400 dm²   9,4 dm²   40 dm²
0,04 dm²   90 mm²

II Aufgabe 10 – 13

10. Ordne die Flächenmaße den Beispielen zu.

4 m²   6 dm²   500 m²   6 cm²   2 cm²   22 mm²

11. Gib den Flächeninhalt der Figuren in cm² an.

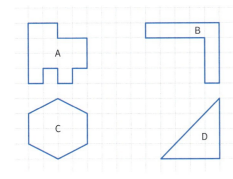

12. Bestimme den Flächeninhalt der Figuren in der gemischten Schreibweise (cm² und mm²).

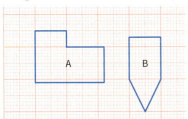

13. Zeichne eine Figur mit dem angegebenen Flächeninhalt in dein Heft.
a) 9 cm²
b) 14 cm²
c) 350 mm²
d) 6 cm² 25 mm²

III Aufgabe 14 – 19

14. Ordne zu.

Tisch   18 m²   Wohnung

500 dm²   Gartenpool   5,2 cm²

Garagentor   1,8 m²   Postkarte

3,3 dm²   2-€-Münze   85 m²

15. Lege deine Hand auf Karopapier und umrande sie mit einem Stift. Bestimme dann möglichst genau den Flächeninhalt deiner Hand in cm². Beschreibe dein Vorgehen.

16. Gib in der angegebenen Einheit an.
a) 450 mm² = ▮ cm²
b) 45 dm² = ▮ m²
c) 50 dm² = ▮ mm²
d) 2 m² = ▮ cm²
e) 3,2 m² = ▮ cm²
f) 4050 mm² = ▮ dm²
g) 50 m² = ▮ mm²
h) 9000 cm² = ▮ m²

17. Mert behauptet: „Die Figur A hat 350 mm² Flächeninhalt." Überprüfe durch geschicktes Zählen.

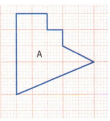

18. Berechne. Gib das Ergebnis in der kleineren Einheit an.
a) 4 m² + 2000 dm²
b) 0,05 dm² + 95 cm²
c) 60 m² − 400 dm²
d) 0,5 dm² − 2500 mm²
e) 0,4 m² + 5 dm²
f) 550 cm² − 2 dm²

LÖSUNGEN
45 | 100 | 350 | 2400 | 2500 | 5600

Ar, Hektar, Quadratkilometer

Passt das rote Quadrat auch auf euren Schulhof?

Kennt ihr Beispielflächen aus dem Alltag, die 1 Ar (a) groß sind?

Könnt ihr Selma weiterhelfen?

1. Das Straßenviereck um das Rote Rathaus in Berlin ist ein 100 m x 100 m großes Quadrat.
Der Flächeninhalt ist **ein Hektar (ha)**.
a) Entdeckt ihr den Rathausturm auf dem Satellitenbild?
b) Überlegt: Wie lange dauert es, wenn ihr um den Hektar herum gehen würdet?
c) Wie viel Ar (a) passen in einen Hektar (ha)?

Ein Quadrat mit 1 km Seitenlänge heißt **Quadratkilometer (1 km^2)**.
Ein Quadrat mit 100 m Seitenlänge heißt **Hektar (1 ha)**.
Ein Quadrat mit 10 m Seitenlänge heißt **Ar (1 a)**.

Es gilt: 1 km^2 = 100 ha   1 ha = 100 a   1 a = 100 m^2
Beispiele: Blausteinsee in Nordrhein-Westfalen   Innenraum des Olympia-stadions in Berlin   Hälfte eines Tennisplatzes

2. Wandle in die angegebene Einheit um.
a) 2 km^2 = ▪ ha
b) 6 ha = ▪ a
c) 25 a = ▪ m^2
d) 80 ha = ▪ a
e) 600 a = ▪ ha
f) 1 500 m^2 = ▪ a
g) 2 000 a = ▪ ha
h) 800 ha = ▪ km^2

BEISPIEL
· 100
25 km^2 = 2 500 ha   700 a = 7 ha
: 100

LÖSUNGEN
6 | 8 | 15 | 20 | 200
600 | 2 500 | 8 000

Umfang und Flächeninhalt

ÜBEN

Aufgabe 1 – 5

1. Ordne die Flächenmaße zu.

Olympiastadion Berlin

Wettkampfmatte (Ringen)

Hannover

Heidepark Soltau

85 ha · 6 ha · 1 a · 204 km²

2. Gib in der angegebenen Einheit an.
a) 5 km² = ▢ ha
b) 600 m² = ▢ a
c) 56 ha = ▢ a
d) 2 500 a = ▢ ha
e) 90 a = ▢ m²
f) 7 000 ha = ▢ km²
g) 600 km² = ▢ ha
h) 45 000 a = ▢ ha

3. Gib wie im Beispiel in der Kommaschreibweise an.

> **BEISPIEL**
> 795 ha = 7,95 km²
> 850 m² = 8,5 a

a) 355 ha = ▢ km²
b) 990 m² = ▢ a
c) 5 410 a = ▢ ha
d) 1 205 m² = ▢ a
e) 2 080 ha = ▢ km²
f) 4 006 a = ▢ ha

4. Gib wie im Beispiel in der kleineren Einheit an.

> **BEISPIEL**
> 5,25 km² = 525 ha
> 7,5 a = 750 m²

a) 26,45 km² = ▢ ha
b) 5,75 a = ▢ m²
c) 3,05 ha = ▢ a
d) 20,42 km² = ▢ ha
e) 50,5 a = ▢ m²
f) 40,09 ha = ▢ a

5. Welches Tiergehege ist größer? Begründet.
Wolfsgehege 2 ha   Zebragehege 175 a

Aufgabe 6 – 11

6. Ordnet die Flächenmaße zu.
Handballfeld
Vatikanstadt
Wohnungsfläche
Niedersachsen
Englischer Garten (München)
Allianz Arena

47 614 km² · 3,76 ha · 375 ha · 0,85 a · 8 a · 0,44 km²

7. Gib sowohl in der gemischten Schreibweise als auch in der Kommaschreibweise an.

> **BEISPIEL**
> 950 a = 9 ha 50 a
> = 9,5 ha

a) 145 ha
b) 605 a
c) 1 545 m²
d) 8 028 a
e) 2 005 ha
f) 250 ha

8. Gib in der angegebenen Einheit an.
a) 5,6 ha = ▢ m²
b) 205 000 a = ▢ km²
c) 90 km² = ▢ a
d) 70 000 m² = ▢ km²
e) 0,7 a = ▢ cm²
f) 450 000 cm² = ▢ a

9. Ordne. Beginne mit der kleinsten Fläche.

44 ha · 400 a · 0,4 km² · 4 400 m²
4 444 a · 40,4 km² · 400 ha · 44 444 m²

10. Ein Fliesenleger sagt, dass er in einer Stunde 4 m² Fliesen legen kann. Kann er in seinem Leben die gesamte Fläche der Stadt Köln fliesen? Recherchiert zunächst, wie groß die Fläche der Stadt Köln ist.

11. Berechne. Gib das Ergebnis in der kleineren Einheit an.
a) 5 a – 70 m²
b) 2 ha + 270 a
c) 6,2 km² – 140 ha
d) 340 a + 0,8 ha

LÖSUNGEN
420 | 430 | 470 | 480

Flächeninhalt von Rechteck und Quadrat

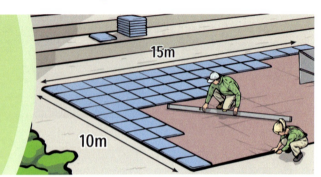

Das Basketballfeld erhält einen Spezialbelag aus Kunststofffliesen (je 1 m²).

Zähle, wie viele der quadratischen Fliesen in eine Reihe passen.

Wie viele Fliesen werden insgesamt benötigt?

1. Vicky und Ole überlegen, wie sie den Flächeninhalt des grünen Quadrats bestimmen können.
   a) In wie viele Streifen ist das grüne Quadrat unterteilt?
   b) Beschreibe die Überlegungen der beiden Kinder.

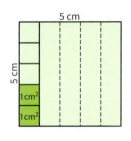

In jeden Streifen passen 5 kleine Quadrate (cm²).

Dann hat das große Quadrat 25 cm² Flächeninhalt.

 Video

Für den Flächeninhalt A eines Rechtecks mit der Länge a und der Breite b gilt:
A = Länge · Breite
A = a · b

gegeben: Rechteck mit a = 5 cm und b = 3 cm
gesucht: Flächeninhalt A

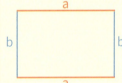

A = a · b
A = 5 cm · 3 cm
A = 15 cm²

Für den Flächeninhalt A eines Quadrats mit der Seitenlänge a gilt:
A = Seite · Seite
A = a · a

gegeben: Quadrat mit a = 4 m
gesucht: Flächeninhalt A

A = a · a
A = 4 m · 4 m
A = 16 m²

---

2. Berechne den Flächeninhalt des Rechtecks mit der Länge a und der Breite b.
   a) a = 4 cm, b = 2 cm
   b) a = 3 m, b = 6 m
   c) a = 13 dm, b = 4 dm
   d) a = 13 m, b = 11 m

3. Berechne den Flächeninhalt des Quadrats mit der Seitenlänge a.
   a) a = 6 cm
   b) a = 9 dm
   c) a = 12 m
   d) a = 40 mm

4. Zeichnet drei verschiedene Rechtecke, die alle einen Flächeninhalt von 12 cm² haben.

Umfang und Flächeninhalt

ÜBEN

Aufgabe 1 – 5

1. Berechne den Flächeninhalt. Miss zuerst die Länge und Breite in cm.

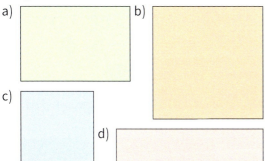

a) b) c) d)

2. Zeichne die Figur und berechne dann ihren Flächeninhalt A.
a) Rechteck mit a = 6 cm und b = 3 cm
b) Quadrat mit a = 5 cm
c) Rechteck mit a = 2 cm und b = 7 cm
d) Quadrat mit a = 4 cm

3. Ein Fußballfeld sollte in der Bundesliga 105 m lang und 68 m breit sein. Berechne den Flächeninhalt.

4. Zeichne die Punkte in ein Koordinatensystem (1 LE = 1 cm) und verbinde sie zu einem Viereck. Notiere seinen Namen und berechne den Flächeninhalt. Miss benötigte Längen.
a) A (1 | 4), B (1 | 1), C (5 | 1), D (5 | 4)
b) E (8 | 6), F (8 | 0), G (11 | 0), H (11 | 6)
c) I (2 | 9), J (2 | 5), K (6 | 5), L (6 | 9)

5. Berechne die fehlende Seitenlänge des Rechtecks.

> **BEISPIEL**
> gegeben: b = 9 m
> A = 36 m²
> gesucht: a =
> $\xrightarrow[:9]{\cdot 9}$ 36
> a = 4 m

a) b = 8 m
A = 48 m²
a =

b) a = 7 cm
A = 77 cm²
b =

c) b = 5 dm
A = 60 dm²
a =

Aufgabe 6 – 10

6. Zeichne die Figur und berechne dann ihren Flächeninhalt A.
a) Rechteck mit a = 3 cm und b = 0,9 dm
b) Quadrat mit a = 32 mm
c) Rechteck mit a = 0,1 m und 20 mm
d) Quadrat mit a = 1,7 cm

7. Berechne den Flächeninhalt des Grundstücks. Gib ihn auch in Ar (a) an.

a)
22 m
30 m

b)
25 m
30 m

8. Familie Muric möchte sich für den Garten einen rechteckigen Pool kaufen.
Er sollte 24 m² Wasseroberfläche haben. Finde drei verschiedene Möglichkeiten und notiere jeweils die Länge und Breite.

9. Ein rechteckiges Getreidefeld ist 1,4 km lang und 750 m breit.
Berechne den Flächeninhalt und gib ihn in ha an.

10. Die Seitenlänge eines Quadrats wird schrittweise um 1 cm verlängert.

1 cm	2 cm	3 cm
$A_1 = 1$ cm²	$A_2 = 4$ cm²	$A_3 = 9$ cm²

a) Berechne den Flächeninhalt des vierten, sechsten und neunten Quadrats.
b) Beim wievielten Quadrat ist der Flächeninhalt 1 Ar groß?

Sachaufgaben

Der neue Spieleraum wird mit Teppichboden und Fußleisten ausgestattet.

Umfang oder **Flächeninhalt**?

Begründet, was hier benötigt wird?

1. Tim hat 10 m Maschendrahtzaun gekauft.
   Er hat angefangen, ein rechteckiges Gehege für seine Kaninchen anzulegen, in dem sie frei laufen können. Überlegt bei der Beantwortung der folgenden Fragen zunächst, ob ihr den Flächeninhalt oder den Umfang benötigt.
   a) Reicht der gekaufte Zaun?
   b) Wie viel Platz haben die Kaninchen in ihrem neuen Gehege?
   c) Wie kann Tim die Länge und Breite ändern, damit seine Kaninchen ein möglichst großes Gehege haben?

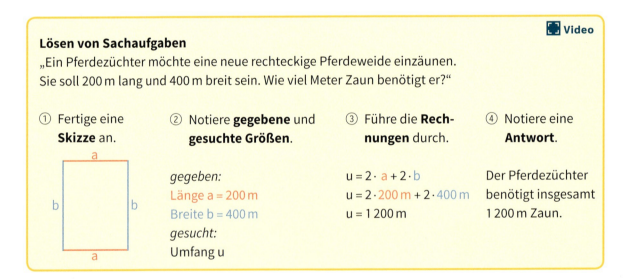

2. Familie Schulzes Badezimmer ist quadratisch und 4 m breit. Es soll neu gefliest werden. Die neuen Fliesen kosten pro Quadratmeter 23 €. Berechne die Gesamtkosten für die Badezimmerfliesen.

3. Herr Burak möchte für das rechteckige Bild einen neuen Holzrahmen anfertigen. Es ist 1,75 m breit und 65 cm hoch. Wie viel m Holzleisten benötigt er?

Umfang und Flächeninhalt — ÜBEN

Aufgabe 1 – 5

1. Flächeninhalt oder Umfang? Was ist gesucht?
  a) Die Einfahrt wird gepflastert.
  b) Ein Grundstück wird eingezäunt.
  c) Die Außenlinien eines Fußballfeldes werden mit Kreide gekennzeichnet.
  d) Die Zimmerdecke wird neu gestrichen.
  e) Ein Bild wird eingerahmt.
  f) Eine Rasenfläche wird eingesät.

2. Familie Hense möchte die Rahmen der Giebelfenster erneuern. Berechne die Rahmenlängen der einzelnen Fenster.

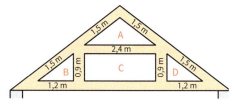

3. Frau Hansen legt ein neues Tulpenbeet an. Pro m² empfiehlt der Gärtner 15 Tulpenzwiebeln zu pflanzen. Wie viele Tulpenzwiebeln benötigt Frau Hansen für ihr Tulpenbeet?

4. Eine Gemeinde verkauft Grundstücke. Pro Quadratmeter beträgt der Verkaufspreis 500 €. Berechne die Kosten der einzelnen Grundstücke.

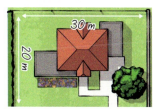 

5. Der Zaun um ein quadratisches Wildgehege ist 920 m lang. Berechne die Seitenlänge des Wildgeheges.

Aufgabe 6 – 10

6. Beim Beachvolleyball ist das rechteckige Spielfeld 128 m² groß und 8 m breit. Es wird mit einem Markierungsband (hier in rot) im Sand gekennzeichnet. Berechne die Länge des Markierungsbandes.

7. Greta hat 20 m Maschendraht für ein Meerschweinchengehege gekauft. Sie möchte eine möglichst große, rechteckige Fläche einzäunen. Welche Fläche ist maximal möglich?

8. Tims Kinderzimmer bekommt einen neuen Fußboden. Das quadratische Zimmer wird mit insgesamt 49 Korkfliesen (50 cm x 50 cm) ausgelegt. Nun fehlen nur noch die Fußleisten. Tims Vater meint: „Wir kaufen nur 12 m Fußleisten, weil die einen Meter breite Zimmertür frei bleibt."
Überprüfe, ob er richtig gerechnet hat.

9. Im Stadtbad haben alle Becken zusammen 520 m² Wasseroberfläche. Berechne die Breite b des Kleinkindbeckens.

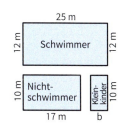

10. Kerim legt mit 10 cm langen Stäben ein Quadrat mit dem Flächeninhalt 1 m². Viktoria legt mit der gleichen Anzahl von Stäben mehrere einzelne kleine Quadrate, die jeweils den Flächeninhalt 1 dm² haben. Wie viele kleine Quadrate legt Viktoria?

Zusammengesetzte Flächen

Die Gärtner säen die Rasenfläche neu ein. Da ihre Samen nur für 500 m² reichen, müssen sie den Flächeninhalt bestimmen.

Erkläre die Lösungsideen des Gärtners und der Gärtnerin.

Die ganze Fläche in 3 Teilflächen zerlegen und dann zusammenrechnen!

Reichen die Samen?

Zu einer rechteckigen Fläche ergänzen und dann das ergänzte Rechteck abziehen.

1. a) Führt die folgenden Rechenschritte durch, um den Flächeninhalt der orangenen Figur zu berechnen.
   - Berechnet den Flächeninhalt des äußeren Rechtecks mit 11 cm Länge und 6 cm Breite.
   - Berechnet den Flächeninhalt des weißen Quadrats mit 3 cm Seitenlänge.
   - Subtrahiert dann den Flächeninhalt des weißen Quadrats vom Flächeninhalt des großen Rechtecks.

   Welchen Flächeninhalt habt ihr jetzt berechnet?

   b) Findet ihr andere Lösungswege? Beschreibt mit Worten.

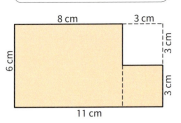

Du kannst den **Flächeninhalt A** einer zusammengesetzten Fläche auf **zwei Arten** berechnen.

① **Zerlegen** und **addieren**.

$A = A_1 + A_2 + A_3$
$A_1 = 12\,cm \cdot 3\,cm = 36\,cm^2$
$A_2 = 8\,cm \cdot 3\,cm = 24\,cm^2$
$A_3 = 12\,cm \cdot 2\,cm = 24\,cm^2$
$A = 36\,cm^2 + 24\,cm^2 + 24\,cm^2 = 84\,cm^2$

② **Ergänzen** und **subtrahieren**.

$A = A_{Rechteck} - A_{ergänzte\ Fläche}$
$A_{Rechteck} = 12\,cm \cdot 8\,cm = 96\,cm^2$
$A_{ergänzte\ Fläche} = 4\,cm \cdot 3\,cm = 12\,cm^2$
$A = 96\,cm^2 - 12\,cm^2 = 84\,cm^2$

2. Zerlege zunächst die Figur in zwei Teilflächen. Berechne dann den Inhalt der Teilflächen und addiere sie zum gesamten Flächeninhalt (Maße in cm).

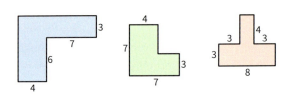

Umfang und Flächeninhalt   ÜBEN

Aufgabe 1 – 4

1. Berechne den Flächeninhalt durch Ergänzen und Subtrahieren.

a)   b)

2. Miss alle Seiten und zeichne die Figur in dein Heft. Berechne dann ihren Flächeninhalt.

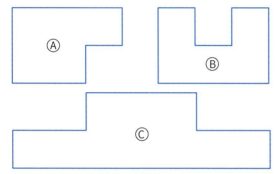

3. In einem Freibad wurde im rechteckigen Wasserbecken eine quadratische Insel angelegt. Berechne die Größe der Wasseroberfläche.

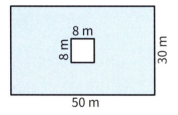

4. Die Hauswand soll neu gestrichen werden. Ein Liter Farbe reicht für $3\,m^2$ Fläche. Wie viel Liter Farbe werden benötigt?

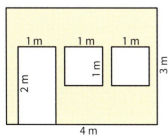

Aufgabe 5 – 8

5. Berechne den Flächeninhalt der Figur.

a)   b)

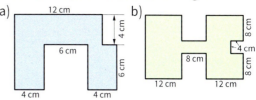

6. Wer hat am meisten Platz im Zimmer? Sortiere die Kinderzimmer von groß nach klein.

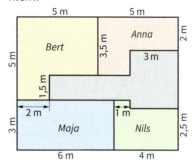

7. Zeichne die Figur mit den Eckpunkten A bis J in ein Koordinatensystem (1 LE = 1 cm):
A (2|1), B (7|1), C (7|4), D (9|4), E (9|2), F (11|2), G (11|8), H (5|8), I (5|6), J (2|6).
a) Bestimme die Längen aller Seiten.
b) Berechne den Flächeninhalt der Figur.

8. Herr Wicke kauft Pflastersteine. Er möchte um seinen rechteckigen Pool einen 1 m breiten Weg pflastern.

Der Pool ist 8 m lang und 4 m breit. Ein Quadratmeter Pflastersteine kostet 8 €.
a) Fertige eine Skizze vom Pool mit Weg an. Beschrifte sie mit den gegebenen Maßen.
b) Berechne die Kosten für die Pflastersteine.

ZUSAMMENFASSUNG

Umfang und Flächeninhalt

Rechteck

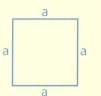

Länge a = 5 cm und
Breite b = 2 cm

Alle Winkel sind 90° groß.
Gegenüberliegende Seiten sind gleich lang.
Gegenüberliegende Seiten sind parallel.

Umfang: $u = 2 \cdot a + 2 \cdot b$
$u = 2 \cdot 5\,cm + 2 \cdot 2\,cm$
$u = 14\,cm$

Flächeninhalt: $A = a \cdot b$
$A = 5\,cm \cdot 2\,cm$
$A = 10\,cm^2$

Quadrat

Seitenlänge a = 3 cm

Alle Winkel sind 90° groß.
Alle Seiten sind gleich lang.
Gegenüberliegende Seiten sind parallel.

Umfang: $u = 4 \cdot a$
$u = 4 \cdot 3\,cm$
$u = 12\,cm$

Flächeninhalt: $A = a \cdot a$
$A = 3\,cm \cdot 3\,cm$
$A = 9\,cm^2$

Flächeneinheiten

$1\,km^2 = 100\,ha$ $1\,m^2 = 100\,dm^2$
$1\,ha = 100\,a$ $1\,dm^2 = 100\,cm^2$
$1\,a = 100\,m^2$ $1\,cm^2 = 100\,mm^2$

Zusammengesetzte Flächen

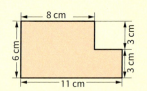

Umfang u = Summe aller Seitenlängen
$u = 11\,cm + 3\,cm + 3\,cm + 3\,cm + 8\,cm + 6\,cm$
$u = 34\,cm$

Flächeninhalt A:

Möglichkeit 1: **Zerlegen** und **addieren**.

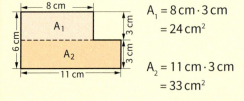

$A_1 = 8\,cm \cdot 3\,cm$
$\quad = 24\,cm^2$

$A_2 = 11\,cm \cdot 3\,cm$
$\quad = 33\,cm^2$

$A = A_1 + A_2$
$\quad = 24\,cm^2 + 33\,cm^2$
$\quad = 57\,cm^2$

Möglichkeit 2: **Ergänzen** und **subtrahieren**.

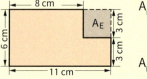

$A_R = 11\,cm \cdot 6\,cm$
$\quad = 66\,cm^2$ (Rechteck)

$A_E = 3\,cm \cdot 3\,cm$
$\quad = 9\,cm^2$ (ergänzte Fläche)

$A = A_R - A_E$
$\quad = 66\,cm^2 - 9\,cm^2$
$\quad = 57\,cm^2$

Umfang und Flächeninhalt

Aufgabe 1 – 5

1. Herr Bertram hat seine neue Terrasse gepflastert. Benenne Figuren, die du in der Abbildung im Muster erkennst.

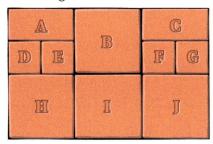

2. Welche Figuren sind keine Quadrate? Begründe.

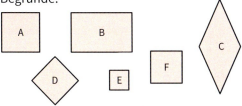

3. Welche Figuren sind keine Rechtecke? Begründe.

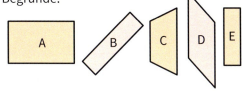

4. Zeichne ein Rechteck mit der Länge a = 6 cm und Breite b = 4 cm in dein Heft und beschrifte es.
 a) Berechne den Umfang u.
 b) Berechne den Flächeninhalt A.

5. Miss die Seiten der Figur und übertrage die Figur in dein Heft. Berechne dann den Umfang u und Flächeninhalt A.

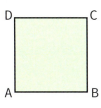

Aufgabe 6 – 11

6. Ordne den passenden Flächeninhalt zu.
 a) Buchseite — 2 m²
 b) Sportplatz — 150 m²
 c) Wohnfläche eines Hauses — 1 cm²
 d) Badetuch — 1,5 ha
 e) Fingernagel — 4 dm²

7. Gib in der angegebenen Einheit an.
 a) 2 m² = ▊ dm²   b) 600 mm² = ▊ cm²
 c) 35 dm² = ▊ cm²   d) 2 300 cm² = ▊ dm²
 e) 70 cm² = ▊ mm²   f) 5 000 dm² = ▊ m²

8. Leni hat bei ihren Hausaufgaben einige Fehler gemacht. Finde und korrigiere ihre Fehler.

Wandle in die nächstkleinere Einheit um.	
6 m² = 60 dm²	400 cm² = 4 mm²
5 km² = 500 a	7 dm² = 700 cm²
4,5 m² = 4 500 dm²	300 ha = 3 a
10 a = 1 000 m²	15,6 cm² = 1 560 mm²

9. Sortiere die Flächeninhalte nach ihrer Größe. Beginne mit dem kleinsten Flächeninhalt.

  250 ha   4 km²   5 a   70 m²   2 dm²

10. Gib den Flächeninhalt in der kleineren Einheit an.
 a) 6 dm² 25 cm²   b) 40 m² 95 dm²
 c) 5 km² 6 ha   d) 7 cm² 50 mm²
 e) 80 ha 5 a   f) 200 m² 50 dm²

11. Umfang oder Flächeninhalt? Was ist gesucht?
 a) Maltes Zimmer wird neu tapeziert.
 b) neuer Teppichboden für das Wohnzimmer
 c) Der Platzwart kennzeichnet die Außenlinie des Spielfeldes mit Kreide.
 d) Der Klassenraum bekommt neue Fußleisten.
 e) Größe eines Hamstergeheges
 f) neue Bandenwerbung im Fußballstadion

TRAINER — Umfang und Flächeninhalt

Aufgabe 12 – 16

12. Welches Tiergehege hat den längsten Zaun?

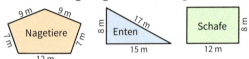

13. Welches Tier hat am meisten Platz?

14. Berechne die fehlende Seitenlänge.
   a) Quadrat mit Umfang u = 48 m
   b) Rechteck mit A = 440 cm² und Länge a = 20 cm
   c) Rechteck mit A = 200 m² und Breite b = 8 m
   d) Rechteck mit Umfang u = 90 m und Breite b = 5 m

15. Berechne den Flächeninhalt der Räume.

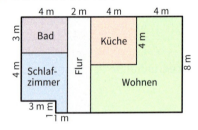

16. Paula hat 24 m Maschendrahtzaun und möchte für ihr Kaninchen ein rechteckiges Gehege einzäunen.
   a) Überlege zwei verschiedene Beispiele für ein mögliches Gehege und benenne jeweils die Länge a und Breite b.
   b) Berechne jeweils den Flächeninhalt.
   c) Wie muss Paula die Länge und Breite wählen, damit ihr Kaninchen möglichst viel Platz hat?

Aufgabe 17 – 21

17. Welche Flächen sind größer als …
   a) 1 Quadratmeter   b) 1 Ar   c) 1 Hektar

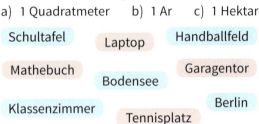

Schultafel, Laptop, Handballfeld, Mathebuch, Bodensee, Garagentor, Klassenzimmer, Tennisplatz, Berlin

18. Bestimme den Flächeninhalt in cm² und mm² und den Umfang in cm und mm.

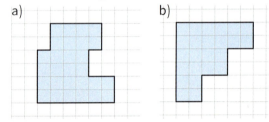

19. Zeichne zwei verschiedene Rechtecke mit dem angegebenen Flächeninhalt. Gib jeweils die Länge a und Breite b an und berechne den Umfang u.
   a) 20 cm²   b) 16 cm²

20. Miss zunächst die Seiten a und b des Rechtecks.
   a) Berechne den Flächeninhalt des Rechtecks.
   b) Zeichne das Quadrat, welches den gleichen Umfang hat.
   c) Berechne den Flächeninhalt des Quadrats.

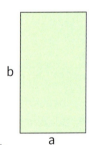

21. Gib in der angegebenen Einheit an.
   a) 4 m² = ▢ cm²   b) 5 000 mm² = ▢ dm²
   c) 0,7 dm² = ▢ mm²   d) 4 500 cm² = ▢ m²
   e) 1 ha 3 m² = ▢ m²   f) 20 ha 5 a = ▢ m²

Umfang und Flächeninhalt

❚❚ ▫ Aufgabe 22 – 26

22. Sortiere die Flächen ohne zu messen von groß nach klein.

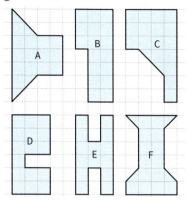

23. Ein quadratisches Getreidefeld ist 1 ha groß. Wie lang ist ein flächengleiches rechteckiges Feld, das 50 m breit ist?

24. Berechne jeweils die fehlenden Größen a, b, A oder u des Rechtecks.
a) a = 5 cm, u = 22 cm
b) b = 14 m, A = 294 m²
c) b = 35 cm, u = 154 cm
d) a = 21 m, A = 1 806 m²

25. Nico zeichnet ein Quadrat mit einem Umfang von 28 cm. Berechne den Flächeninhalt.

26. Berechne den Flächeninhalt und den Umfang der Figur (alle Maße in mm).

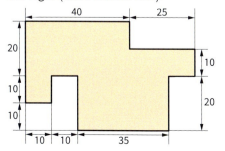

❚❚❚ Aufgabe 27 – 30

27. Ordne zu.

Tischfläche	0,06 m²
Heft	1 200 dm²
Volleyballfeld	1,62 a
Badezimmer	0,85 dm²
Bierdeckel	0,02 a

28. Untersucht an mindestens zwei Beispielen und begründet eure Antwort.
a) Wie verändern sich der Umfang und der Flächeninhalt eines Quadrats, wenn ihr nur die Breite b verdreifacht?
b) Wie verändern sich der Umfang und der Flächeninhalt eines Quadrats, wenn ihr die Länge a und die Breite b verdreifacht?

29. Zur Bestimmung einer Grundstücksfläche wurden drei quadratische Teilflächen vermessen. Um das gesamte Grundstück soll ein Zaun gebaut werden. Berechne den Umfang des Grundstücks.

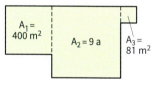

30. Herr Krasniqi möchte seine Hauswand streichen. Ein Baumarkt bietet Fassadenfarbe literweise an. Ein Liter kostet 9,50 € und reicht, um 6 m² zu streichen.
a) Wie viel Liter Farbe muss Herr Krasniqi kaufen?
b) Berechne die Kosten.

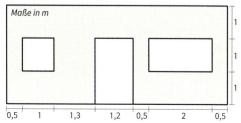

Neue Anbauflächen für Hof Stübbe

Familie Stübbe pflanzt, erntet und verkauft seit Generationen Weihnachtsbäume.
Für verschiedene Weihnachtsbaumarten hat die Familie neue Anbauflächen gepachtet.
Das Feld für die Blaufichten ist quadratisch, das Feld für die Edeltannen ist rechteckig. Auf dem größten Feld pflanzt die Familie Nordmanntannen. Zum Schutz vor Wild müssen die drei Felder eingezäunt werden.

a) Wie viel Meter Zaun benötigt Familie Stübbe für das Anbaufeld für die Blaufichten?

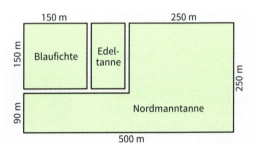

b) Frau Stübbe nimmt an, dass pro 10 m² Fläche 4 Weihnachtsbäume geerntet werden.
① Berechne den Flächeninhalt des Feldes der Blaufichte.
② Wie viele Blaufichten werden nach Frau Stübbes Überlegungen dort geerntet?

c) Herr Stübbe hat das Anbaufeld für die Edeltannen mit 460 m Maschendraht eingezäunt. Die eine Seite des Feldes ist 150 m lang.
① Berechne die zweite Feldseite.
② Wie viele Edeltannen können dort nach Frau Stübbes Überlegungen (4 Weihnachtsbäume pro 10 m² Fläche) geerntet werden?

d) Berechne den Flächeninhalt des Feldes für die Nordmanntannen und gib ihn in ha an.
Berechne auch die benötigte Zaunlänge.

e) Familie Stübbe hat noch 360 m Zaun übrig.
① Überlege, welche rechteckigen oder quadratischen Flächen sie damit einzäunen kann.
Nenne eine quadratische und zwei rechteckige Beispielflächen.
② Begründe, für welche Fläche sich Familie Stübbe entscheiden sollte.

7 | Brüche

1. Welches Bild passt zu welcher Rechnung? Ordne zu.

12 + 4   12 − 3   12 · 3   12 : 3   12 : 4

2. Verteile die zwölf Muffins gerecht an
a) 2 Kinder,   b) 3 Kinder,   c) 4 Kinder,
d) 5 Kinder,   e) 6 Kinder,   f) 7 Kinder.
Manchmal bleibt ein Rest.

3. Berechne im Kopf.
a) 48 : 6   b) 100 : 4   c) 150 : 10
d) 81 : 9   e) 280 : 2   f) 300 : 30
g) 99 : 3   h) 140 : 7   i) 350 : 50

4. Rechne in die kleinere Einheit um.
a) 4 kg = ▩ g   b) 9 € = ▩ ct
c) 3 h = ▩ min   d) 42 m = ▩ cm
e) 7 t = ▩ kg   f) 12 km = ▩ m

5. Übertrage die Figuren auf Karoraster.

EINSTIEG

Selin feiert ihren 11. Geburtstag. Um 16:00 Uhr beginnt ihre Party und dauert $3\frac{1}{2}$ Stunden.

In wie viele Stücke schneidet Selins Vater den Geburtstagskuchen gerade? Wie groß ist jedes Kuchenstück?

7 | Brüche

Vier Kinder hat Selin eingeladen. Wie muss am Abend die Pizza geschnitten werden, damit jedes Kind den gleichen Anteil bekommt?

In diesem Kapitel lernst du, …

… was Brüche sind,

… wie du Bruchteile herstellst,

… wie du Brüche darstellst,

… wie du Bruchteile von Größen berechnest,

… wie du einfache Brüche addierst und subtrahierst.

Brüche zum Anfassen

1. a) • Stellt sieben 24 cm lange Streifen aus etwas dickerem Papier oder aus Pappe her.
   • Teilt sie durch exaktes Falten oder Ausmessen in 2, 3, 4, 6, 8 und 12 gleiche Teile ein.
   • Beschriftet jeden Streifen wie ihr es oben abgebildet seht.
   b) Ordnet jedem Streifen einen Begriff zu.

   Achtel   Drittel   Halbe   Viertel   Sechstel   Zwölftel

2. Vergleicht die Brüche. Setzt das passende Zeichen ein: <, > oder =. Legt dazu die passenden Bruchstreifen untereinander.
   a) $\frac{1}{2}$ ▢ $\frac{1}{4}$ b) $\frac{1}{3}$ ▢ $\frac{1}{4}$
   c) $\frac{1}{8}$ ▢ $\frac{1}{2}$ d) $\frac{2}{8}$ ▢ $\frac{1}{4}$
   e) $\frac{5}{6}$ ▢ $\frac{1}{2}$ f) $\frac{2}{3}$ ▢ $\frac{4}{6}$

3. Legt alle sieben Bruchstreifen genau untereinander. Welche Brüche haben den gleichen Wert? Schreibt so ins Heft:
   $\frac{1}{2} = \frac{2}{4} = \ldots$

4. Entscheidet für folgende Brüche, ob sie größer oder kleiner als $\frac{1}{2}$ sind. Ihr könnt eure Bruchstreifen nutzen.
   $\frac{1}{4}$ $\frac{2}{3}$ $\frac{1}{6}$ $\frac{3}{8}$ $\frac{5}{6}$ $\frac{3}{4}$

5. Welche Brüche könnt ihr ohne Bruchstreifen vergleichen? Setzt das passende Zeichen (< oder >) ein und begründet.
   a) $\frac{1}{4}$ ▢ $\frac{4}{4}$ b) $\frac{3}{8}$ ▢ $\frac{5}{8}$ c) $\frac{1}{2}$ ▢ $\frac{1}{6}$ d) $\frac{1}{3}$ ▢ $\frac{1}{12}$
   e) $\frac{3}{4}$ ▢ $\frac{3}{6}$ f) $\frac{3}{4}$ ▢ $\frac{4}{8}$ g) $\frac{3}{8}$ ▢ $\frac{7}{12}$ h) $\frac{2}{3}$ ▢ $\frac{3}{4}$

Brüche DARSTELLEN PROJEKT

6. Würfelt mit zwei Würfeln und bildet aus den Zahlen einen Bruch. Die kleinere Zahl schreibt ihr in den Zähler, die größere in den Nenner. Wer den größeren Bruch gewürfelt hat, bekommt einen Punkt. Die Fünf gewinnt immer. Spielt einige Runden und protokolliert das Spiel.

Bruch: $\frac{4}{6}$

$\frac{1}{6}$ — Zähler / Bruchstrich / Nenner

Runde	Max	Lia	Punkt für ...
1	1,3: $\frac{1}{3}$	6,4: $\frac{4}{6}$	Lia
2	2,5: ■	4,1: ■	Max
3	2,2: $\frac{2}{2}$	2,3: $\frac{2}{3}$	Max
4	5,1: ■	3,5: ■	beide

7. a) Yuna hat mit ihren Bruchstreifen die Aufgabe $\frac{1}{4} + \frac{1}{2}$ gelöst. Erklärt euch gegenseitig, wie sie vorgegangen ist.
b) Legt die Additionsaufgaben mit passenden Bruchstreifen und notiert jeweils das Ergebnis.

① $\frac{1}{3} + \frac{1}{6}$ ② $\frac{1}{4} + \frac{2}{8}$ ③ $\frac{1}{2} + \frac{1}{4}$ ④ $\frac{4}{6} + \frac{1}{3}$

⑤ $\frac{5}{8} + \frac{1}{4}$ ⑥ $\frac{5}{12} + \frac{1}{6}$ ⑦ $\frac{3}{8} + \frac{1}{2}$ ⑧ $\frac{3}{4} + \frac{2}{8}$

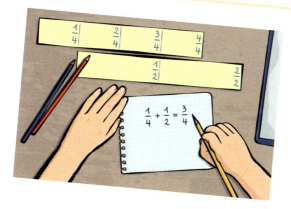

8. Wie viel fehlt zu einem Ganzen? Findet es mit euren Bruchstreifen heraus.
a) 1 Halbes + ■ Viertel = 1 Ganzes
b) 1 Viertel + ■ Viertel = 1 Ganzes
c) 1 Halbes + ■ Achtel = 1 Ganzes
d) 3 Viertel + ■ Achtel = 1 Ganzes
e) 1 Halbes + ■ Sechstel = 1 Ganzes
f) 2 Drittel + ■ Zwölftel = 1 Ganzes
g) 1 Viertel + ■ Achtel = 1 Ganzes
h) 1 Sechstel + ■ Zwölftel = 1 Ganzes

Bruchteile erkennen und darstellen

Wann hast du schon einmal für einen Geburtstag gekocht oder gebacken?

Hast du verschiedene Rezepte verwendet? An welche erinnerst du dich?

In Rezepten gibt es einfache Mengenangaben und schwierigere. Nenne einige.

1. Zu Hause wird Pizza häufig auf einem Backblech gebacken. In der Pizzeria gibt es meist runde Pizzen.
   Wie würdest du die Pizzen schneiden, damit du acht gleich große Teile bekommst?
   ① Zeichne zwei Pizzen auf Papier – einmal rechteckig, einmal rund – und schneide aus.
   ② Zeichne auf beide Pizzen eine Einteilung in acht gleich große Teile. Wie bist du vorgegangen? Vergleiche mit anderen.

2.
   Max hat vier Quadrate auf verschiedene Arten gefaltet, sodass immer vier gleich große Teile entstehen.
   a) Zeichne die Quadrate mit den Unterteilungen in dein Heft und färbe in jedem Quadrat ein Viertel.
   b) Falte ein rechteckiges DIN-A 4-Blatt in vier gleich große Teile. Wie viele Möglichkeiten findest du?
   c) Zeichne mindestens drei gleiche Rechtecke in dein Heft. Färbe in jedem Rechteck ein Viertel auf eine andere Weise.

Ein **Bruchteil** ist ein Teil eines Ganzen. Teilst du ein Ganzes in 2, 3, 4, … gleich große Teile, so erhältst du Halbe, Drittel, Viertel, …
Ein Drittel und *drei Viertel* und *fünf Achtel* sind **Anteile** und können als **Brüche** geschrieben werden:

$\frac{1}{3}$ $\frac{3}{4}$ $\frac{5}{8}$ — **Zähler** (zählt die betrachteten Teile)
— Bruchstrich
— **Nenner** (nennt die Anzahl der gleich großen Teile des Ganzen)

Brüche BASIS 195

3. Der Kreis wurde in sechs gleich große Teile zerlegt. Skizziere den Kreis in deinem Heft. Notiere den gefärbten Anteil in Worten und als Bruch.

a)   b)   c)   d)

BEISPIEL
zwei Sechstel
$\frac{2}{6}$

4. Schreibe ins Heft, welcher Anteil einer Stunde gefärbt ist.

a)   b)   c)   d)   e)

5. Gib an, welcher Anteil von jeder Figur gefärbt ist.

a)   b)   c)   d)   e)

6. In wie viele Stücke hat Carla den Kuchen geteilt? Welchen Anteil isst sie im dritten Bild? Welcher Anteil des Kuchens ist am Ende übrig?

7. Zeichne für jede Teilaufgabe ein Quadrat mit 3 cm Seitenlänge auf Karopapier und markiere den angegebenen Bruchteil. Vergleiche mit deinem Nachbarn.

a) den Bruchteil $\frac{1}{2}$ b) den Bruchteil $\frac{1}{3}$

c) den Bruchteil $\frac{2}{3}$ d) den Bruchteil $\frac{1}{6}$

e) den Bruchteil $\frac{1}{4}$ f) den Bruchteil $\frac{3}{4}$

Wir brauchen so viele gleich große Teile, wie der Nenner angibt.

Dann färben wir so viele Teile, wie der Zähler angibt.

Aufgabe 1 – 4

1. Gib den blau gefärbten Anteil an.

a)   b)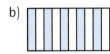

c)   d)

e)   f)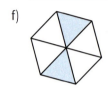

2. Die Strecke ist das Ganze. Notiere, welcher Anteil der Strecke blau gefärbt ist.

3. Zeichne vier Strecken von 6 cm und färbe auf jeder Strecke einen der angegebenen Bruchteile. Schreibe den Bruch dazu.

$\frac{1}{3}$ $\frac{5}{6}$ $\frac{3}{4}$ $\frac{5}{12}$

4. Übertrage die Rechtecke mit den Unterteilungen auf Karopapier und färbe jeden Bruchteil in einem passenden Rechteck.

$\frac{4}{15}$ $\frac{7}{20}$ $\frac{5}{12}$ $\frac{11}{24}$

A   B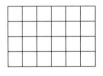

C   D

Aufgabe 5 – 8

5. a) Jeder zeichnet sechs Rechtecke auf Karopapier (Länge 3 cm, Breite 2 cm). Färbt folgende Bruchteile und beschriftet die Rechtecke:
① ein Viertel ② drei Viertel
③ ein Drittel ④ zwei Drittel
⑤ ein Sechstel ⑥ fünf Sechstel

b) Vergleicht eure Rechtecke. Habt ihr gleiche Unterteilungen gewählt?

6. a) Welche Mengen sind das? Besprecht zusammen!

$\frac{3}{4}$ h $\frac{1}{2}$ km $\frac{1}{5}$ ℓ $\frac{1}{8}$ kg $\frac{3}{10}$ m

b) Notiert weitere Beispiele solcher Mengen.

7. Übertrage ins Heft und färbe den angegebenen Bruchteil.

a) $\frac{1}{3}$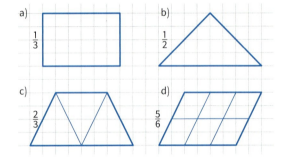

b) $\frac{1}{2}$

c) $\frac{2}{3}$

d) $\frac{5}{6}$

8. Der Bruchteil sollte gefärbt werden, jedoch ist einiges falsch. Erklärt, welche Fehler passiert sind.

a) $\frac{3}{10}$ b) $\frac{1}{3}$

c) $\frac{5}{6}$ d) $\frac{2}{3}$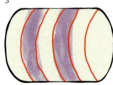

II Aufgabe 9 – 14

9. Welcher Anteil des großen Rechtecks ist es?
   a) weiße Fläche   b) grüne Fläche
   c) schraffierte Fläche   d) punktierte Fläche

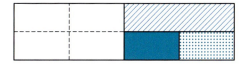

10. Gib den gefärbten Anteil an.
   a)   b)

11. Zeichne die Figuren auf Karopapier und färbe den angegebenen Bruchteil.
   a) Färbe $\frac{2}{3}$. 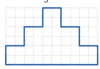   b) Färbe $\frac{3}{4}$.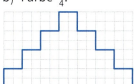

12. Übertragt das Rechteck viermal ins Heft und färbt den angegebenen Bruchteil. Findet für jeden Bruchteil zwei Möglichkeiten.
   a) $\frac{5}{8}$ b) $\frac{7}{12}$

13. Zeichne vier Streifen der gleichen Länge. Färbe in jedem Streifen einen der Bruchteile.
   $\frac{1}{2}$ $\frac{1}{3}$ $\frac{3}{4}$ $\frac{1}{8}$

14. Stelle den Bruchteil in einem Rechteck dar. Gib danach an, welcher Anteil zum Ganzen fehlt.
   a) $\frac{1}{4}$ b) $\frac{2}{3}$ c) $\frac{3}{8}$ d) $\frac{5}{6}$

III Aufgabe 15 – 19

15. Auf dem Geobrett kannst du mit Gummibändern verschiedene Figuren spannen. Welcher Anteil der von den Nägeln begrenzten Fläche ist eingerahmt?
   a)   b)
   c)   d)

16. Spannt die Figur auf einem Geobrett mit 4 x 4 Nägeln und zeichnet diese ins Heft. Die Figur soll diesen Bruchteil einrahmen:
   a) Quadrat mit $\frac{4}{9}$ der Fläche
   b) Dreieck mit $\frac{2}{9}$ der Fläche
   c) Fünfeck mit $\frac{11}{18}$ der Fläche

17. Gib den gefärbten Anteil an.
   a)   b)

18. Zeichne die Figur viermal. Färbe in jeder Figur einen der Bruchteile.
   $\frac{1}{4}$ $\frac{3}{8}$ $\frac{1}{10}$ $\frac{7}{20}$

19. Zeichne das Dreieck zweimal ins Heft. Färbe den angegebenen Teil.
   a) $\frac{1}{3}$ b) $\frac{5}{9}$

Bruchteile von Größen bestimmen

Nele kauft für ihre Geburtstagsfeier ein.
Sie braucht $\frac{1}{4}$ Liter Sahne und findet einen 250-ml-Becher sowie eine 500-ml-Flasche. Welche Größe passt?

Nenne andere Artikel im Supermarkt, die als Bruchteile $\left(\frac{1}{2}, \frac{1}{4}, \ldots\right)$ gekauft werden können.

1.

$\frac{1}{4}$ kg $\frac{1}{5}$ kg $\frac{1}{2}$ kg $\frac{3}{4}$ kg

TIPP
1 kg = 1 000 g

Immer zwei Füllmengen gehören zusammen. Ordne richtig zu und schreibe ins Heft.

So berechnest du einen **Bruchteil** vom Ganzen.

① Dividiere das Ganze durch den **Nenner**.

② Multipliziere das Ergebnis mit dem **Zähler**.

Berechne $\frac{2}{5}$ von 10 km.

① $\frac{1}{5}$ von 10 km:
   10 km : 5 = 2 km

② $\frac{2}{5}$ von 10 km:
   2 km · 2 = 4 km

$\frac{2}{5}$ von 10 km sind 4 km.

▶ Video

---

2. Berechne die Bruchteile.

a) von 24 € — $\frac{1}{2}$ $\frac{1}{3}$ $\frac{1}{6}$ $\frac{1}{4}$

b) von 18 m — $\frac{1}{2}$ $\frac{1}{9}$ $\frac{1}{3}$ $\frac{1}{6}$

c) von 100 g — $\frac{1}{2}$ $\frac{1}{5}$ $\frac{1}{4}$ $\frac{1}{10}$

---

3. Berechne.

a) $\frac{1}{4}$ von 100 sind ▪.   b) $\frac{1}{4}$ von 80 sind ▪.   c) $\frac{1}{4}$ von 4 000 sind ▪.

$\frac{3}{4}$ von 100 sind ▪. $\frac{3}{4}$ von 80 sind ▪. $\frac{3}{4}$ von 4 000 sind ▪.

d) $\frac{1}{3}$ von 120 sind ▪.   e) $\frac{1}{3}$ von 210 sind ▪.   f) $\frac{1}{3}$ von 2 400 sind ▪.

$\frac{2}{3}$ von 120 sind ▪. $\frac{2}{3}$ von 210 sind ▪. $\frac{2}{3}$ von 2 400 sind ▪.

LÖSUNGEN
20 | 25 | 40 | 60 | 70 | 75 | 80 | 140 | 800 | 1 000 | 1 600 | 3 000

Brüche ÜBEN

I○○ Aufgabe 1–5

1. Berechne den Bruchteil.
a) $\frac{1}{5}$ von 20 €
b) $\frac{1}{8}$ von 400 kg
$\frac{2}{5}$ von 20 €
$\frac{3}{8}$ von 400 kg
c) $\frac{1}{10}$ von 80 min
d) $\frac{1}{7}$ von 700 ℓ
$\frac{7}{10}$ von 80 min
$\frac{5}{7}$ von 700 ℓ

2. Immer zwei Längen sind gleich. Ordne richtig zu und schreibe ins Heft.

TIPP: 1 m = 100 cm

$\frac{1}{2}$ m $\frac{1}{10}$ m   25 cm   50 cm
$\frac{1}{4}$ m   75 cm
$\frac{3}{10}$ m $\frac{3}{4}$ m   10 cm   30 cm

3. Berechne.
a) von 100 €: $\frac{1}{2}$ $\frac{1}{4}$ $\frac{1}{5}$ $\frac{3}{4}$ $\frac{4}{5}$ $\frac{3}{10}$
b) von 1 000 m: $\frac{1}{5}$ $\frac{1}{10}$ $\frac{3}{10}$ $\frac{3}{4}$ $\frac{3}{5}$ $\frac{9}{10}$

LÖSUNGEN
20 | 25 | 30 | 50 | 75 | 80
100 | 200 | 300 | 600 | 750 | 900

4. Wie viel Zeit ist seit 8:00 Uhr vergangen? Gib als Anteil einer Stunde an sowie in Minuten.
a)
b)

5. Berechne den Bruchteil.
a) $\frac{2}{5}$ von 30 Kindern
b) $\frac{2}{4}$ von 28 €
c) $\frac{3}{4}$ von 60 Tieren
d) $\frac{2}{3}$ von 39 cm
e) $\frac{4}{5}$ von 40 Bäumen
f) $\frac{3}{7}$ von 70 kg
g) $\frac{5}{10}$ von 80 Personen
h) $\frac{5}{6}$ von 90 €

II○–III Aufgabe 6–10

6. Gib in Kilogramm an.
a) $\frac{1}{4}$ t
b) $\frac{1}{25}$ t
c) $\frac{2}{5}$ t
d) $\frac{9}{10}$ t
e) $\frac{3}{8}$ t
f) $\frac{7}{20}$ t
g) $\frac{31}{100}$ t
h) $\frac{13}{50}$ t

7. Wie viel Zeit ist seit 8:00 Uhr vergangen? Gib als Anteil einer Stunde an sowie in Minuten.
a)
b)

8.

Zum Handballspiel der Frauen-Bundesliga kamen 3 600 Fans. Bestimme jeweils den Bruchteil.
a) $\frac{5}{9}$ der Fans waren jünger als 30 Jahre.
b) $\frac{3}{4}$ der Fans waren weiblich.
c) $\frac{3}{10}$ der Fans reisten mit Bus oder Bahn an.
d) $\frac{4}{5}$ waren Fans der Heimmannschaft.
e) $\frac{7}{100}$ der Fans spielen selbst Handball.

9. Vergleiche und schreibe ins Heft: >, < oder =?
a) $\frac{2}{3}$ h ▪ 45 min
b) 4 dm ▪ $\frac{2}{5}$ m
c) $\frac{7}{20}$ t ▪ 400 kg
d) 80 ha ▪ $\frac{9}{10}$ km²
e) $\frac{4}{5}$ a ▪ 90 m²
f) 16 h ▪ $\frac{7}{12}$ d

10. Gib in € und ct an.
a) $\frac{2}{5}$ von 21 €
b) $\frac{3}{4}$ von 15 €
c) $\frac{7}{10}$ von 27 €
d) $\frac{9}{20}$ von 4 €

Brüche im Alltag

1. Für ihre Geburtstagsfeier hat Nele zusammen mit ihrem Bruder zwei Lichterketten im Garten aufgehängt.

a) Gebt an, wie viele Lampen die beiden aufgehängt haben.
b) Welcher Anteil der Lampen leuchtet rot (gelb, blau)?

2. Nele möchte mit ihren Gästen Pancakes backen und hat ein Rezept gefunden.

3	Eier
100 mℓ	Milch
250 mℓ	Naturjoghurt
200 g	Mehl
1 Pck.	Backpulver
1 Prise	Salz
2 EL	Zucker
	Olivenöl
	Ahornsirup

Welchen Anteil muss Nele der Eierschachtel, der Milchflasche, dem Joghurt und der Mehlpackung entnehmen? Gebt als Brüche an.

3. Mehrere Firmen unterstützen die Schülerzeitung durch Werbung. Die Firmen können eine ganze, eine halbe, eine viertel oder eine achtel Seite für ihre Werbung nutzen.

a) Findet verschiedene Möglichkeiten, um eine komplette Seite mit Werbung zu füllen. Zeichnet ins Heft.
b) Farbige Werbung für eine halbe Seite kostet etwa 50 €. Erstellt eine Preisliste und denkt an verschiedene Dinge: Farbige Anzeigen sind teurer als schwarz-weiße, die hintere äußere Umschlagseite ist am teuersten, ...

4.

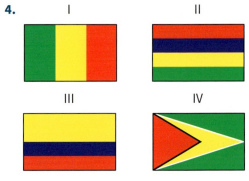

a) Kolumbien, Guyana, Mali oder Mauritius – zu welchem Staat gehören die Flaggen? Recherchiert im Internet und ordnet richtig zu.
b) Die einzelnen Farben füllen einen Teil der Gesamtfläche der Flaggen aus? Gebt zu jeder Farbe den Anteil an.
c) Sucht weitere Flaggen, deren farbige Felder ihr als Anteil der Gesamtfläche angeben könnt. Zeichnet sie ins Heft.

Wiederholungsaufgaben

Die Ergebnisse der Aufgaben 1 bis 7 ergeben zwei Ausflugsziele in Berlin.

1. a) 123 + 79
   b) 12 345 + 678
   c) 1 602 − 789

2. Wandle um.
   a) 7 cm = ▢ mm
   b) 16 dm = ▢ cm
   c) 4,5 m = ▢ cm
   d) 180 cm = ▢ m

3. Bestimme
   a) den Umfang in cm und
   b) den Flächeninhalt des Rechtecks in cm².

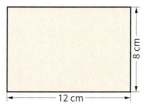

4. a) 2 cm² = ▢ mm²
   b) 12 kg = ▢ g
   c) 2 h 15 min = ▢ min

5. Trage in ein Quadratgitter die Punkte ein und verbinde sie.
   A(1|2), B(3|3), C(2|5), D(0|4).
   Welches Viereck entsteht dabei?
   Rechteck (20), Raute (35), Quadrat (45)

6. Berechne.
   a) 15 258 m : 6 = ▢ m
   b) 226 kg · 5 = ▢ kg
   c) 112,50 € + 368,25 € = ▢ €
   d) 15,50 € − 12,29 € = ▢ €

7. Den neuen Film sahen 246 Schüler und Schülerinnen. Ein Drittel davon war 12 Jahre alt oder jünger. Die Hälfte der Zuschauer war weiblich.
   a) Wie viele Jungen sahen den Film?
   b) Wie viele Zuschauer waren 12 Jahre oder jünger?
   c) Wie viele waren älter als 12 Jahre?

T | 1,80	S | 2
T | 3,21	S | 3,31
E | 15	Q | 18
B | 20	U | 35
A | 40	N | 45
C | 70	R | 82
G | 96	U | 123
R | 135	H | 160
M | 164	F | 200
R | 202	L | 215
S | 450	N | 470,75
H | 480,75	O | 800
I | 813	E | 1 130
A | 1 200	K | 2 000
S | 2 543	H | 4 000
E | 12 000	E | 13 023

Brüche am Zahlenstrahl

Muriel steht im Finale des 100-m-Laufs. $\frac{4}{5}$ der Strecke hat sie schon geschafft.

Findest du heraus, wer von den Läuferinnen Muriel ist?

1. a) Übertrage den Zahlenstrahl in dein Heft und unterteile ihn wie abgebildet in Drittel.
   b) Zeichne vier weitere Zahlenstrahle wie abgebildet in dein Heft. Unterteile sie in Halbe, Viertel, Sechstel und Achtel. Beschrifte alle Markierungen.

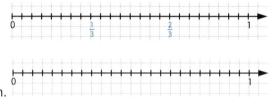

Video

Brüche am Zahlenstrahl ablesen

Welche Zahl ist auf dem Zahlenstrahl markiert?

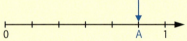

- Zwischen 0 und 1 gibt es sechs gleiche Teile. Im Nenner der gesuchten Zahl steht die 6.
- Die Zahl A steht an der fünften Stelle. Im Zähler der gesuchten Zahl steht also die Zahl 5.

$$A = \frac{5}{6}$$

Brüche am Zahlenstrahl eintragen

Trage den Bruch $\frac{3}{5}$ auf dem Zahlenstrahl ein.

- Der Nenner ist 5. Teile den Bereich zwischen 0 und 1 in fünf gleich große Teile.
- Der Zähler ist 3. Schreibe den Bruch $\frac{3}{5}$ an die dritte Markierung.

2. Lies die Brüche am Zahlenstrahl ab.

   a)   b)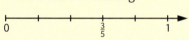

   c) 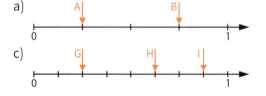 d)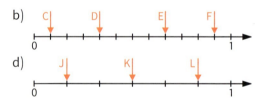

3. Zeichne für jede Teilaufgabe einen Zahlenstrahl. Wähle 10 cm für die Strecke von 0 bis 1.

   a) Trage diese Brüche am ersten Zahlenstrahl ab: $\frac{1}{10}$ $\frac{3}{10}$ $\frac{5}{10}$ $\frac{7}{10}$

   b) Trage diese Brüche am zweiten Zahlenstrahl ab: $\frac{1}{5}$ $\frac{3}{5}$ $\frac{4}{5}$ $\frac{5}{5}$

   c) Trage diese Brüche am dritten Zahlenstrahl ab: $\frac{5}{20}$ $\frac{9}{20}$ $\frac{13}{20}$ $\frac{19}{20}$

Brüche

ÜBEN

I□□ Aufgabe 1 – 3

1. Lies die Brüche am Zahlenstrahl ab.

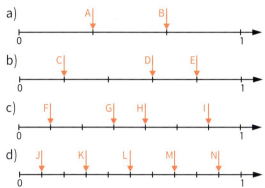

2. Beurteile die Aussagen mit Hilfe der Zahlenstrahle. Notiere richtige Aussagen im Heft, falsche Aussagen verbesserst du.

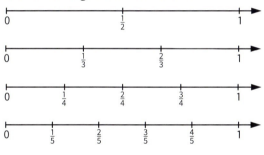

A $\frac{4}{5} > \frac{3}{4}$ **B** $\frac{5}{5} > \frac{4}{4}$ **C** $\frac{1}{3} < \frac{1}{2}$ **D** $\frac{1}{2} < \frac{2}{4}$

E Der kleinere von zwei Brüchen liegt auf dem Zahlenstrahl immer weiter rechts als der größere.

3. Übertrage den Zahlenstrahl in dein Heft, unterteile ihn sinnvoll und trage die Brüche ein.

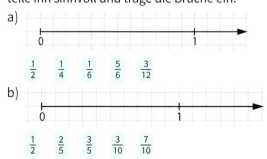

II□ – III Aufgabe 4 – 7

4. Zeichne einen geeigneten Zahlenstrahl und trage die Brüche ein.

a) $\frac{1}{2}$ $\frac{2}{3}$ $\frac{3}{4}$ $\frac{5}{6}$

b) $\frac{1}{2}$ $\frac{2}{5}$ $\frac{7}{10}$ $\frac{2}{3}$

c) $\frac{1}{2}$ $\frac{1}{3}$ $\frac{2}{5}$ $\frac{9}{20}$ $\frac{3}{4}$ $\frac{7}{10}$

5. Manu hat die abgebildete Aufgabe gelöst.

Beschrifte die übrigen vier Markierungen. Finde verschiedene Möglichkeiten.

Manus Lösungen:

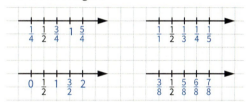

a) Übertrage die richtigen Lösungen in dein Heft und erkläre Manus Fehler.
b) Finde eine weitere Lösung für die Aufgabe und zeichne sie ins Heft.

6. Du siehst einen Ausschnitt des Zahlenstrahls. Gib den Bruch in der Mitte an.

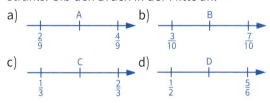

7. Vergleiche die Brüche und schreibe mit den Zeichen < oder > oder =. Wenn du unsicher bist, prüfe mit einem geeigneten Zahlenstrahl.

a) $\frac{1}{2}$ ■ $\frac{3}{5}$ b) $\frac{5}{6}$ ■ $\frac{9}{10}$ c) $\frac{4}{12}$ ■ $\frac{1}{3}$

d) $\frac{2}{6}$ ■ $\frac{7}{15}$ e) $\frac{4}{5}$ ■ $\frac{12}{15}$ f) $\frac{7}{10}$ ■ $\frac{2}{3}$

Brüche größer als ein Ganzes

Wie viel kann jedes Kind noch essen?

Wie kannst du die übriggebliebene Menge angeben? Finde verschiedene Möglichkeiten und nutze dabei auch Brüche.

1. Übertragt den Zahlenstrahl ins Heft.

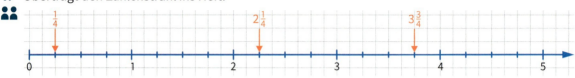

a) $2\frac{1}{4}$ und $3\frac{3}{4}$ nennt man gemischte Zahlen. Erklärt euch, wie sie zustande kommen.

b) Zeichnet ins Heft und markiert am Zahlenstrahl die gemischten Zahlen $1\frac{1}{4}$ und $2\frac{3}{4}$.

c) Wie viele Viertel sind $1\frac{1}{4}$ und $2\frac{3}{4}$? Schreibt so: $1\frac{1}{4} = \frac{\blacksquare}{4}$ und $2\frac{3}{4} = \frac{\blacksquare}{4}$.

d) Markiert auf eurem Zahlenstrahl die Brüche $\frac{7}{4}$ und $\frac{17}{4}$ und schreibt sie als gemischte Zahlen.

Einen Bruch, der größer als ein Ganzes ist, kannst du als **gemischte Zahl** oder als **unechten Bruch** schreiben.

gemischte Zahl: $1\frac{2}{5}$
unechter Bruch: $\frac{7}{5}$

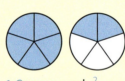

1 Ganzes und $\frac{2}{5}$

📺 Video

$1\frac{2}{5} = 1 + \frac{2}{5}$

$= \frac{5}{5} + \frac{2}{5}$

$= \frac{7}{5}$

---

2. Serdar veranstaltet einen Spieleabend und backt Pizza. Am Ende ist viel Pizza übrig.

Es sind 11 Stücke übrig.

Ich lege sie wieder zusammen.

a) Erkläre, wie Zola geordnet hat.
b) Wie viel Pizza ist übrig? Gib als gemischte Zahl und als unechten Bruch an.

---

3. Diese Strecke ist das Ganze: ⊢―――――⊣

Gib die Länge der roten Strecke als gemischte Zahl und als unechten Bruch an.

a)

b)

c)

Brüche — ÜBEN — 205

I   Aufgabe 1 – 5

1. Die dargestellten Brüche sind größer als ein Ganzes. Gib sie als gemischte Zahl und als unechten Bruch an.

a)    b)

c)

d)

2.

Wie viele Waffeln sind noch übrig? Schreibe als gemischte Zahl und als unechten Bruch.

3. BEISPIEL

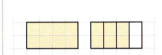 $\frac{7}{4} = 1 + \frac{3}{4} = 1\frac{3}{4}$

Das Rechteck mit 8 Kästchen ist ein Ganzes. Stelle die folgenden Brüche wie im Beispiel dar und schreibe als gemischte Zahl.

a) $\frac{5}{4}$ b) $\frac{9}{4}$ c) $\frac{11}{8}$ d) $\frac{17}{8}$

4. Gib als gemischte Zahl an.

BEISPIEL
$\frac{7}{2}$ km $= \frac{6}{2}$ km $+ \frac{1}{2}$ km
$= 3$ km $+ \frac{1}{2}$ km
$= 3\frac{1}{2}$ km

a) $\frac{3}{2}$ km   b) $\frac{5}{2}$ h
c) $\frac{6}{5}$ kg   d) $\frac{13}{5}$ t
e) $\frac{5}{4}$ m   f) $\frac{11}{4}$ ℓ   g) $\frac{5}{3}$ km   h) $\frac{10}{3}$ m²

5. Notiere als unechten Bruch und als gemischte Zahl.
a) 4 Drittel   b) 7 Halbe
c) 5 Viertel   d) 12 Fünftel
e) 9 Siebtel   f) 23 Zehntel

II – III   Aufgabe 6 – 11

6. Schreibe als unechten Bruch.

a) $5\frac{3}{4}$ b) $3\frac{7}{10}$ c) $4\frac{1}{5}$ d) $3\frac{1}{6}$
e) $3\frac{3}{8}$ f) $5\frac{2}{3}$ g) $8\frac{6}{7}$ h) $6\frac{4}{5}$
i) $7\frac{1}{2}$ j) $3\frac{8}{9}$ k) $9\frac{5}{6}$ l) $7\frac{10}{11}$

7.

Das Ganze ist eine Strecke von 6 cm. Zeichne ins Heft und stelle die Brüche dar. Schreibe auch als gemischte Zahl.

a) $\frac{5}{4}$ b) $\frac{5}{3}$ c) $\frac{11}{6}$ d) $\frac{13}{12}$
e) $\frac{10}{3}$ f) $\frac{17}{6}$ g) $\frac{21}{12}$ h) $\frac{11}{4}$

8. Wie viel fehlt zu 5 m? Notiere als gemischte Zahl und als Bruch.

a) $1\frac{1}{2}$ m   b) $2\frac{1}{4}$ m   c) $3\frac{2}{5}$ m   d) $4\frac{2}{3}$ m
e) $2\frac{1}{6}$ m   f) $3\frac{7}{10}$ m   g) $1\frac{7}{8}$ m   h) $2\frac{2}{7}$ m

9. Notiere in der angegebenen Einheit.

a) $3\frac{1}{2}$ m = ■ cm   b) $1\frac{1}{2}$ cm = ■ mm
c) $2\frac{3}{4}$ h = ■ min   d) $9\frac{1}{2}$ Jahre = ■ Monate
e) $7\frac{1}{10}$ kg = ■ g   f) $4\frac{1}{8}$ t = ■ kg

10. Einige Brüche stellen natürliche Zahlen dar, andere können als gemischte Zahl geschrieben werden.

a) $\frac{12}{4}$ b) $\frac{13}{4}$ c) $\frac{25}{5}$ d) $\frac{28}{5}$
e) $\frac{20}{7}$ f) $\frac{63}{9}$ g) $\frac{100}{12}$ h) $\frac{78}{13}$

11. Notiere als gemischte Zahl in der größeren Einheit.

a) 450 cm = ■ m   b) 1 250 m = ■ km
c) 675 m² = ■ a   d) 4 125 kg = ■ t
e) 130 min = ■ h   f) 6 050 mℓ = ■ ℓ

Brüche mit gleichem Nenner addieren und subtrahieren

Wie wurde die Pizza geteilt?

Wie viele Stücke sind jeweils übrig?
Welcher Anteil ist das?

Passen alle übrigen Pizzastücke auf ein Blech? Welchen Anteil haben diese Stücke zusammen?

1.

Bei einem Schulfest bleiben einige Stücke vom Erdbeer- und Schokokuchen übrig.

a) Zeichne das abgebildete Rechteck ins Heft. Färbe in diesem Rechteck für jedes Stück Erdbeerkuchen ein Kästchen rot, für jedes Stück Schokokuchen ein Kästchen braun.

b) Wie viel Zwölftel der Kuchen sind insgesamt übrig? Vervollständige die Additionsaufgabe.

zwei Zwölftel + ____ Zwölftel = ____

$\frac{2}{12} + \frac{\Box}{12} = \frac{\Box}{\Box}$

c) Nach dem Aufräumen essen vier Kinder noch je ein Stück Kuchen. Welcher Anteil bleibt übrig? Vervollständige die Subtraktionsaufgabe.

sieben Zwölftel − ____ Zwölftel = ____

$\frac{7}{12} - \frac{\Box}{12} = \frac{\Box}{\Box}$

Brüche mit dem gleichen Nenner addierst du so:
Addiere die **Zähler**, der **Nenner** bleibt gleich.

$\frac{2}{8} + \frac{3}{8} = \frac{2+3}{8} = \frac{5}{8}$

Brüche mit dem gleichen Nenner subtrahierst du so:
Subtrahiere die **Zähler**, der **Nenner** bleibt gleich.

$\frac{5}{8} - \frac{2}{8} = \frac{5-2}{8} = \frac{3}{8}$

📺 Video

---

2. Der Kreis wurde in acht gleich große Teile zerlegt. Schreibe ins Heft und berechne, welcher Anteil insgesamt gefärbt ist.

a)

$\frac{1}{8} + \frac{2}{8} =$

b)

$\frac{3}{8} + \frac{4}{8} =$

c)

$\frac{5}{8} + \frac{2}{8} =$

d)

$\frac{6}{8} + \frac{2}{8} =$

e)

$\frac{4}{8} + \frac{1}{8} =$

Brüche

ÜBEN

I □□ Aufgabe 1 – 6

1. Zeichne und schreibe die Additionsaufgabe auf zwei Arten wie im Beispiel.

BEISPIEL
6 Zehntel + 3 Zehntel
$\frac{6}{10} + \frac{3}{10} = \frac{9}{10}$

a) 4 Zehntel + 3 Zehntel
b) 2 Zehntel + 5 Zehntel

2. Schreibe die Additionsaufgabe und berechne.
a)   b)   c)

3. Berechne.
a) $\frac{1}{7} + \frac{3}{7}$ b) $\frac{1}{4} + \frac{2}{4}$ c) $\frac{2}{12} + \frac{3}{12}$
d) $\frac{2}{5} + \frac{2}{5}$ e) $\frac{4}{9} + \frac{3}{9}$ f) $\frac{4}{10} + \frac{5}{10}$

4. Zeichne und schreibe die Subtraktionsaufgabe auf zwei Arten wie im Beispiel.

BEISPIEL
7 Zehntel – 3 Zehntel
$\frac{7}{10} - \frac{3}{10} = \frac{4}{10}$
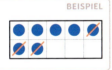

a) 9 Zehntel – 2 Zehntel
b) 6 Zehntel – 5 Zehntel

5. Schreibe als Subtraktionsaufgabe und berechne.
a)   b)   c)

6. Berechne.
a) $\frac{7}{9} - \frac{1}{9}$ b) $\frac{5}{6} - \frac{2}{6}$ c) $\frac{8}{11} - \frac{5}{11}$
d) $\frac{6}{7} - \frac{5}{7}$ e) $\frac{4}{5} - \frac{3}{5}$ f) $\frac{13}{20} - \frac{6}{20}$

II □ – III Aufgabe 7 – 12

7. Übertrage ins Heft und fülle die Lücken aus.
a) $\frac{5}{8} + \square = \frac{7}{8}$ b) $\frac{7}{9} - \square = \frac{5}{9}$
c) $\frac{5}{7} + \square = \frac{6}{7}$ d) $\frac{9}{10} - \square = \frac{2}{10}$
e) $\square + \frac{4}{11} = \frac{10}{11}$ f) $\square - \frac{3}{13} = \frac{5}{13}$
g) $\square + \frac{7}{20} = \frac{15}{20}$ h) $\square - \frac{9}{19} = \frac{6}{19}$

8. Berechne und schreibe als gemischte Zahl.
a) $\frac{4}{7} + \frac{5}{7}$ b) $\frac{4}{5} + \frac{4}{5}$

BEISPIEL
$\frac{3}{5} + \frac{3}{5} = \frac{6}{5}$
$= 1\frac{1}{5}$

c) $\frac{3}{4} + \frac{2}{4}$ d) $\frac{7}{8} + \frac{6}{8}$
e) $\frac{5}{6} + \frac{5}{6}$ f) $\frac{8}{9} + \frac{3}{9}$

9. Berechne. Wenn das Ergebnis größer als 1 ist, dann schreibe als gemischte Zahl.
a) $\frac{2}{5} + \frac{3}{5} + \frac{4}{5}$ b) $\frac{3}{10} + \frac{5}{10} + \frac{7}{10}$
c) $\frac{8}{9} + \frac{1}{9} + \frac{7}{9}$ d) $\frac{7}{12} + \frac{3}{12} + \frac{8}{12}$
e) $\frac{8}{3} - \frac{1}{3} - \frac{2}{3}$ f) $\frac{19}{5} - \frac{11}{5} - \frac{2}{5}$

10.

Berechne die Dauer der Tour.

11. Karla besucht ihre Oma. Sie fährt $\frac{1}{4}$ Stunde mit dem Bus, dann $1\frac{3}{4}$ Stunden mit der Bahn. Am Bahnhof wird sie von ihrer Oma abgeholt und sie brauchen nochmal $\frac{1}{4}$ Stunde. Wie lange ist Karla mindestens unterwegs?

12. Ida füllt aus einer $1\frac{1}{2}$-ℓ-Limonadenflasche 3 Gläser mit jeweils $\frac{1}{4}$ Liter. Wie viel Liter bleiben in der Flasche? Erkläre deinen Lösungsweg.

ZUSAMMENFASSUNG

Bruchteile erkennen und darstellen

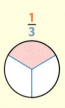 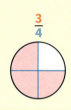 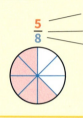

$\frac{1}{3}$ $\frac{3}{4}$ $\frac{5}{8}$

- **Zähler** (zählt die betrachteten Teile)
- Bruchstrich
- **Nenner** (nennt die Anzahl der gleich großen Teile des Ganzen)

Bruchteile von Größen bestimmen

So berechnest du einen **Bruchteil** vom Ganzen.

① Dividiere das Ganze durch den **Nenner**.
② Multipliziere das Ergebnis mit dem **Zähler**.

Berechne $\frac{2}{5}$ von 10 km.

① 10 km : 5 = 2 km
② 2 km · 2 = 4 km

$\frac{2}{5}$ von 10 km sind 4 km.

Brüche am Zahlenstrahl ablesen

Welche Zahl ist am Zahlenstrahl markiert?

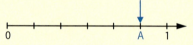

- 6 gleich große Teile
- Zahl A an der 5. Stelle

$A = \frac{5}{6}$

Brüche am Zahlenstrahl eintragen

Trage den Bruch $\frac{3}{5}$ am Zahlenstrahl ein.

- 5 gleich große Teile zwischen 0 und 1
- Bruch an die 3. Markierung schreiben

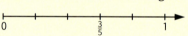

Brüche größer als ein Ganzes

Einen Bruch, der größer als ein Ganzes ist, kannst du als **gemischte Zahl** oder als **unechten Bruch** schreiben.

gemischte Zahl: $1\frac{2}{5}$ unechter Bruch: $\frac{7}{5}$

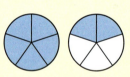

1 Ganzes und $\frac{2}{5}$

$1\frac{2}{5} = 1 + \frac{2}{5}$
$= \frac{5}{5} + \frac{2}{5}$
$= \frac{7}{5}$

Brüche mit gleichem Nenner addieren und subtrahieren

Brüche mit dem gleichen Nenner addierst du so:
Addiere die **Zähler**, der **Nenner** bleibt gleich.

    $\frac{2}{8} + \frac{3}{8} = \frac{2+3}{8} = \frac{5}{8}$

Brüche mit dem gleichen Nenner subtrahierst du so:
Subtrahiere die **Zähler**, der **Nenner** bleibt gleich.

    $\frac{5}{8} - \frac{2}{8} = \frac{5-2}{8} = \frac{3}{8}$

Brüche

Aufgabe 1 – 5

1. Gib den gefärbten Anteil an.

a)   b)

c)   d)

e)   f)

2. Der Streifen ist das Ganze. Gib den gefärbten Anteil an.

a)
b)
c)
d)

3. Zeichne das Rechteck ins Heft und färbe die angegebenen Bruchteile. Welcher Anteil bleibt übrig?

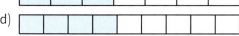

$\frac{1}{8}$ $\frac{1}{4}$ $\frac{2}{6}$ $\frac{3}{12}$

4. Zeichne die Figur ins Heft und färbe $\frac{1}{4}$.

a) b)

5. Welcher Anteil einer Stunde ist es?

a) 15 Minuten   b) 45 Minuten
c) 10 Minuten   d) 50 Minuten
e) 12 Minuten   f) 36 Minuten

Aufgabe 6 – 9

6. Berechne den Bruchteil.

a) $\frac{1}{3}$ von 90 cm   b) $\frac{1}{4}$ von 800 €

$\frac{2}{3}$ von 90 cm $\frac{3}{4}$ von 800 €

c) $\frac{1}{6}$ von 48 kg   d) $\frac{1}{8}$ von 240 m

$\frac{5}{6}$ von 48 kg $\frac{7}{8}$ von 240 m

7. Immer zwei Massen sind gleich. Ordne richtig zu und schreibe ins Heft.

TIPP
1 kg = 1 000 g

$\frac{1}{10}$ kg $\frac{1}{5}$ kg   500 g   750 g

$\frac{1}{2}$ kg   100 g

$\frac{3}{4}$ kg $\frac{3}{5}$ kg   200 g   600 g

8.

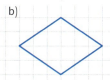

Tim macht mit seiner Familie in den Sommerferien eine 550 km lange Radtour durch Deutschland. Nach zwei Wochen sind sie $\frac{3}{5}$ der Strecke geradelt. Wie viele Kilometer muss die Familie in der restlichen Urlaubszeit noch radeln?

9.

Das Ehepaar Auer hat einen Obst- und Gemüsestand in Köln. Berechne jeweils, wie viel kg verkauft wurden.

a) Von 200 kg Bohnen wurden $\frac{3}{4}$ verkauft.
b) $\frac{7}{8}$ von 32 kg Tomaten wurden verkauft.
c) Von 50 kg Paprika blieben $\frac{2}{5}$ übrig.

Aufgabe 10 – 13

10. Lies die Brüche am Zahlenstrahl ab.

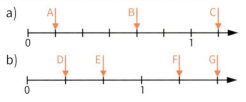

11. Immer zwei Zahlen stellen denselben Wert dar. Notiere sie mit Gleichheitszeichen.

12. Schreibe die Additionsaufgabe oder Subtraktionsaufgabe ins Heft und berechne das Ergebnis.

a) 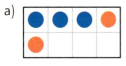   b)

c) 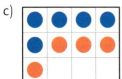   d)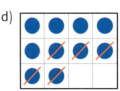

13. Addiere oder subtrahiere.
a) $\frac{1}{8} + \frac{3}{8}$ b) $\frac{2}{6} + \frac{2}{6}$ c) $\frac{7}{12} + \frac{5}{12}$
d) $\frac{1}{5} + \frac{2}{5}$ e) $\frac{4}{7} + \frac{2}{7}$ f) $\frac{3}{10} + \frac{7}{10}$
g) $\frac{7}{9} - \frac{2}{9}$ h) $\frac{3}{4} - \frac{2}{4}$ i) $\frac{9}{12} - \frac{7}{12}$
j) $\frac{2}{5} - \frac{2}{5}$ k) $\frac{7}{8} - \frac{3}{8}$ l) $\frac{5}{10} - \frac{4}{10}$

Aufgabe 14 – 18

14. Welcher Anteil ist gefärbt? Gib mit einem möglichst kleinen Nenner an.

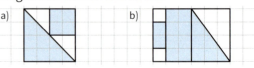

15. Zeichne die Figur ins Heft und färbe $\frac{2}{3}$.

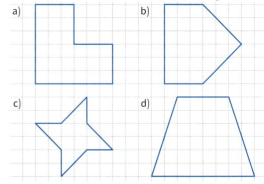

16. a) Markiere alle Brüche auf einem passend gewählten Zahlenstrahl.

b) Zwei Brüche gehören an dieselbe Stelle des Zahlenstrahls. Welche sind es? Begründe mit einer passenden Zeichnung, dass sie gleich sind.

17. Der abgebildete Würfel setzt sich aus vielen kleinen Würfeln zusammen. Wie groß ist der Anteil der kleinen Würfel, die vollständig im Inneren des abgebildeten Würfels liegen? Schreibe als Bruch mit dem Zähler 1.

18. Gib das Volumen in Milliliter (ml) an.

TIPP: $1\,\ell = 1\,000\,m\ell$

a) $\frac{3}{4}\,\ell$ b) $\frac{4}{5}\,\ell$
c) $\frac{9}{10}\,\ell$ d) $\frac{3}{25}\,\ell$
e) $\frac{7}{20}\,\ell$ f) $\frac{19}{50}\,\ell$

II Aufgabe 19 – 23

19. a) $1\frac{1}{2}$ km = ▨ m b) $2\frac{1}{2}$ min = ▨ s
c) $4\frac{1}{4}$ m = ▨ cm d) $3\frac{1}{5}$ kg = ▨ g
e) $2\frac{2}{3}$ Jahre = ▨ Monate f) $6\frac{3}{10}$ cm = ▨ mm

20. Berechne. Wenn das Ergebnis größer als 1 ist, schreibe als gemischte Zahl.
a) $\frac{7}{8} + \frac{3}{8}$ b) $\frac{7}{6} + \frac{9}{6}$ c) $\frac{7}{12} + \frac{5}{12}$
d) $\frac{18}{5} - \frac{9}{5}$ e) $\frac{16}{7} - \frac{1}{7}$ f) $\frac{39}{10} - \frac{7}{10}$

21. a) $4\frac{2}{10} + 3\frac{6}{10}$ b) $2\frac{1}{3} + 3\frac{1}{3}$
c) $1\frac{4}{7} + 2\frac{2}{7}$ d) $5\frac{3}{10} + 2\frac{4}{10}$
e) $7\frac{4}{5} - 3\frac{1}{5}$ f) $6\frac{5}{7} - 2\frac{2}{7}$
g) $9\frac{7}{9} - 5\frac{2}{9}$ h) $8\frac{5}{8} - 6\frac{3}{8}$

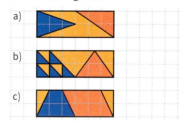

TIPP

22. Forme die gemischte Zahl zuerst in einen Bruch um und berechne dann. Wenn das Ergebnis größer als 1 ist, schreibe es als gemischte Zahl.
a) $3\frac{1}{4} - \frac{3}{4}$ b) $1\frac{1}{7} - \frac{4}{7}$ c) $2\frac{5}{8} + \frac{5}{8}$
d) $2\frac{2}{3} + 2\frac{2}{3}$ e) $3\frac{4}{5} + 1\frac{3}{5}$ f) $7\frac{1}{6} - 2\frac{5}{6}$

23.

a) Wie lang ist der Weg vom Parkplatz aus über den Minigolfplatz zum Wildgehege?
b) Wie weit ist es vom Parkplatz am Hünengrab vorbei zur Grillhütte?
c) Wie lang ist der kürzeste Weg vom Wildgehege zur Grillhütte?
d) Stelle selbst zwei weitere Fragen und berechne die Lösungen.

III Aufgabe 24 – 27

24. Gib die Flächenanteile der verschiedenen Farben als Anteil des Rechtecks an. Der Nenner soll möglichst klein sein.

a)
b)
c)

25. Die Figur stellt den Bruchteil eines Ganzen dar. Ergänze sie im Heft zu einem Ganzen. Finde immer zwei Möglichkeiten.

a) zwei Drittel b) ein Achtel

c) ein Viertel d) zwei Fünftel

26. Ilkay darf sich zu seinem Geburtstag verschiedene Bonbons aussuchen. Ein Siebtel der Bonbons isst er am Wochenende. Vom Rest verteilt er die Hälfte an seine Freunde und hat dann noch 24 Bonbons übrig. Wie viele Bonbons hat Ilkay ausgesucht?

27.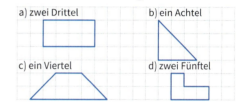

Die Klasse 5a verbringt ihren Wandertag auf dem Jahrmarkt. An der Achterbahn steigt ein Drittel der Kinder ein. Die anderen gehen weiter zum Autoscooter. Dort steigt die Hälfte der übrigen Kinder ein. Weiter geht es zum Kettenkarussell, wo drei Viertel der restlichen Kinder mitfahren. Die übrigen zwei Kinder gehen zur Losbude.
Wie viele Kinder besuchen die 5a?

ABSCHLUSSAUFGABE

Brüche

Kindergeburtstag

Miri hat zu ihrem Geburtstag eingeladen. Alle Kinder kommen mit dem Rad.

a) Gleich zu Beginn radeln die Kinder mit Miris Mama zu einem Streichelzoo mit 180 Tieren.
① $\frac{1}{3}$ der Tiere sind Kaninchen, $\frac{1}{5}$ Schafe und $\frac{1}{6}$ Esel. Gib die Anzahlen dieser Tiere an.
② Es gibt 18 Ziegen. Welcher Anteil der Tiere sind Ziegen?
③ Von den restlichen 36 Tieren sind $\frac{5}{12}$ Kängurus sowie $\frac{7}{12}$ Lamas. Gib die Anzahlen dieser Tiere an.

b) Zu Hause backen die Kinder zusammen Pizza. Insgesamt wollen sie 3 Bleche backen. Rechts siehst du Miris Einkaufszettel für den Belag.
① Auf jede Pizza kommt ein Drittel der Tomaten. Wie viele Tomaten sind das jeweils?
② Insgesamt werden $\frac{3}{4}$ des geriebenen Käses benötigt. Gib in Gramm an.

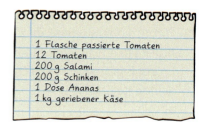

1 Flasche passierte Tomaten
12 Tomaten
200 g Salami
200 g Schinken
1 Dose Ananas
1 kg geriebener Käse

c) Nach dem Essen ist noch Pizza übrig.
① Welcher Anteil ist auf jedem Blech übrig?
② Gib den gesamten Rest als Bruch und als gemischte Zahl an.

d) Am Abend ist Miri glücklich und schreibt noch einen Bericht in ihr Tagebuch.

Eine $\frac{3}{4}$ Stunde nach der vereinbarten Uhrzeit waren endlich alle da und wir konnten zum Zoo radeln. Zum Zoo sind es etwa 12 km. Nach ungefähr einem Viertel der Strecke gab es die erste Zwangspause, denn es gab einen heftigen Regenschauer.
Im Zoo waren wir dann $1\frac{1}{2}$ Stunden und hatten viel Spaß. Alex hatte etwas Angst vor den Eseln.
Das Pizzabacken war klasse, wir haben alles alleine gemacht. Beim Essen hatten alle großen Durst. Von den 20 Flaschen Limonade war gerade noch ein Fünftel übrig.

Ersetze alle vier Brüche im Text durch Mengenangaben.
In den Kästen siehst du die benötigten Einheiten.

Kilometer   Flaschen   Minuten

WIEDERHOLEN

Aufgabe 1 → Seite 7
Anzahlen aus Strichlisten ablesen

① Zähle zuerst die 5er-Päckchen
② Zähle dann die übrigen Einer hinzu.

Lieblingstier	Strichliste	Zählen	Anzahl (Häufigkeit)
Katze	|||| ||||	1 · 5 + 4	9
Hund	|||| |||| ||	2 · 5 + 2	12

1. Wie viele Früchte sind abgebildet? Übertrage die Strichliste in dein Heft und vervollständige sie.

Apfel	|||| |||	
Birne		
Erdbeere		5

Aufgabe 2 → Seite 7
Zahlen vom Zahlenstrahl ablesen

① Bestimme, in welchen Schritten der Zahlenstrahl zählt.
Sind es Einer-Schritte, Zweier-Schritte, Zehner-Schritte, …?
② Betrachte die bereits eingetragenen Zahlen, zwischen denen die gesuchte Zahl liegt.
③ Zähle von der linken Zahl bis zur gesuchten Zahl.

① Der Zahlenstrahl zählt in 5er-Schritten.
② Die gesuchte Zahl liegt zwischen 60 und 70.
③ Zur linken Zahl 60 wird ein 5er-Schritt addiert, das ergibt 65.

2. Übertrage den Zahlenstrahl in dein Heft und notiere die gesuchten Zahlen.

a)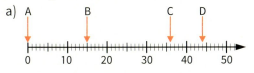

b)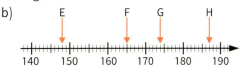

3. Von den zehn Zahlen passen nur sechs.
Notiere so: A = ▪, B = ▪ usw.

479 482 488 490 495 503 512 519 520 527

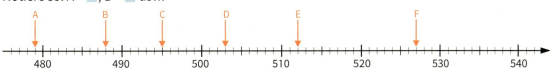

Lösungen → Seite 249

WIEDERHOLEN

Aufgabe 3 → Seite 7

Zahlen und Zahlworte einander zuordnen

T	H	Z	E	Lesen der Zahl	Zahlwort
			2		zwei
		8	2	Bei Zahlworten größer als 12 beginne mit dem Einer. Verbinde die Einer mit dem Zehner durch ein *und*.	zweiundachtzig
	4	8	2	Beginne mit dem Hunderter.	vierhundertzweiundachtzig
5	4	8	2	Beginne mit dem Tausender.	fünftausendvierhundertzweiundachtzig

1. Finde sechs Paare aus Zahl und Zahlwort und schreibe sie in dein Heft.

9 045   890   1 356   neuntausendfünfundvierzig   sechstausendsiebenhundertzwanzig

105   2 756   6 720   eintausenddreihundertsechsundfünfzig   achthundertneunzig

815   2 356   6 320   zweitausendsiebenhundertsechsundfünfzig   einhundertfünf

2. Schreibe als Zahlwort oder als Zahl.
a) 784   b) 3 417   c) 9 032   d) siebentausendundelf   e) fünftausendachthundertneunzig

Aufgabe 4 → Seite 7

Zahlen vergleichen

Je weiter links eine Zahl auf dem Zahlenstrahl ist, desto kleiner ist sie.
Je weiter rechts eine Zahl auf dem Zahlenstrahl ist, desto größer ist sie.
< bedeutet „ist kleiner als"; > bedeutet „ist größer als"

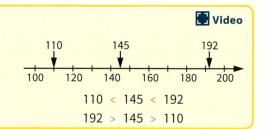

110 < 145 < 192
192 > 145 > 110

3. Ordne die Zahlen nach ihrer Größe. Beginne mit der kleinsten Zahl. Verwende das <-Zeichen.
a) 65   72   59   88   b) 356   327   387   302   c) 703   730   733   713

4. Übertrage und setze das passende Zeichen < oder > ein.
a) 649 ■ 655
b) 2 144 ■ 2 034
c) 766 ■ 756
d) 125 ■ 135
e) 4 301 ■ 4 310
f) 912 ■ 902

Nachbarzehner und Nachbarhunderter angeben

Die Nachbarzehner einer Zahl sind die beiden Zehnerzahlen, die links und rechts neben der Zahl liegen.
Die Nachbarhunderter einer Zahl sind die beiden Hunderterzahlen, die links und rechts neben der Zahl liegen.

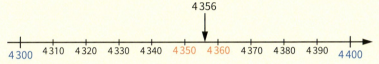

Nachbarzehner von 4 356: 4 350 und 4 360   Nachbarhunderter von 4 356: 4 300 und 4 400

1. Notiere die beiden Nachbarhunderter der Zahl.
   a) 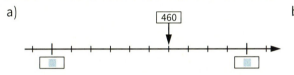   b)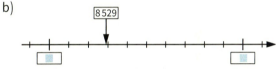

2. Ergänze die Nachbarzehner der fett gedruckten Zahl.
   a) 360 < **364** < ▨
   b) ▨ < **1 253** < 1 260
   c) ▨ < **8 501** < ▨
   d) ▨ < **718** < ▨
   e) ▨ < **8 109** < ▨
   f) ▨ < **3 994** < ▨

Anzahlen durch Multiplizieren bestimmen

① Bestimme die Anzahl der Kästchen in einer Zeile.
② Multipliziere die Anzahl der Kästchen in einer Zeile mit der Anzahl der Zeilen.

4 Zeilen

8 Kästchen in einer Zeile

Anzahl aller Kästchen: 4 · 8 = 32

3. Bestimme die Anzahl der Weihnachtskugeln durch Multiplizieren.
   a)
   b)
   c)

WIEDERHOLEN

Aufgabe 3 → Seite 37

Zahlen in Stellenwerte zerlegen

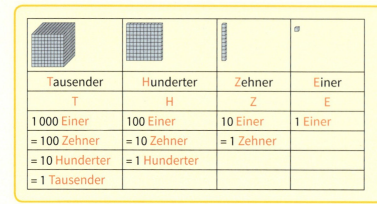

Tausender	Hunderter	Zehner	Einer
T	H	Z	E
1 000 Einer	100 Einer	10 Einer	1 Einer
= 100 Zehner	= 10 Zehner	= 1 Zehner	
= 10 Hunderter	= 1 Hunderter		
= 1 Tausender			

Zerlege die Zahl 2 064 in ihre Stellenwerte.

2 064 = 2T + 0H + 6Z + 4E
     = 2T + 6Z + 4E

Wie lautet die Zahl 5T + 2H + 9E?
  5T + 2H + 9E
= 5T+2H+0Z+9E
= 5 209

1. Welche Zahl ist hier dargestellt?
   a)    b)    c) 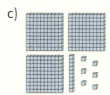   d)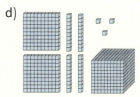

2. Zerlege die Zahl in ihre Stellenwerte.
   a) 6 734   b) 3 078   c) 9 142   d) 9 356   e) 1 604

Aufgabe 4 → Seite 37

Umkehraufgaben zur Addition und Subtraktion lösen

① Notiere die Umkehraufgabe.
② Löse die Umkehraufgabe.
③ Notiere die Lösung der ursprünglichen Aufgabe.

Probe durch Umkehraufgabe: 24 + 18 = 42, denn 42 – 18 = 24
                           70 – 25 = 45, denn 45 + 25 = 70

■ + 56 = 67
■ ⇄ 67 (+56 / –56)
① 67 – 56
② 67 – 56 = 11
③ **11** + 56 = 67

■ – 17 = 43
■ ⇄ 43 (–17 / +17)
① 43 + 17
② 43 + 17 = 60
③ **60** – 17 = 43

3. Überprüfe die Ergebnisse durch eine Umkehraufgabe.
   a) 25 + 36 = 61   b) 67 + 78 = 145   c) 63 – 18 = 45   d) 145 – 72 = 73

4. Übertrage und ergänze die Lücke mit Hilfe der Umkehraufgabe.
   a) ■ + 67 = 132   b) ■ + 23 = 55   c) ■ – 22 = 63   d) ■ – 53 = 25

Lösungen → Seite 250

Sachaufgaben zur Addition und Subtraktion lösen

① Lies den Text der Aufgabe genau durch. Unterstreiche wichtige Angaben oder schreibe sie auf.
② Notiere, welche Frage in der Aufgabe gestellt wird. Ist keine Frage gestellt, formuliere selbst eine Frage.
③ Überlege, ob du addieren oder subtrahieren musst und rechne.
④ Notiere eine Antwort.

Onur hat 125 € gespart. Er kauft sich davon ein Spiel. Dieses Spiel kostet 42 €.

① Frage: Wie viel Euro hat Onur noch?
② Rechnung: 125 € – 42 € = 83 €
③ Antwort: Onur hat noch 83 €.

1. Welche Frage, Rechnung und Antwort gehört zu welcher Aufgabe? Ordne zu und löse die Aufgabe.

a) Sonja kauft für eine Party Getränke für 58 €, Essen für 45 € und Dekoration für 14 €.	Wie viel Euro hat er insgesamt?	☐ + ☐ + ☐	Maja hat noch …
b) Maja bekommt zum Geburtstag 220 €. Sie kauft sich ein neues Handy für 160 €.	Wie viel Euro kostet alles zusammen?	☐ + ☐	Toni hat jetzt …
c) Toni hat 225 € gespart. Von seiner Oma erhält er 50 €.	Wie viel Euro hat sie noch übrig?	☐ – ☐	Alles zusammen …

Zahlen in eine Stellenwerttafel eintragen

Beginne rechts und trage zuerst die Einer (E), dann nacheinander Zehner (Z), Hunderter (H), Tausender (T), Zehntausender (ZT), … ein.

Trage 2 735 und 31 529 in die Stellenwerttafel ein.

ZT	T	H	Z	E
	2	7	3	5
3	1	5	2	9

2. Zeichne eine Stellenwerttafel in dein Heft und trage die Zahlen ein.
a) 2 591   b) 5 689   c) 97 345   d) 67 034   e) 14 023   f) 9 827

3. Welche Zahlen sind hier eingetragen? Notiere die Zahlen.

ZT	T	H	Z	E
3	5	1	9	2
1	2	0	3	4
7	0	0	4	0
6	3	5	5	0

WIEDERHOLEN

Aufgabe 3 → Seite 61 und Aufgabe 5 → Seite 189

Figuren auf Karopapier übertragen

① Beginne mit einem beliebigen Eckpunkt der Figur. Zeichne ihn irgendwo auf das Karoraster.

② Zähle dann ab, wie viele Kästchen du vom ersten Punkt aus nach oben/unten und rechts/links gehen musst, um den nächsten Punkt zu erreichen.

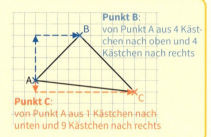

Punkt B: von Punkt A aus 4 Kästchen nach oben und 4 Kästchen nach rechts

Punkt C: von Punkt A aus 1 Kästchen nach unten und 9 Kästchen nach rechts

1. Wie viele Kästchen und in welche Richtung musst du von A aus gehen, um B zu erreichen?

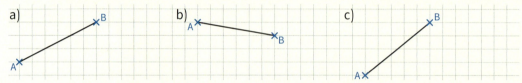

2. Übertrage die Figur in dein Heft.

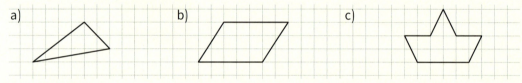

Aufgabe 4 → Seite 61

Fehler in einem Spiegelbild finden

Wenn du eine Figur oder ein Bild an einer Spiegelachse spiegelst, entsteht ein **Spiegelbild**.

Das Spiegelbild hat die **gleiche Form, Höhe** und **Breite** wie das Original.

Der Spiegel **vertauscht** allerdings **rechts und links**.

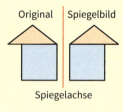

3. Finde den Fehler im Spiegelbild.

a)   b)   c)

Lösungen → Seite 250

WIEDERHOLEN

Aufgabe 5 → Seite 61

Figuren mit Hilfe der Kästchen spiegeln

① Finde die Eckpunkte der Figur und zeichne sie ein.

② Übertrage jeden Punkt auf die andere Seite der Spiegelachse. Achte auf die gleiche Anzahl von Kästchen nach rechts und links.

③ Verbinde die neuen Punkte durch Linien miteinander.

1. Übertrage die Figur in dein Heft. Spiegle sie dann an der roten Spiegelachse.

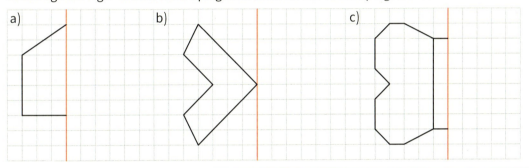

a)   b)   c)

Aufgabe 1 → Seite 37

Im Zahlenraum bis 100 addieren und subtrahieren

Addiere schrittweise
① Addiere zuerst die Zehner.
② Addiere zum Zwischenergebnis die Einer.

24 + 37 = ?
① 24 + 30 = 54
② 54 + 7 = 61

Subtrahiere schrittweise
① Subtrahiere zuerst die Zehner.
② Subtrahiere vom Zwischenergebnis die Einer.

61 − 24 = ?
① 61 − 20 = 41
② 41 − 4 = 37

2. Addiere im Kopf.
   a) 25 + 17   b) 19 + 32   c) 8 + 64   d) 52 + 14   e) 47 + 17   f) 27 + 81

3. Subtrahiere im Kopf.
   a) 56 − 27   b) 77 − 12   c) 23 − 11   d) 72 − 46   e) 63 − 18   f) 49 − 21

Lösungen → Seite 250

WIEDERHOLEN

Aufgabe 1 → Seite 93

Im Zahlenraum bis 100 multiplizieren und dividieren

Die Einmaleins-Reihen solltest du auswendig können.
Dann kannst du im Kopf schnell rechnen und zwischen Multiplizieren und Dividieren wechseln, denn Dividieren ist die Umkehrrechnung des Multiplizierens.

·	1	2	3	4	5	6	7	8	9	10
1	1	2	3	4	5	6	7	8	9	10
2	2	4	6	8	10	12	14	16	18	20
3	3	6	9	12	15	18	21	24	27	30
4	4	8	12	16	20	24	28	32	36	40
5	5	10	15	20	25	30	35	40	45	50
6	6	12	18	24	30	36	42	48	54	60
7	7	14	21	28	35	42	49	56	63	70
8	8	16	24	32	40	48	56	64	72	80
9	9	18	27	36	45	54	63	72	81	90
10	10	20	30	40	50	60	70	80	90	100

1. Lerne alle Einmaleins-Reihen auswendig. Tipp: Schreibe dir Karteikärtchen für Aufgaben, die dir schwer fallen. Beispiel für ein Kärtchen: Vorderseite 6·7 Rückseite 42

2. Notiere die Aufgabe ins Heft und rechne im Kopf.
   a) 7·8   b) 9·4   c) 6·8   d) 5·7   e) 8·8   f) 7·9   g) 4·8

3. Übertrage ins Heft und notiere wie im Beispiel auch die Umkehraufgabe.
   a) 36:6   b) 35:5   c) 49:7   d) 20:4   e) 56:8
   f) 27:3   g) 81:9   h) 16:2   i) 18:6   j) 28:7

   BEISPIEL
   10:5 = 2, denn 2·5 = 10

Aufgabe 2 → Seite 93

Multiplikationsaufgaben in Additionsaufgaben umwandeln

Jede Multiplikation lässt sich als Addition von gleichen Summanden schreiben und umgekehrt.

3·10 = 10 + 10 + 10 = 30   7 + 7 + 7 + 7 + 7 + 7 + 7 + 7 = 8·7 = 56

4. Schreibe die Malaufgabe als Plusaufgabe und rechne.
   a) 5·9   b) 3·14   c) 4·21   d) 8·11   e) 2·15

5. Schreibe die Plusaufgabe als Malaufgabe und rechne.
   a) 7 + 7 + 7 + 7   b) 11 + 11 + 11   c) 16 + 16   d) 10 + 10 + 10 + 10   e) 9 + 9 + 9 + 9

Lösungen → Seite 251

Umkehraufgaben zur Multiplikation und Division lösen

Aufgabe 3 → Seite 93

① Notiere die Umkehraufgabe.
② Löse die Umkehraufgabe.
③ Notiere die Lösung der ursprünglichen Aufgabe.

■ · 5 = 30   ■ : 7 = 4

■ ⇄ 30 (·5 / :5)   ■ ⇄ 4 (:7 / ·7)

① 30 : 5   ① 4 · 7
② 30 : 5 = 6   ② 4 · 7 = 28
③ **6** · 5 = 30   ③ **28** : 7 = 4

1. Übertrage die Tabelle in dein Heft und ergänze die Lücken.

·	■	5	■	7	■	■	9	■
5	15	■	30	■	■	■	■	55
■	■	45	■	63	72	81	■	■

2. Löse im Heft.
- a) ■ : 9 = 8
- b) ■ · 6 = 72
- c) ■ : 8 = 5
- d) 5 · ■ = 55
- e) ■ : 10 = 3
- f) 9 · ■ = 36
- g) ■ : 10 = 5
- h) ■ · 6 = 42
- i) ■ : 6 = 3
- j) ■ : 4 = 5

Mit und ohne Rest verteilen

Aufgabe 2 → Seite 189

Verteile 10 Bälle gerecht an drei Kinder.

Jedes Kind bekommt drei Bälle, einer bleibt übrig: 10 : 3 = 3 Rest 1

Verteile 12 Bälle gerecht an drei Kinder.

Jedes Kind bekommt vier Bälle: 12 : 3 = 4

3. Schreibe ins Heft und rechne. Manchmal bleibt ein Rest.
- a) 18 : 3
  20 : 3
- b) 20 : 5
  23 : 5
- c) 42 : 7
  43 : 7
- d) 60 : 10
  67 : 10
- e) 90 : 9
  94 : 9

4. Übertrage ins Heft und gib den Rest an.
- a) 29 : 5 = 5 Rest ■
- b) 19 : 2 = 9 Rest ■
- c) 17 : 3 = 5 Rest ■
- d) 19 : 4 = 4 Rest ■
- e) 33 : 6 = 5 Rest ■
- f) 33 : 8 = 4 Rest ■
- g) 23 : 7 = 3 Rest ■
- h) 50 : 9 = 5 Rest ■
- i) 39 : 4 = 9 Rest ■
- j) 40 : 6 = 6 Rest ■
- k) 50 : 8 = 6 Rest ■
- l) 65 : 7 = 9 Rest ■

Lösungen → Seite 251

WIEDERHOLEN

Aufgabe 5 → Seite 93

Sachaufgaben zur Multiplikation und Division lösen

① Lies den Text der Aufgabe genau durch. Unterstreiche wichtige Angaben oder schreibe sie auf.

② Notiere, welche Frage in der Aufgabe gestellt wird. Ist keine Frage gestellt, formuliere selbst eine Frage.

③ Überlege, ob du multiplizieren oder dividieren musst und rechne.

④ Notiere eine Antwort.

Lilly geht in die 5. Klasse. Sie hat jeden Tag 6 Stunden Unterricht. Sie geht im Monat Mai an 20 Tagen in die Schule.

② Frage: Wie viele Stunden hat sie im Monat Mai Unterricht?

③ Rechnung: 6 · 20 = 120

④ Antwort: Lilly hat im Monat Mai 120 Stunden Unterricht.

1. Löse die Aufgabe mit Frage, Rechnung und Antwort.
   a) Die Klasse 5a fährt in den Zoo. Der Eintritt kostet für jedes Kind 12 €. Es sind 25 Kinder dabei.
   b) Anton hat eine Tüte mit 35 Bonbons dabei. Er gibt an seine vier Freunde Bonbons ab. Jeder der fünf Jungen bekommt gleich viel.

2. Für die Einschulungsfeier der neuen Fünftklässler werden in der Aula 12 Reihen Stühle aufgestellt. In jeder Reihe stehen 45 Stühle. Wie viele Stühle wurden aufgestellt?

Aufgabe 1 → Seite 61

Längen messen

① Lege dein Lineal oder Geodreieck mit der Null an das eine Ende der Strecke an.

② Am anderen Ende kannst du nun die Länge ablesen.

Die grobe Einteilung gibt dir die Anzahl der **Zentimeter** an, mit der feinen Einteilung kannst du die **Millimeter** bestimmen.

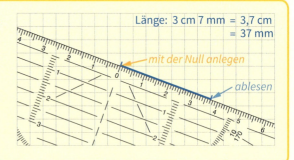

Länge: 3 cm 7 mm = 3,7 cm = 37 mm
mit der Null anlegen
ablesen

3. Miss die Länge der Linie. Gib sie in cm und mm an.
   a) ├───┤   b) ├─────────┤   c) ├─────┤

4. Miss die Länge der Linie. Gib sie in mm an.
   a) ├────┤   b) ├──┤   c) ├──┤

Lösungen → Seite 251

Rechnen mit Geldbeträgen

Aufgabe 1 → Seite 129

In vielen Ländern Europas kannst du mit **Euro (€)** und **Cent (ct)** bezahlen. 1 € sind 100 ct.
Es gibt folgende Scheine und Münzen:

| 5 € | 10 € | 20 € | 50 € | 100 € | 200 € |

| 1 ct | 2 ct | 5 ct | 10 ct | 20 ct | 50 ct | 1 € | 2 € |

1. Wie viel Cent fehlen bis 1 Euro?
   a) 50 ct   b) 20 ct   c) 67 ct   d) 99 ct   e) 12 ct   f) 91 ct

2. Wie viel Euro und Cent sind hier abgebildet?

a)

b)

c)

d)

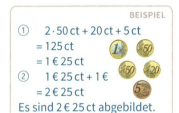

BEISPIEL

① $\quad 2 \cdot 50\,ct + 20\,ct + 5\,ct$
$\quad = 125\,ct$
$\quad = 1\,€\,25\,ct$
② $\quad 1\,€\,25\,ct + 1\,€$
$\quad = 2\,€\,25\,ct$
Es sind 2 € 25 ct abgebildet.

Zeiteinheiten

Aufgabe 4 → Seite 129

Die Zeit kannst du in **Sekunden, Minuten, Stunden, Tagen, Wochen, Monaten** und **Jahren** messen. Um zu schätzen, wie lange etwas dauert, kannst du dich an Vergleichsgrößen orientieren.

| 1 Sekunde | 1 Minute | 2 Minuten | 45 Minuten | 2 Stunden |

einundzwanzig — 1, 2, 3, ..., 60 — — 1 Schulstunde — Fußballspiel mit Pause und Nachspielzeit

3. In welcher Zeiteinheit würdest du hier messen?
   a) Basketballspiel   b) 100-m-Lauf   c) Ferien   d) dein Leben
   e) den Sommer   f) einen Schultag   g) Telefongespräch   h) Seifenblasenflug
   i) Klassenfahrt   j) einen Atemzug   k) ein Hörspiel   l) Alter eines Babys

WIEDERHOLEN

Aufgabe 2 → Seite 129
Gegenständen ihr Längenmaß zuordnen

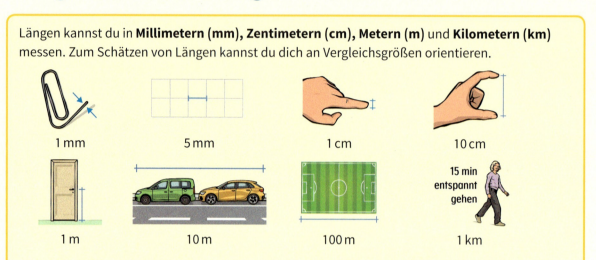

Längen kannst du in **Millimetern (mm)**, **Zentimetern (cm)**, **Metern (m)** und **Kilometern (km)** messen. Zum Schätzen von Längen kannst du dich an Vergleichsgrößen orientieren.

1 mm 5 mm 1 cm 10 cm

1 m 10 m 100 m 1 km (15 min entspannt gehen)

1. Ordne dem Gegenstand die passende Länge zu.
   a) Durchmesser eines Teelichts b) Länge eines Geldscheins
   c) Länge einer Stadionrunde   d) Breite einer Kinoleinwand
   e) Länge einer Salatgurke   f) Höhe eines zweistöckigen Hauses

   400 m   10 m   20 m   30 cm   4 cm   10 cm

2. Schätze, wie lang der abgebildete Gegenstand ist.
   a)   b)    c)

Aufgabe 1 → Seite 189
Grundrechenarten darstellen

Addition	Subtraktion	Multiplikation	Division
8 + 6	8 − 5	4 · 3	12 : 4

3. Stelle folgende Rechenausdrücke zeichnerisch dar. Vergleiche mit anderen.
   a) 7 + 5   b) 18 − 6   c) 7 · 5   d) 18 : 6

Lösungen → Seite 252

Aufgabe 3 → Seite 129

Gegenständen ihre Masse zuordnen

Massen kannst du in **Gramm (g)**, **Kilogramm (kg)** und **Tonnen (t)** messen. Zum Schätzen von Massen kannst du dich an Vergleichsgrößen orientieren.

| 1 g | 100 g | 500 g | 1 kg | 1 t |

1. Ordne dem Gegenstand die passende Masse zu.
a) Kugel Eis   b) Kiste Wasser
c) Zuckerwürfel   d) Elefant
e) Reiskorn   f) Kühlschrank

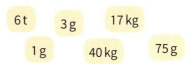

6 t   3 g   17 kg   1 g   40 kg   75 g

Aufgabe 5 → Seite 129

Lesen der Uhr

Die abgebildete Uhr hat drei Zeiger.
Der kleine schwarze Zeiger ist der **Stundenzeiger**.
Der große schwarze Zeiger ist der **Minutenzeiger**.
Der dünne rote Zeiger ist der **Sekundenzeiger**. Den brauchst du meistens nicht.

Wenn du die **Zeit ablesen** möchtest, dann betrachtest du
① den Stundenzeiger: Dieser steht zwischen der 9 und der 10.
   Es ist also nach 9 Uhr morgens oder nach 21 Uhr abends.
② den Minutenzeiger: Dieser steht 27 Minuten nach der 12, also nach
   der vollen Stunde (60 Skalenstriche). Es ist also 27 Minuten nach 9 Uhr oder 21 Uhr.
   Es ist 09:27 Uhr oder 21:27 Uhr.

2. Lies die Uhrzeit ab. Gib beide möglichen Uhrzeiten an.

a)    b)    c)    d)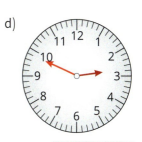

Lösungen → Seite 252

WIEDERHOLEN

Aufgabe 1 → Seite 159
Strecken mit vorgegebener Länge zeichnen

| Zeichne einen **Anfangspunkt A**. | Lege am Punkt A das Geodreieck oder Lineal mit der 0 an. Markiere an der gesuchten Länge den **Endpunkt B**. | Zeichne mit dem Geodreieck oder Lineal die Verbindungsstrecke $\overline{AB}$. |

 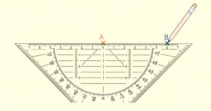

Die grobe Einteilung gibt dir die Anzahl der **Zentimeter** an, mit der feinen Einteilung kannst du die **Millimeter** bestimmen.

1. Zeichne die Strecke mit der angegebenen Länge in dein Heft.
 a) $\overline{AB} = 5\,\text{cm}$ b) $\overline{CD} = 7{,}5\,\text{cm}$ c) $\overline{EF} = 4{,}8\,\text{cm}$ d) $\overline{GH} = 57\,\text{mm}$ e) $\overline{KL} = 6{,}3\,\text{cm}$

Aufgabe 2 → Seite 159
Parallelen erkennen

Zwei Geraden a und b, die überall die gleiche Entfernung voneinander haben, sind zueinander **parallel**.
Du sagst „a ist parallel zu b" und schreibst: a ∥ b.
Überprüfen kannst du das mit den parallelen Linien des Geodreiecks.

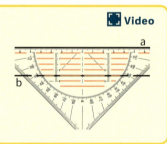

2. Welche Geraden sind zueinander parallel? Überprüfe mit dem Geodreieck.
 a)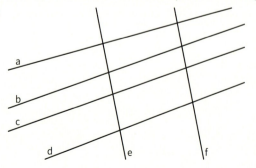
 b)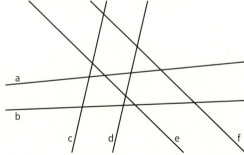

Lösungen → Seite 252

Aufgabe 3 → Seite 159
Parallelen zeichnen

So zeichnest du eine Parallele zur Geraden h durch den Punkt P:
① Lege das Geodreieck an die Gerade h.
② Schiebe das Geodreieck bis zum Punkt P.
   Die parallelen Linien auf dem Geodreieck helfen dir.
③ Zeichne die Gerade durch P.

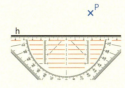
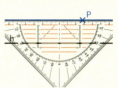

1. Übertrage die Gerade und den Punkt P in dein Heft. Zeichne dann eine Parallele zur Geraden durch den Punkt P.

a) 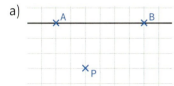 b) 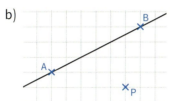 c)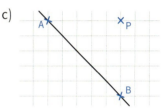

Aufgabe 4 → Seite 159
Längeneinheiten umwandeln

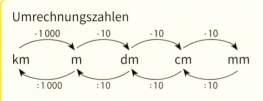

1 km = 1 000 m
1 m = 10 dm
1 dm = 10 cm
1 cm = 10 mm

① Wenn du von einer größeren in die kleinere Einheit umwandelst, musst du multiplizieren:
  7 km = 7 000 m   8 m = 80 dm = 800 cm   12 cm = 120 mm   2,5 dm = 25 cm
② Wenn du von einer kleineren in die größere Einheit umwandelst, musst du dividieren:
  70 cm = 7 dm   2 000 m = 2 km   30 mm = 3 cm   6 500 m = 6,5 km

2. Wandle in die nächstkleinere Längeneinheit um.
   a) 9 cm = ▢ mm   b) 2,5 cm = ▢ mm   c) 6 km = ▢ m   d) 7 m = ▢ dm

3. Wandle in die nächstgrößere Längeneinheit um.
   a) 30 mm = ▢ cm   b) 85 mm = ▢ cm   c) 20 dm = ▢ m   d) 12 000 m = ▢ km

WIEDERHOLEN

Aufgabe 5 → Seite 159
Koordinaten von Punkten ablesen

Das **Koordinatensystem** besteht aus einer **x-Achse** (Rechtsachse) und einer **y-Achse** (Hochachse).
So liest du die Koordinaten
von Punkt A ab:
Gehe vom Ursprung (0|0)
4 Einheiten nach rechts (1. Wert)
und 3 Einheiten nach oben (2. Wert).

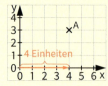
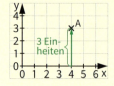
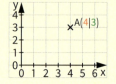

1. Gib die Koordinaten aller Punkte an.

   a)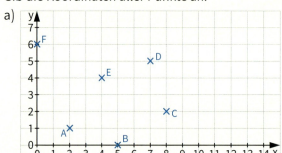

   b)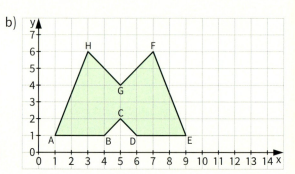

Aufgabe 2 → Seite 61
Quadrate und Rechtecke auf Karopapier zeichnen

Mit Hilfe der Linien auf dem Karopapier kannst du Quadrate und Rechtecke besonders einfach zeichnen.

In einem **Quadrat** sind alle Seiten gleich lang. Das abgebildete Quadrat hat die Seitenlänge 2 cm.

In einem **Rechteck** sind gegenüberliegende Seiten gleich lang. Das abgebildete Rechteck hat die Länge 4 cm und die Breite 1,5 cm.

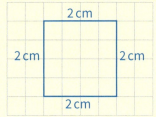
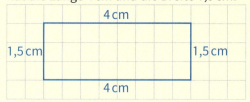

2. Zeichne auf Karopapier ein Quadrat mit der angegebenen Seitenlänge.
   a) 3 cm
   b) 4,5 cm

---

3. Zeichne auf Karopapier ein Rechteck mit den angegebenen Seitenlängen.
   a) Länge 5 cm und Breite 3 cm
   b) Länge 6,5 cm und Breite 2,5 cm

Lösungen → Seite 253

WIEDERHOLEN

Aufgabe 3 → Seite 189

Durch einstellige Zahlen und Zehnerzahlen dividieren

52 : 4
Zerlege die erste Zahl vorteilhaft.
40 : 4 = 10
12 : 4 = 3
52 : 4 = 13

52 = 40 + 12
40 und 12 sind beide durch 4 teilbar.

270 : 30
Dividiere zuerst durch 10, dann durch 3.
270 : 10 = 27
27 : 3 = 9
270 : 30 = 9

30 = 10 · 3

1. Rechne im Kopf. Zerlege die erste Zahl und dividiere dann.
a) 39 : 3   b) 75 : 5   c) 96 : 6   d) 120 : 8   e) 119 : 7
f) 60 : 4   g) 78 : 6   h) 57 : 3   i) 135 : 9   j) 104 : 8

2. Rechne im Kopf. Dividiere zuerst durch 10.
a) 360 : 40   b) 180 : 30   c) 450 : 50   d) 540 : 60   e) 640 : 80
f) 490 : 70   g) 180 : 60   h) 450 : 90   i) 280 : 40   j) 560 : 70

Aufgabe 4 → Seite 189

Geld-, Massen- und Zeiteinheiten umwandeln

Geld	Massen	Zeit
1 Euro = 100 Cent	1 t = 1 000 kg	1 h = 60 min
1 € = 100 ct	1 kg = 1 000 g	1 min = 60 s

① Wenn du von einer größeren in die kleinere Einheit umwandelst, musst du multiplizieren:
   7 € = 700 ct   23 kg = 23 000 g   4 h = 240 min
② Wenn du von einer kleineren in die größere Einheit umwandelst, musst du dividieren:
   800 ct = 8 €   9 000 kg = 9 t   300 s = 5 min

3. Wandle in die nächstkleinere Einheit um.
a) 7 €   b) 3 h   c) 8 min   d) 9 t   e) 15 kg   f) 10 h

4. Wandle in die nächstgrößere Einheit um.
a) 800 ct   b) 300 min   c) 120 s   d) 3 000 kg   e) 4 000 g   f) 1 500 ct

5. Vergleiche und setze das richtige Zeichen ein: <, > oder =.
a) 600 ct ■ 4 €   b) 500 min ■ 5 h   c) 4 000 kg ■ 6 t
d) 300 s ■ 5 min   e) 7 000 g ■ 1 t   f) 6 000 ct ■ 9 €

Lösungen → Seite 253

Lösungen zu Kapitel 1

Startklar → Seite 7

1. a) Hund: 9   Katze: 6   Pferd: 12   Sonstige: 3   b) 30

2. A: 5   B: 21   C: 48

3. A – 3   B – 5   C – 1   D – 2   E – 4

4. a) 19 > 11   b) 36 < 63   c) 314 > 98   d) 878 < 887   e) 3 045 < 3 054   f) 5 454 < 5 544

5. a) ① **70** < 76 < **80**   ② **310** < 315 < **320**   ③ **690** < 692 < **700**
b) ① **400** < 410 < **500**   ② **100** < 182 < **200**   ③ **900** < 999 < **1 000**

Trainer → Seite 34

1. a)

Spanien	Türkei	Italien	Deutschland	Sonstige
4	6	3	9	5

b) 27 Kinder wurden befragt.

c)

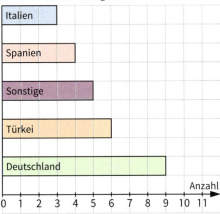

2.

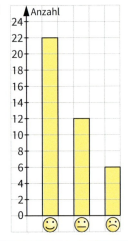

3. a) A: 400   B: 800   C: 1 400   b) D: 9 000   E: 27 000   F: 61 000

4.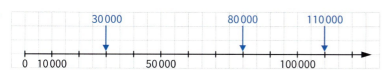

5. a) 7 036 b) 5 000 000 000 c) 450 090
    d) 67 000 000 e) 8 040 005 f) 52 800 000

6. a) 876 435   876 T 435   b) 5 707 389   5 Mio 707 T 389
    c) 2 040 607   2 Mio 40 T 607   d) 9 159 852   9 Mio 159 T 852
    e) 355 007 700   355 Mio 7 T 700
    f) 28 776 651 000 000   28 Bill 776 Mrd 651 Mio

7. a) 156 < 165 b) 8 080 > 7 090
    c) 909 < 991 d) 8 989 > 8 899
    e) 1 254 > 1 245 f) 10 999 < 20 111

8. a) 500; 40 910 b) 1 000; 2 000
    c) 7 000; 510 000 d) 80 000; 2 540 000

9. Smartphone: 300 €   Fahrrad: 1 500 €

Trainer → Seite 35

10. Es sind ungefähr 100 Rinder.

11. a) Bus: 50; Pkw: 250; Fahrrad: 175; Motorrad: 75; Lkw: 100   b) 650
    c)
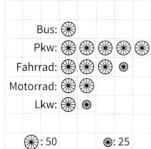

12. a) A: 2 900   B: 4 600   C: 7 300   b) A: 510 000   B: 525 000   C: 548 000

13. Es waren mindestens 10 500 und höchstens 11 499.

14.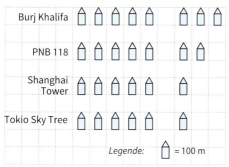

15. eintausendelf < 99 · 11 < MXCI < 1 191 – 99 < 11 000 : 10 < 1 T + 1 H + 1 E

16. a) 999 876 b) 1 000

17.

Planet	Durchmesser in km (ca.)
Jupiter	~140 000
Saturn	~120 000
Uranus	~50 000
Neptun	~50 000

Abschlussaufgabe → Seite 36

a) ① Dino-Erlebnispfad, Brachiosaurus-Riesenrad, T-Rex Achterbahn
② 48 Schülerinnen und Schüler wurden befragt.

b) Urknall: 14 000 000 000   erstes Leben: 5 000 000 000   Ammoniten: 350 000 000   Stegosaurus: 200 000 000
Hipparion: 70 000 000   Mammut: 2 000 000

c) ① 5 853 < 12 646 < 14 099 < 18 498 < 18 952
② April: 6 000, Mai: 13 000, Juni: 18 000, Juli: 19 000, August: 14 000

April 🧍🧍🧍🧍🧍🧍
Mai 🧍🧍🧍🧍🧍🧍🧍🧍🧍🧍🧍🧍🧍
Juni 🧍🧍🧍🧍🧍🧍🧍🧍🧍🧍🧍🧍🧍🧍🧍🧍🧍🧍
Juli 🧍🧍🧍🧍🧍🧍🧍🧍🧍🧍🧍🧍🧍🧍🧍🧍🧍🧍🧍
August 🧍🧍🧍🧍🧍🧍🧍🧍🧍🧍🧍🧍🧍🧍

Legende 🧍 = 1 000 Menschen

d) Je nach Rasterfeld kann das Ergebnis variieren. Hier: Drittes Rasterfeld von links oben. 6 · 8 = 48
Es sind ungefähr 48 Kinder.

Lösungen zu Kapitel 2

Startklar → Seite 37

1. a) 16 b) 20 c) 58 d) 103 e) 9 f) 51 g) 4 h) 45

2. a)

	ZT	T	H	Z	E
a)			1	6	7	8
b)		1	8	0	6	7
c)			7	8	3	2
d)		1	2	8	9	3

3. a) 8415 b) 4202 c) 70139 d) 21064

4. a) 15 b) 22 c) 22 d) 78

5. Maria hat nach dem Einkauf noch 60 € übrig.

Trainer → Seite 57

1. a) 38463 b) 2822 c) 784 d) 32812

2. a) 165, 193, 265 b) 342, 447 c) 100, 136, 250 d) 228, 213

3. a) 13129 b) 3430 c) 2280 d) 6345

4. Lilly und ihre Mutter sind 197 km gefahren.

5. individuelle Lösung

6. a) 2246 b) 344 c) 326
d) z. B.: 320 − 162 = 158 e) z. B.: 330 + 340 = 670

7. a) 1414 b) 2852 c) 1880 d) 3021 e) 835 f) 2700

8. a) 600 b) 400 c) 500 d) 200 e) 900 f) 1000
Lösungswort: Pausen

9. a) 567 b) 184 c) 1000 d) 330

10. a) 230 b) 290 c) 390 d) 300 e) 210 f) 380

Trainer → Seite 58

11. a) 44 b) 260 c) 300 d) 71

12.

+	356	809	199	3674
4178	4534	4987	4377	7852
2785	3141	3594	2984	6459

13. a) Die 10 Etappen sind überschlagen etwa 1200 km lang. Die genaue Strecke beträgt 1178 km.
b) Die Tour wird 104 km länger.
c) Die längste Etappe ist von Königgrätz nach Mélnik.
d) Die Strecke ist 287 km lang.
e) Die Strecke ist 340 km lang.
f) Er möchte die Strecke von Wittenberge nach Dessau-Roßlau fahren.

14. Von Bangkok aus fliegt man noch 8637 km nach Neuseeland.

15. a) 3675 b) 3608 c) 5580 d) 1345 + 3204

16. a) 6205 b) 24790 c) 16952

LÖSUNGEN

17.

36 456	90 402	7 489	134 347
60 713	12 034	1 260	74 007
76 123	44 371	8 973	129 467
173 292	146 807	17 722	337 821

18. Es waren insgesamt 758 847 Einwohner.

19. Nein, das ist nicht möglich, da die Summe der 3 kleinsten Zahlen 51 ist.

Trainer → Seite 59

20. a) 1 543   b) 15 932   c) 21 423

21.
a) 150 − (56 + 14) = 150 − 70 = 80
b) 75 − 20 + (15 + 25) = 75 − 20 + 40 = 95
c) 90 − (45 − 15) − 5 = 90 − 30 − 5 = 55

22.
a) Im Berliner Zoo wohnen 15 900 Tiere mehr als im Frankfurter Zoo.
b) individuelle Lösung

23. a) 123 456   b) 111 111   c) 321 321

24. a) 255 368   b) 686 279   c) 314 730

25. a) 120 + 15 − (82 + 18) = 35   b) 92 − (16 − 6) − (20 + 15) = 47   c) 105 − (30 − 15) + 17 − 9 = 98

26. a) 31 338   b) Summe: 100 745 Differenz zu 1 000 000: 899 255

27. Lea hat Recht, da die Summe von zwei geraden Zahlen immer eine gerade Zahl ergibt. Ebenso ist auch die Summe von zwei ungeraden Zahlen immer gerade.

28.
a) möglichst klein: 340 − 91 + 48 − (60 + 55) − 30 = 152
   möglichst groß: 340 − (91 + 48 − 60) + 55 − 30 = 286
b) kleinste Zahl: 56   größte Zahl: 286

Abschlussaufgabe → Seite 60

a) Überschlag: 400 + 300 + 600 = 1 300   genaue Rechnung: 360 + 286 + 583 = 1 229

b) (18 + 22) + (36 + 14) + 7 = 40 + 50 + 7 = 97

c) Am Freitag wurden 828 kg Kartoffeln geerntet

d) Dem Bauern bleiben 3 865 € übrig.

e) 1) Die gesamte Kohlernte betrug 2 679 kg.   2) 2022 wurden 950 kg weniger Kohl geerntet als 2020.

f) Olli hat von links nach rechts gerechnet. Tom hat die Zahlen so sortiert, dass er geschickt rechnen konnte.
Tom hat geschickter gerechnet, da er die Zahlen so sortiert hat, dass er die Zahlen einfach im Kopf addieren konnte.

Lösungen zu Kapitel 3

Startklar → Seite 61

1. a) 3,5 cm b) 0,7 cm c) 4 cm d) 7 cm

2. a)  b)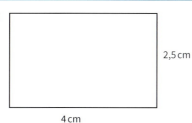

3. –

4. ① Der Katzenschwanz ist nicht oben, sondern unten.   ② Der falsche Arm ist angewinkelt.
③ Der Gürtel fehlt.   ④ Die Hose ist nicht lang sondern kurz.   ⑤ Das Spiegelbild trägt keine Brille.

5.

Trainer → Seite 88

1. Hier ohne Zeichnung. Es entstehen 6 Strahlen.

2. Die Behauptung stimmt. Es entsteht die Strecke $\overline{AB}$, und jeweils zwei Strahlen von A und B aus nach links und rechts.

3. a) Pawel: 4,6 cm ≙ 46 m, Juri: 5,1 cm ≙ 51 m
b) Beim Weitwurf wird nicht die Strecke des Wurfs gemessen, sondern der Abstand vom Ball zur Linie und der ist bei Pawel größer.

4. a ⊥ c   a ⊥ e   a ⊥ g   b ⊥ f

5.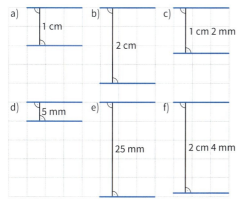

6. Abstand zu Gerade g: A: 0,6 cm; B: 1,1 cm; C: 0,2 cm   Abstand zu Gerade f: A: 1,3 cm; B: 0,5 cm; C: 1 cm

7. A(1|3)   B(4|4)   C(6|5)   D(3|7)
E(0|5)   F(0|0)   G(5|0)   H(3|2)

8. a) 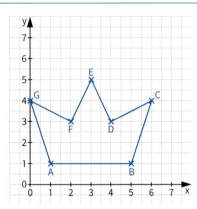   b) Es entsteht eine Krone.

Trainer → Seite 89

9. individuelle Lösung

10. a) Verkehrsschild: eine Symmetrieachse; Blume: 5 Symmetrieachsen; Schneeflocke: 6 Symmetrieachsen
b)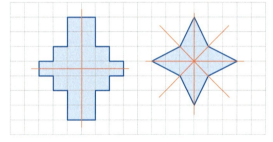

11.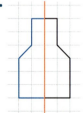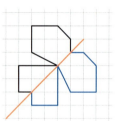

12.

13. a) Verschiebung um 3 Kästchen nach rechts.
b) Verschiebung um 2 Kästchen nach links.
c) Verschiebung um 3 Kästchen nach unten.
d) Verschiebung um 1 Kästchen nach oben.

14. a) 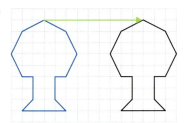   b)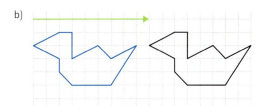

Trainer → Seite 90

15. A: Das ist wahr, denn der Punkt teilt die Gerade auf.
B: Das ist wahr, denn durch einen Punkt kann man unendlich viele verschiedene Geraden zeichnen.
C: Das ist falsch, denn eine Strecke hat unendlich viele Punkte. Richtig wäre, dass eine Strecke einen Anfangs- und einen Endpunkt hat.
D: Das ist falsch, denn Geraden haben weder Anfang noch Ende, also auch keine endliche Länge.
E: Das ist falsch, denn eine Strecke muss die kürzeste Verbindung zweier Punkte sein, ist also gerade. Linien können aber auch „krumm" sein.

16.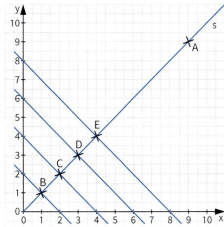

Schnittpunkte mit den Achsen:
(2|0), (0|2); (4|0), (0|4); (6|0), (0|6); (8|0), (0|8)

Die Koordinaten der Schnittpunkte mit den Achsen sind immer doppelt so groß wie die Koordinaten der Punkte auf dem Strahl.

17. a) e ∥ g ∥ d   c ∥ a
b) e und g: 1,6 cm   d und e: 0,6 cm   d und g: 2,1 cm   a und c: 2,5 cm

18.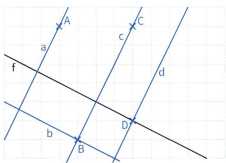

e) a ⊥ b   a ∥ d   b ⊥ c   b ⊥ d

19. a) 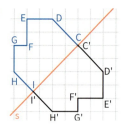 b)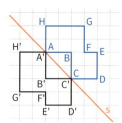

20.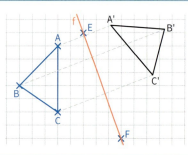

Trainer → Seite 91

21. a) 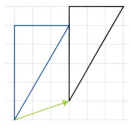 b)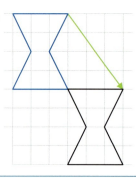

22. a) Die Figur wurde 2 Kästchen nach links und 1 Kästchen nach oben verschoben.
b) Die Figur wurde 2 Kästchen nach unten und 1 Kästchen nach rechts verschoben.

23. a) 1. Verschiebung: 3 Kästchen nach rechts, 2 Kästchen nach oben.
2. Verschiebung: 3 Kästchen nach rechts, 2 Kästchen nach unten.
3. Verschiebung: 4 Kästchen nach rechts, 2 Kästchen nach unten.
b) 10 Kästchen nach rechts und 2 Kästchen nach unten.

24.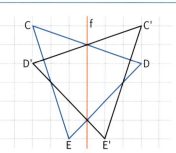

25.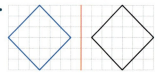
b) Hier ohne Zeichnung. Ja, mit der Verschiebung „8 Kästchen nach rechts".
c) z. B. Rechteck, Quadrat, gleichseitiges Dreieck
d) Die Figur muss achsensymmetrisch sein und die Symmetrieachse muss parallel zur Spiegelachse sein.

LÖSUNGEN

8. a) 3 432 b) 1 786 c) 48 576 d) 121 e) 1 054 f) 6 407

9. a) 7 b) 20 c) 22 d) 288
e) 460 f) 900 000 g) 962 h) 3 135

10. Da 9 084 − 9 060 = 24 ist, muss er nur noch 24 : 12 + 755 = 757 rechnen.

11. R: (28 · 2) + (84 · 2) = 224   224 : 28 = 8   A: Jedes Kind muss 8 € mitbringen.

12. a) (77 · 15) : 21 = 55 b) (9 276 − 5 124) : 12 = 346
c) (1 488 + 12) · (1 488 : 12) = 186 000 d) ((468 + 792) · 15) : 700 = 27

13. a) 40 b) 4 c) 80 d) 6 000
e) 3 500 f) 1 000 g) 5 000 h) 200

14. a) Sie braucht 8 Minuten und 56 Sekunden.
b) Er benötigt durchschnittlich 41 Sekunden pro Bahn.

`Trainer → Seite 127`

15. a) Sie lebten vor 800 000 Jahrhunderten.
b) Ein Elefant ist ungefähr **1 500**-mal so schwer wie ein Klippschliefer.
Ein Elefant ist ungefähr **14**-mal so lang wie ein Klippschliefer.
c) Ein Elefant nimmt pro Jahr (365 Tage) 54 750 kg Pflanzen und 51 100 ℓ Wasser zu sich.

16. Es müssen noch 6 Kinder bezahlen.

17. R: 52 Wochen 1 Tag − 15 Wochen = 37 Wochen 1 Tag; Schultage sind an 5 Tagen pro Woche, also 37 · 5 Tage + 1 Tag = 186 Tage
Feiertage und Krankentage abziehen: 186 Tage − 5 Tage − 3 Tage = 178 Tage
An jedem Tag 2 · 13 km = 26 km Weg, insgesamt 178 · 26 km = 4 628 km.
A: Paul legt insgesamt 4 628 km zurück.

18. a) 75 b) 86

19. a) Nein, denn sie verliert bei vier Augenzahlen: 1, 3, 4, 6.
b) individuelle Lösung
z. B.: Würfel mit einem Würfel und multipliziere die Augenzahl mit 10. Wenn dein Ergebnis unter 30 ist, gewinnst du.
Bei 30 und mehr gewinne ich. → Das Spiel ist ungerecht, weil man nur bei zwei Augenzahlen gewinnt.

20. a) 72 · 81 = 5 832 b) 72 : 18 = 4

`Abschlussaufgabe → Seite 128`

a) ① 7 · 8 + 76 = 132 ② 539 000 : 100 = 5 390 ③ 8 · 95 = 760 ④ 12 · 12 = 144

b) ① R: 148 : 4 = 37 A: Pro Übernachtung sind das 37 €.
② R: 148 · 28 = 4 144 A: Insgesamt müssen 4 144 € überwiesen werden.

c) ① Ü: 30 · 20 = 600
② R: 26 · 18 + 2 · 21 = 510 600 − 510 = 90 A: Es bleiben noch 90 € übrig.

d) R: 216 : 9 = 24 (23 Kinder und Frau Geisler) 26 − 23 = 3 A: Es waren 3 Kinder krank.

e) R: (84 445 − 83 565) : 2 = 440 A: Die 5b hat Dresden besucht.

Lösungen zu Kapitel 5

Startklar → Seite 129

1. a) Es gibt 8 verschiedene Münzen. 1 Cent, 2 Cent, 5 Cent, 10 Cent, 20 Cent, 50 Cent, 1 Euro und 2 Euro.
b) Es gibt 6 verschiedene Geldscheine. Die Summe beträgt 385 €.

2. a) 70 cm   b) 15 cm   c) 2 m   d) 7 mm   e) 21 cm   f) 5 cm

3. Fahrrad: 10 kg   Wasserflasche: 1 kg   Volleyball: 300 g   Schulranzen: 4 kg

4. a) Minuten   b) Sekunden   c) Stunden   d) Jahre   e) Tage

5. a) 8:30 Uhr oder 20:30 Uhr   b) 3:50 Uhr oder 15:50 Uhr   c) 11:15 Uhr oder 23:15 Uhr

Trainer → Seite 155

1.

Geld	Länge	Masse	Zeit
16,50 €	12 m	3,6 kg	4 s
23 ct	56,8 dm	17 mg	8 h
	24,3 cm	0,05 g	17 min
	8,2 km	5,6 t	

2. Ja, Cédrics Geld reicht aus. Er muss insgesamt 7,80 € bezahlen.

3. a) 567 cm   b) 2400 m   c) 78,2 m   d) 0,56 m
e) 12 453 g   f) 7 639 mg   g) 5,678 t   h) 5,6 g

4. Die gesamte Wanderstrecke ist 40,9 km lang.

5. Der Buckelwahl hat 26,1 t zugenommen.

6. a) 180 min   b) 720 s   c) 14 min   d) 48 h

7. Ja, Mike kommt um 15:59 Uhr an.

8. a) >   b) =   c) =   d) <   e) >   f) =   g) <   h) <

9. a) 57,93 €   b) 232 kg   c) 7735 m   d) 7,1 dm   e) 27,37 t   f) 127 mg

10. a) 3 h 15 min   b) 18:05 Uhr   c) 15:35 Uhr

11. a) 35 kg   b) 0,738 g   c) 37,5 m   d) 0,7 km   e) 79 €   f) 4,70 €

Trainer → Seite 156

12. z.B.: F: Wie viel Geld darf Marlene behalten?   R: 20 − 1,89 − 2,54 − 2,64 − 3,90 − 1,52 − 3,24 = 4,27.
A: Marlene darf 4,27 € behalten.

13. Peter muss am letzten Tag 53 km fahren.

14. Clara wiegt 39,6 kg.

LÖSUNGEN

15. Der Zug braucht von Hannover nach Oldenburg 1 h 54 min.

16. a) Abbildung: 4,5 cm   Wirklichkeit: 22,5 cm   b) Abbildung: 3,5 cm   Wirklichkeit: 35 cm
c) Abbildung: 2,5 cm   Wirklichkeit: 250 cm = 2,5 m

17. R: 1 290 − 250 = 1 040   1 040 : 8 = 130   A: Im Sparschwein sind 130 1-Euro-Münzen.

18. R: 210 : 2,5 = 84   84 · 4,20 = 352,80   A: Die Pakete kosten 352,80 €.

19. R: 400 · 6 = 2 400 m = 2,4 km   A: Lea ist insgesamt 2,4 km gelaufen.

20. a) 18 m   b) 3,1 km   c) 840 dm   d) 6,15 km

21. a) 800 cm = 8 m   b) 1,5 cm   c) 1,5 m   d) 1 : 10 000   e) 10 : 1

Trainer → Seite 157

22. Das Treffen findet am 22. Mai bei Marvin statt.

23. a) Die zweite Vorstellung hat um 19:15 angefangen.   b) Eine Kinokarte kostet 7,20 €.

24. R: 2 200 kg + 1 320 kg = 3 520 kg = 3,520 t   A: Nein, das Auto darf nicht über die Brücke fahren.

25. Abbildung: 5,5 cm   Wirklichkeit: 1,1 cm

26. Ja, die Rolle Tapete reicht aus.

27. a) R: 15 · 9,4 km = 141 km   b) R: 270 min = 4 h 30 min   4 · 30 km + 15 km = 135 km
A: Die Gesamtstrecke des Rennens ist 141 km lang.   A: Peter schafft in 270 min nur 135 km.

28. z. B.: Die 9 Kugeln werden in 3 Gruppen mit jeweils 3 Kugeln aufgeteilt. Beim 1. Wiegen bestimmt man, welche 3 Kugeln schwerer sind als die anderen. Je eine dieser Kugeln wird beim 2. Wiegen auf jede Seite der Waage gelegt. Wenn es ausgeglichen ist, ist es die Kugel, die noch nicht gewogen wurde. Ansonsten zeigt die Waage die Kugel, die schwerer ist.

29. a) Maßstab: 1 : 500 000   b) Abbildung: 2 cm   Wirklichkeit: 10 km

Abschlussaufgabe → Seite 158

a) ① Abfahrt Osnabrück: 11:01 Uhr; Ankunft Sande: 13:11 Uhr; Abfahrt Sande: 13:30 Uhr; Ankunft Harlesiel Anleger: 14:20 Uhr; Abfahrt Harlesiel Anleger: 14:35 Uhr
② Fahrzeit Osnabrück – Sande: 2h 10 min; Wartezeit Sande: 19 Minuten; Fahrzeit Sande – Harlesiel Anleger: 50 Minuten; Wartezeit Harlesiel Anleger: 15 Minuten; Fahrzeit Harlesiel Anleger – Wangerooge: 70 Minuten
③ Familie Sommer kommt um 15:45 in Wangerooge an.

b) Pro Erwachsenen kostet die 7-tägige Urlaubsreise 402,40 €.

c) ① Ja, Tinos Koffer wiegt dann 14,4 kg.
② z. B.: Nora packt die 10 Kubbs ein und Tino die restlichen Spielfiguren oder Nora packt die Begrenzer, die Wurfhölzer und den König ein und Tino den Rest.

d) Die Aussage ist falsch. Die Strecke ist ungefähr 8,5 km lang.

Lösungen zu Kapitel 6

Startklar → Seite 159

1. (Strecken AB, CD, EF, GH dargestellt)

2. a ∥ b ∥ d und e ∥ f

3.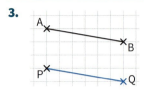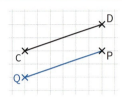

4. a) 7 cm   b) 35 mm   c) 45 cm   d) 250 cm

5. A (2 | 3), B (4 | 2), C (0 | 1), D (3 | 0), E (1,5 | 0,5)

Trainer → Seite 185

1. In der Figur sind Rechtecke und Quadrate zu erkennen.

2. B ist kein Quadrate, da die Seiten der Figur nicht alle gleich lang sind. C ist auch kein Quadrat, da die Figur keine rechten Winkel hat.

3. C und D sind keine Rechtecke, da die Ecken keinen rechten Winkel aufweisen.

4. a) u = 20 cm   b) A = 24 cm²

5. u = 8 cm   A = 4 cm²

6. a) 4 dm²   b) 1,5 ha   c) 150 m²   d) 2 m²   e) 1 cm²

7. a) 200 dm²   b) 6 cm²   c) 3 500 cm²   d) 23 dm²   e) 7 000 mm²   f) 50 m²

8.
6 m² = **600 dm²**	400 cm² = **40 000 mm²**
5 km² = **500 ha**	7 dm² = **700 cm²**
4,5 m² = **450 dm²**	300 ha = **30 000 a**
10 a = **1 000 m²**	15,6 cm² = **1 560 mm²**

9. 2 dm² < 70 m² < 5 a < 250 ha < 4 km²

10. a) 625 cm²   b) 4 095 dm²   c) 506 ha   d) 750 mm²   e) 8 005 a   f) 20 050 dm²

11. a) Flächeninhalt   b) Flächeninhalt   c) Umfang   d) Umfang   e) Flächeninhalt   f) Flächeninhalt

Trainer → Seite 186

12. Das Nagetiergehege hat den längsten Zaun mit 44 m.

13. Der Elefant hat am meisten Platz mit 625 m².

14. a) a = 12 m b) b = 22 cm c) a = 25 m d) a = 40 m

15. Bad: 12 m², Schlafzimmer: 17 m², Wohnen: 48 m², Küche: 16 m², Flur: 16 m²

16. a) z. B.: ① a = 6 m, b = 6 m ② a = 8 m, b = 4 m,
b) ① A = 36 m² ② A = 32 m²
c) Das Gehege hat dann am meisten Platz, wenn es quadratisch ist. Paula müsste also die Länge und Breite a = 6 m wählen.

17. a) Schultafel, Handballfeld, Bodensee, Garagentor, Klassenzimmer, Tennisplatz, Berlin
b) Handballfeld, Bodensee, Tennisplatz, Berlin c) Bodensee, Berlin

18. a) u = 13 cm = 130 mm, A = 7 cm² = 700 mm² b) u = 12 cm = 120 mm, A = 6 cm² = 600 mm²

19. a)

u = 18 cm

u = 24 cm

b)

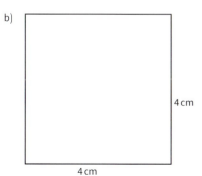

u = 16 cm

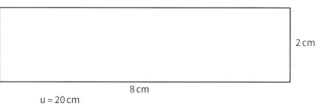

u = 20 cm

20. a) A = 1,8 · 3,2 = 5,76 cm² b) u = 10 cm, Seitenlänge Quadrat a = 10 : 4 = 2,5 cm c) A = 2,5 · 2,5 = 6,25 cm²

21. a) 40 000 cm² b) 0,5 dm² c) 7 000 mm² d) 0,45 m² e) 10 003 m² f) 200 500 m²

LÖSUNGEN

Trainer → Seite 187

22. E < A = D = F < B < C

23. Das Feld ist 200 m lang.

24. a) b = 6 cm, A = 30 cm²   b) a = 21 m, u = 70 m   c) a = 42 cm, A = 1470 cm²   d) b = 86 m, u = 214 m

25. A = 7 · 7 = 49 cm²

26. u = 230 mm   A = 1850 mm²

27. Tischfläche: 0,02 a; Heft: 0,06 m²; Volleyballfeld: 1,62 a; Badezimmer: 1200 dm²; Bierdeckel: 0,85 dm²

28. a) z.B. a = 2   u = 8   A = 4   → a = 2, b = 6   u = 16   A = 12
       a = 3   u = 12   A = 9   → a = 3, b = 9   u = 24   A = 27
   Der Umfang verdoppelt sich.
   Der Flächeninhalt verdreifacht sich.
   b) z.B. a = 2   u = 8   A = 4   → a = 6   u = 24   A = 36
       a = 3   u = 12 A = 9   → a = 9   u = 36   A = 81
   Der Umfang verdreifacht sich.
   Der Flächeninhalt wird neunmal so groß.

29. Die Zaunlänge beträgt 178 m.

30. a) Herr Krasniqi muss 3 Liter Farbe für 15 m² Fläche kaufen.   b) Die Farbe kostet 28,50 €.

Abschlussaufgabe → Seite 188

a) Familie Stübbe benötigt 600 m.

b) ① Der Flächeninhalt beträgt 22500 m².
    ② Nach der Überlegung werden 9000 Bäume geerntet.

c) ① Die zweite Feldseite ist 80 m breit.
    ② Es können dort 4800 Bäume geerntet werden.

d) Der Flächeninhalt beträgt 8,5 ha. Die Zaunlänge beträgt 1500 m.

e) ① z. B.: quadratisch: a = 90 m, rechteckig: a = 50 m, b = 130 m
    ② Familie Stübbe sollte sich für die quadratische Fläche entscheiden, da die Fläche so am größten ist.

Lösungen für Kapitel 7

Startklar → Seite 189

1. A = 12 : 3 oder 12 : 4   B = 12 · 3   C = 12 + 4   D = 12 : 3 oder 12 : 4   E = 12 − 3

2. a) 6   b) 4   c) 3   d) 2 Rest 2   e) 2   f) 1 Rest 5

3. a) 8   b) 25   c) 15   d) 9   e) 140   f) 10   g) 33   h) 20   i) 7

4. a) 4000 g   b) 900 ct   c) 180 min   d) 4200 cm   e) 7000 kg   f) 12000 m

LÖSUNGEN

5. –

Trainer → Seite 209

1. a) $\frac{2}{4}$ b) $\frac{3}{4}$ c) $\frac{2}{5}$ d) $\frac{4}{5}$ e) $\frac{4}{8}$ f) $\frac{2}{8}$

2. a) $\frac{1}{2}$ b) $\frac{3}{10}$ c) $\frac{3}{7}$ d) $\frac{4}{9}$

3.  Es bleibt $\frac{1}{24}$ übrig.

4.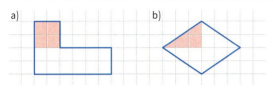

5. a) $\frac{1}{4}$ b) $\frac{3}{4}$ c) $\frac{1}{6}$ d) $\frac{5}{6}$ e) $\frac{1}{5}$ f) $\frac{3}{5}$

6. a) 30 cm, 60 cm b) 200 €, 600 € c) 8 kg, 40 kg d) 30 m, 210 m

7. $\frac{1}{10}$ kg = 100 g $\frac{1}{2}$ kg = 500 g $\frac{3}{4}$ kg = 750 g $\frac{1}{5}$ kg = 200 g $\frac{3}{5}$ kg = 600 g

8. Die Familie muss in der restlichen Urlaubszeit noch 220 km Fahrrad fahren.

9. a) Es wurden 150 kg Bohnen verkauft.
b) Es wurden 28 kg Tomaten verkauft.
c) Es wurden 30 kg Paprika verkauft.

Trainer → Seite 210

10. a) A = $\frac{1}{6}$ B = $\frac{4}{6}$ C = $1\frac{1}{6}$ b) D = $\frac{1}{3}$ E = $\frac{2}{3}$ F = $1\frac{1}{3}$ G = $1\frac{2}{3}$

11. a) $1\frac{2}{5} = \frac{7}{5}$ $2\frac{1}{5} = \frac{11}{5}$ $1\frac{4}{5} = \frac{9}{5}$ $3\frac{1}{5} = \frac{16}{5}$ b) $2\frac{1}{6} = \frac{13}{6}$ $1\frac{5}{6} = \frac{11}{6}$ $3\frac{1}{6} = \frac{19}{6}$ $2\frac{5}{6} = \frac{17}{6}$
c) $1 = \frac{6}{6}$ $2 = \frac{18}{9}$ $3 = \frac{15}{5}$ $4 = \frac{8}{2}$

12. a) $\frac{3}{8} + \frac{2}{8} = \frac{5}{8}$ b) $\frac{7}{8} - \frac{4}{8} = \frac{3}{8}$ c) $\frac{5}{12} + \frac{4}{12} = \frac{9}{12}$ d) $\frac{10}{12} - \frac{5}{12} = \frac{5}{12}$

13. a) $\frac{4}{8}$ b) $\frac{4}{6}$ c) 1 d) $\frac{3}{5}$ e) $\frac{6}{7}$ f) 1 g) $\frac{5}{9}$ h) $\frac{1}{4}$ i) $\frac{2}{12}$ j) 0 k) $\frac{4}{8}$ l) $\frac{1}{10}$

14. a) $\frac{3}{4}$ b) $\frac{2}{3}$

15.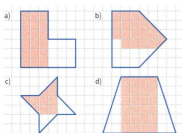

16. a)    b) $\frac{1}{4}$ und $\frac{2}{8}$ sind gleich.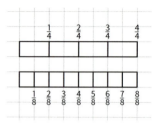

17. $\frac{1}{8}$

18. a) 750 mℓ   b) 800 mℓ   c) 900 mℓ   d) 120 mℓ   e) 350 mℓ   f) 380 mℓ

Trainer → Seite 211

19. a) 1 500 m   b) 150 s   c) 425 cm   d) 3 200 g   e) 32 Monate   f) 63 mm

20. a) $1\frac{2}{8}$ b) $2\frac{4}{6}$ c) 1   d) $1\frac{4}{5}$ e) $2\frac{1}{7}$ f) $3\frac{2}{10}$

21. a) $7\frac{8}{10}$ b) $5\frac{2}{3}$ c) $3\frac{6}{7}$ d) $7\frac{7}{10}$ e) $4\frac{3}{5}$ f) $4\frac{3}{7}$ g) $4\frac{5}{9}$ h) $2\frac{2}{8}$

22. a) $2\frac{2}{4}$ b) $\frac{4}{7}$ c) $3\frac{2}{8}$ d) $5\frac{1}{3}$ e) $5\frac{2}{5}$ f) $4\frac{2}{6}$

23. a) Der Weg ist $4\frac{5}{10}$ km lang.   b) Es sind $4\frac{7}{10}$ km.   c) Der kürzeste Weg ist $2\frac{5}{10}$ km lang.
d) individuelle Lösung

24. a) blau: $\frac{1}{4}$, rot: $\frac{1}{4}$, orange: $\frac{1}{2}$ b) rot: $\frac{1}{4}$, blau: $\frac{5}{24}$, orange: $\frac{13}{24}$ c) rot: $\frac{1}{2}$, blau: $\frac{1}{3}$, orange: $\frac{1}{6}$

25. z. B.:   a)   b)

c) 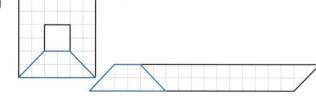   d)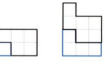

26. Ilkay hat sich insgesamt 56 Bonbons ausgesucht.

27. In der Klasse 5a sind 24 Kinder.

Abschlussaufgabe → Seite 212

a) ① Kaninchen: 60, Schafe: 36, Esel: 30
② $\frac{18}{180} = \frac{1}{10}$
③ Kängurus: 15, Lamas: 21

b) ① Es sind jeweils vier Tomaten.
② Es werden 750 g Käse benötigt.

c) ① Auf dem ersten Blech sind noch $\frac{13}{20}$ Pizzastücke übrig, auf dem zweiten Blech noch $\frac{9}{20}$ und auf dem dritten Blech noch $\frac{7}{20}$.
② $\frac{29}{20} = 1\frac{9}{20}$

d) **45 Minuten** nach der vereinbarten Uhrzeit waren endlich alle da und wir konnten zum Zoo radeln. Zum Zoo sind es etwa 12 km. Nach ungefähr **drei Kilometern** gab es die erste Zwangspause, denn es gab einen heftigen Regenschauer. Im Zoo waren wir dann **90 Minuten** und hatten viel Spaß. Alex hatte etwas Angst vor den Eseln. Das Pizzabacken war klasse, wir haben alles alleine gemacht. Beim Essen hatten alle großen Durst. Von den 20 Flaschen Limonade waren gerade noch **vier Flaschen** übrig.

Lösungen „Wiederholen"

→ Seite 213

1.

Apfel	IIII III	8
Birne	IIII IIII I	11
Erdbeere	IIII	5

2. a) A = 0, B = 15, C = 36, D = 44 b) E = 148, F = 165, G = 174, H = 187

3. A = 479, B = 488, C = 495, D = 503, E = 512, F = 527

→ Seite 214

1. 9 045 → neuntausendfünfundvierzig
1 356 → eintausenddreihundertsechsundfünfzig
2 756 → zweitausendsiebenhundertsechsundfünfzig
6 720 → sechstausendsiebenhundertzwanzig
890 → achthundertneunzig
105 → einhundertfünf

2. a) siebenhundertvierundachtzig b) dreitausendvierhundertsiebzehn
c) neuntausendzweiunddreißig d) 7 011 e) 5 890

3. a) 59 < 65 < 72 < 88 b) 302 < 327 < 356 < 387 c) 703 < 713 < 730 < 733

4. a) 649 < 655 b) 2 144 > 2 034 c) 766 > 756
d) 125 < 135 e) 4 301 < 4 310 f) 912 > 902

→ Seite 215

1. a) 400 < 460 < 500 b) 8 500 < 8 529 < 8 600

2. a) 360 < 364 < 370 b) 1 250 < 1 253 < 1 260 c) 8 500 < 8 501 < 8 510
d) 710 < 718 < 720 e) 8 100 < 8 109 < 8 110 f) 3 990 < 3 994 < 4 000

3. a) 3 · 4 = 12 b) 3 · 5 = 15 c) 5 · 6 = 30

LÖSUNGEN

→ Seite 216

1. a) 56   b) 143   c) 316   d) 1 243

2. a) 6T+7H+3Z+4E   b) 3T+7Z+8E   c) 9T+1H+4Z+2E   d) 9T+3H+5Z+6E   e) 1T+6H+4E

3. a) 61 – 36 = 25   b) 145 – 78 = 67   c) 45 + 18 = 63   d) 73 + 72 = 145

4. a) 65   b) 32   c) 85   d) 78

→ Seite 217

1. a) F: Wie viel Euro kostet alles zusammen?   R: 58 € + 45 € + 14 € = 117 €
A: Alles zusammen kostet 117 €.
b) F: Wie viel Euro hat sie noch übrig?   R: 220 € – 160 € = 60 €   A: Maja hat noch 60 € übrig.
c) F: Wie viel Euro hat er insgesamt?   R: 225 € + 50 € = 275 €   A: Toni hat jetzt 275 €

2.

ZT	T	H	Z	E
	2	5	9	1
	5	6	8	9
9	7	3	4	5
6	7	0	3	4
1	4	0	2	3
	9	8	2	7

3. a) 35 192   b) 12 034   c) 70 040   d) 63 550

→ Seite 218

1. a) 6 nach rechts und 3 nach oben   b) 6 nach rechts und 1 nach unten
c) 5 nach rechts und 4 nach oben

2. –

3. a) Rechts und links wurden nicht vertauscht.
b) Die rechte Figur hat eine andere Form als die linke, sie ist viel breiter.
c) Es wurden oben und unten vertauscht, die Figuren sind gedreht.

→ Seite 219

1.

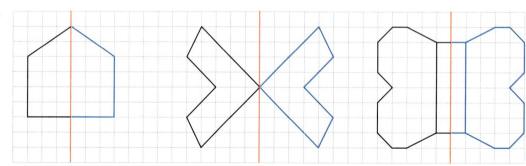

2. a) 42   b) 51   c) 72   d) 66   e) 64   f) 108

3. a) 29   b) 65   c) 12   d) 26   e) 45   f) 28

LÖSUNGEN

→ Seite 220

1. –

2. a) 56 b) 36 c) 48 d) 35 e) 64 f) 63 g) 32

3. a) 6 b) 7 c) 7 d) 5 e) 7 f) 9 g) 9
h) 8 i) 3 j) 4

4. a) 9 + 9 + 9 + 9 + 9 = 45 b) 14 + 14 + 14 = 42 c) 21 + 21 + 21 + 21 = 84
d) 11 + 11 + 11 + 11 + 11 + 11 + 11 + 11 = 88 e) 15 + 15 = 30

5. a) 4 · 7 = 28 b) 3 · 11 = 33 c) 2 · 16 = 32 d) 4 · 10 = 40 e) 4 · 9 = 36

→ Seite 221

1.

·	3	5	6	7	8	9	11
5	15	25	30	35	40	45	55
9	27	45	54	63	72	81	99

2. a) 72 b) 12 c) 40 d) 11 e) 30
f) 4 g) 50 h) 7 i) 18 j) 20

3. a) 6 b) 4 c) 6 d) 6 e) 10
6 Rest 2 4 Rest 3 6 Rest 1 6 Rest 7 10 Rest 4

4. a) 4 b) 1 c) 2 d) 3 e) 3 f) 1 g) 2 h) 5 i) 3 j) 4 k) 2 l) 2

→ Seite 222

1. a) F: Wie teuer ist der Eintritt für alle Kinder? R: 25 € · 12 = 300 €
A: Der Eintritt kostet 300 €.
b) F: Wie viele Bonbons bekommt jeder Junge? R: 35 : 5 = 7
A: Jeder Junge bekommt 7 Bonbons.

2. R: 45 · 12 = 540 A: Es wurden 540 Stühle aufgestellt.

3. a) 2,4 cm = 24 mm b) 3,8 cm = 38 mm c) 1,9 cm = 19 mm

4. a) 30 mm b) 45 mm c) 23 mm

→ Seite 223

1. a) 50 ct b) 80 ct c) 33 ct d) 1 ct e) 88 ct f) 9 ct

2. a) 2 € 93 ct b) 3 € 10 ct c) 27 € 60 ct d) 11 € 63 ct

3. a) Minuten b) Sekunden c) Wochen d) Jahre
e) Monate f) Stunden g) Minuten h) Sekunden
i) Tage j) Sekunden k) Minuten l) Monate

LÖSUNGEN

→ Seite 224

1. a) 4 cm b) 10 cm c) 400 m d) 20 m e) 30 cm f) 10 m

2. a) ungefähr 3 cm b) ungefähr 10 cm c) ungefähr 15 m

3. a) 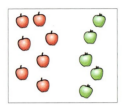 b)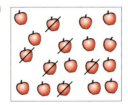

c) 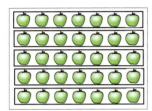 d)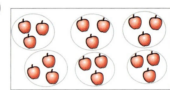

→ Seite 225

1. a) 75 g b) 17 kg c) 3 g d) 6 t e) 1 g f) 40 kg

2. a) 8:05 Uhr, 20:05 Uhr b) 4:32 Uhr, 16:32 Uhr c) 6:00 Uhr, 18:00 Uhr d) 2:49 Uhr, 14:49 Uhr

→ Seite 226

1.

2. a) b ∥ c; e ∥ f   b) c ∥ d; e ∥ f

→ Seite 227

1. a) 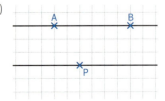 b) 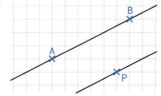 c)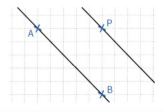

2. a) 90 mm b) 25 mm c) 6 000 m d) 70 dm

3. a) 3 cm b) 8,5 cm c) 2 m d) 12 km

→ Seite 228

1. a) A(2|1), B(5|0), C(8|2), D(7|5), E(4|4), F(0|6) b) A(1|1), B(4|1), C(5|2), D(6|1), E(9|1), F(7|6), G(5|4), H(3|6)

2.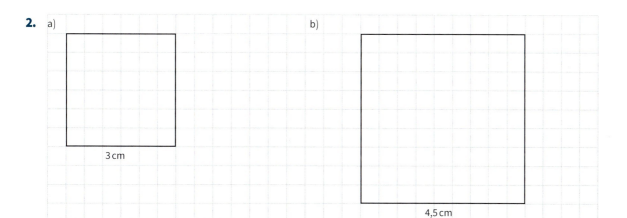

3.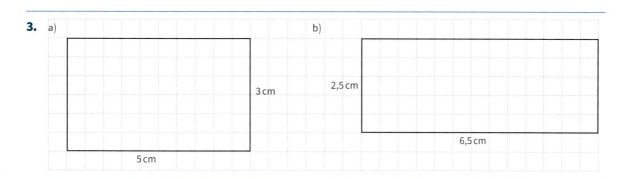

→ Seite 228

1. a) 13 b) 15 c) 16 d) 15 e) 17 f) 15 g) 13 h) 19 i) 15 j) 13

2. a) 9 b) 6 c) 9 d) 9 e) 8 f) 7 g) 3 h) 5 i) 7 j) 8

3. a) 700 ct b) 180 min c) 480 s d) 9 000 kg e) 15 000 g f) 600 min

4. a) 8 € b) 5 h c) 2 min d) 3 t e) 4 kg f) 15 €

5. a) 600 ct > 4 € b) 500 min > 5 h c) 4 000 kg < 6 t
 d) 300 s = 5 min e) 7 000 g < 1 t f) 6 000 ct > 9 €

Bildquellenverzeichnis

|Alamy Stock Photo (RMB), Abingdon/Oxfordshire: Abell, Patrick 36.3; agefotostock 29.6; Alibi Productions 8.1; Arco Images GmbH 176.5; Azoor Collection 180.1; FineArt 152.2; Foto 28 110.2; Imagebroker 81.3; Khrobostov, Andrey 177.3; King, Nathan 28.2, 33.1; Luke, Martin 130.1; Mint Images Limited 29.2; Nekrasov, Andrey 140.1; Papoyan, Irina 215.6; Probst, Peter 27.1; Pylypenko, Dmytro 135.1, 148.2; Samokhin, Roman 146.6; Studioshots 172.7; Tack, Jochen 136.1; Wavebreak Media ltd 78.5; Zoonar GmbH 29.7. |Bundesministerium der Finanzen, Berlin: 156.2, 223.7, 223.8, 223.9, 223.10, 223.11, 223.12, 223.13, 223.14, 223.15, 223.16, 223.17, 223.18, 223.19, 223.20, 223.21, 223.22, 223.23, 223.24, 223.25, 223.26, 223.27, 223.28, 223.29, 223.30, 223.32, 223.33, 223.34, 223.36, 223.37, 223.38, 223.40, 223.41, 223.42, 223.43, 223.44, 223.45. |eoVision, Salzburg: USGS, 2014 143.1. |Europäische Zentralbank, Frankfurt am Main: 129.2, 129.3, 129.4, 129.5, 129.6, 129.7, 223.1, 223.2, 223.3, 223.4, 223.5, 223.6, 223.31, 223.35, 223.39. |fotolia.com, New York: Foto-Ruhrgebiet 174.1; goldencow_images 11.8; Jargstorff, Wolfgang 55.2; Leyk, S. 67.3; msp12 129.1; Swadzba, M.R. 146.5; vektorisiert 89.2; yamix 129.9. |Fotostudio Henke, Paderborn: 11.6, 11.12. |Getty Images (RF), München: Johnson, Johnny 125.1. |HAUS AM DOM, Speyer: Bistum Speyer 31.1. |Helga Lade Fotoagenturen GmbH, Frankfurt/M.: Euroluftbild 176.3. |Imago, Berlin: blickwinkel 89.3; spiegl, sepp 224.1. |iStockphoto.com, Calgary: andreonegin 194.1; ArchiViz 78.4; asbe 78.1; Barasa, Saulius 5.2, 161.1; Comeback Images 11.11; Creativebird 183.10; elxeneize 176.1; Fokusiert 135.5; goodmoments 3.1, 9.1; Hohl, Karl-Friedrich 4.1, 62.2; kali9 94.1, 222.1; leekris 215.5; leptura 157.2; LSOphoto 11.20; M_a_y_a 116.1; miblue5 14.3; middelveld 6.1, 190.2; migin 94.2; monkeybusinessimages 96.1; Niekrasova, Olga 215.4; Photocech 177.5; Prostock-Studio 11.16, 11.19; Rawpixel 146.4; SergiyN 11.2; Staras 28.3; ulimi 78.6; urfinguss 67.2; ValuaVitaly 11.13. |mauritius images GmbH, Mittenwald: nature picture library/Oxford, Pete 14.4. |Microsoft Deutschland GmbH, München: 16.1, 16.3, 17.1, 123.1. |Minkus Images Fotodesignagentur, Isernhagen: 62.1, 149.1, 172.8. |OKAPIA KG - Michael Grzimek & Co., Frankfurt/M.: imageBROKER/Creativ Studio Heinemann 29.5; imageBROKER/SeaTops 155.1; Roschlau, Denis 14.5. |PantherMedia GmbH (panthermedia.net), München: alekss 146.7; Niedermayer, Katrin 140.2. |Picture-Alliance GmbH, Frankfurt a.M.: akg-images/Vaccaro, Tony 152.3; TT NEWS AGENCY/Hansson, Dan/SCANPIX 152.1; ZB/euroluftbild 177.4. |Science Photo Library (RF), München: Garlick, Mark 35.3. |Senatsverwaltung für Stadtentwicklung und Wohnen, Berlin: Geoportal Berlin/Digitale farbige Orthophotos 2009 (DOP20RGB) 176.2. |Shutterstock.com, New York: antoniomas 172.9; FiledIMAGE 48.1; Freeograph 190.1, 191.1; immodium 177.1; Jelly, Jack 191.2; Lesia, T. 27.2; R_Tee 106.1; stockcreations 194.3; Yakobchuk, Olena 198.1. |stock.adobe.com, Dublin: 0711bilder 110.1; 135pixels Titel; 2012 Jan Mika 54.2; africa-studio.com (Olga Yastremska and Leonid Yastremskiy) 38.2, 129.10; Alekss 129.11; AnneGM 177.6; AntonioDiaz 11.14; Apart Foto 129.8; aussieanouk 127.2; azure 224.3; Baumgart, Anselm 76.1, 76.2; BGStock72 11.10; Biletskyi, Andrii 11.17; by-studio 224.2; Bykhunenko, Sergiy 209.14; Capria Fotografia 194.2; Chabraszewski, Jacek 11.4; ChaoticDesignStudio Titel; Cogheil, Milton 28.1; deagreez 11.7; Dean, Drobot 140.3, 146.2; diy13 181.1; drralfwagner 141.4; Eisenlohr, Markus 14.6; electriceye 156.1; Fernando 176.4; Förstner, Oliver 67.1; FrankU 126.1; franzeldr 132.1; Freesurf 115.1; Goldswain, Warren 11.3; gradt 146.1; Halfpoint 156.3; hürdler, sabine 70.1; Jähne, Karin 37.1; kaganskaya115 11.18; Kirch, Alexander 112.1; Kneschke, Robert 11.21; Kolesnikov, Sergei 62.3; Koraysa 11.5; KURASHIMA, DAISUKE 135.3, 148.3; Kzenon 121.1; Lapping Pictures 68.9; Leiss, Thomas 134.1; Maguire, Paul 146.3; mehmetbuma 27.3; Michael 162.1; Mikhaylovskiy 189.6; nejuras 174.2; Osterland 181.2; ParamePrizma 141.2; Paschertz, Marcel 167.3; Petair 4.2, 95.1; Petschner, Oliver 135.4, 148.4; Pfluegl, Franz 187.2; Phimak 29.1; pureshot 55.3; Racle Fotodesign 11.1; RISCHEN, MANUELA 120.1; Rochau, Alexander 209.9; Rosskothen, Michael 135.2, 148.1; Schlecht, Martin 55.1; SENTELLO Titel; SK-Studio 139.1; snaptitude 59.1; sociopat_empat 177.2; Stifter, Michael 54.1; Svitlana 11.9; Syda Productions 22.1; szczygiel, mariusz 35.1; TRAPP, BENNY 141.3; visionart 63.1, 66.1; von Stetten, Thomas 29.3; Wischnewski, Marén 93.1; Wittbrock, Uwe 29.4; Wolfilser 3.2, 38.1; Woyke, Wibke 127.1; www.a-horn.de 172.6; Zubaida 11.15. |vario images, Bonn: euroluftbild.de/GAF AG 5.1, 131.1. |Warmuth, Torsten, Berlin: 193.1.

|Wojczak, Michael, Braunschweig: 7.1, 12.1, 12.2, 13.1, 13.2, 13.3, 13.4, 13.5, 13.6, 13.7, 13.8, 13.9, 13.10, 13.11, 13.12, 13.13, 13.14, 13.15, 13.16, 13.17, 13.18, 13.19, 13.20, 13.21, 13.22, 13.23, 13.24, 13.25, 13.26, 13.27, 13.28, 13.29, 13.30, 13.31, 13.32, 13.33, 13.34, 14.1, 14.2, 15.1, 15.2, 15.3, 16.2, 18.1, 18.2, 18.3, 18.4, 18.5, 19.1, 19.2, 19.3, 19.4, 19.5, 19.6, 19.7, 19.8, 19.9, 19.10, 19.11, 19.12, 19.13, 19.14, 19.15, 19.16, 22.2, 22.3, 31.2, 32.1, 32.2, 32.3, 32.4, 32.5, 32.6, 32.7, 32.8, 32.9, 32.10, 34.1, 34.2, 34.3, 34.4, 34.5, 34.6, 34.7, 35.2, 35.4, 35.5, 36.1, 36.2, 49.1, 49.2, 61.1, 61.2, 61.3, 61.4, 64.1, 64.2, 64.3, 64.4, 64.5, 65.1, 65.2, 65.3, 66.2, 66.3, 66.4, 67.4, 67.5, 67.6, 67.7, 67.8, 67.9, 67.10, 68.1, 68.2, 68.3, 68.4, 68.5, 68.6, 68.7, 68.8, 69.1, 69.2, 69.3, 69.4, 69.5, 70.2, 70.3, 70.4, 70.5, 71.1, 71.2, 71.3, 71.4, 71.5, 72.1, 72.2, 72.3, 72.4, 73.1, 73.2, 73.3, 73.4, 73.5, 73.6, 73.7, 74.1, 74.2, 74.3, 74.4, 75.1, 75.2, 77.1, 77.2, 77.3, 77.4, 77.5, 77.6, 77.7, 77.8, 78.2, 78.3, 78.7, 79.1, 79.2, 79.3, 79.4, 79.5, 79.6, 80.1, 80.2, 80.3, 80.4, 80.5, 81.1, 81.2, 81.4, 82.1, 82.2, 83.1, 83.2, 83.3, 83.4, 83.5, 83.6, 83.7, 83.8, 83.9, 83.10, 83.11, 84.1, 84.2, 84.3, 84.4, 84.5, 84.6, 84.7, 85.1, 85.2, 85.3, 85.4, 85.5, 85.6, 85.7, 85.8, 85.9, 85.10, 85.11, 85.12, 85.13, 85.14, 85.15, 85.16, 85.17, 86.1, 86.2, 86.3, 86.4, 86.5, 86.6, 86.7, 86.8, 86.9, 87.1, 87.2, 87.3, 87.4, 87.5, 88.1, 88.2, 88.3, 88.4, 89.1, 89.4, 89.5, 89.6, 89.7, 89.8, 89.9, 90.1, 90.2, 90.3, 90.4, 90.5, 91.1, 91.2, 91.3, 91.4, 91.5, 91.6, 92.1, 92.2, 92.3, 109.1, 129.12, 129.13, 129.14, 136.2, 136.3, 141.1, 142.1, 142.2, 142.3, 145.1, 145.2, 147.1, 147.2, 153.1, 156.4, 156.5, 156.6, 157.1, 158.1, 159.1, 159.2, 159.3, 159.4, 162.2, 162.3, 162.4, 162.5, 163.1, 163.2, 163.3, 163.4, 164.1, 164.2, 164.3, 164.4, 164.5, 164.6, 165.1, 165.2, 165.3, 165.4, 165.5, 165.6, 165.7, 165.8, 166.1, 166.2, 166.3, 166.4, 167.1, 167.2, 167.4, 167.5, 168.1, 168.2, 168.3, 168.4, 168.5, 168.6, 168.7, 168.8, 168.9, 169.1, 169.2, 169.3, 169.4, 169.5, 169.6, 169.7, 169.8, 169.9, 169.10, 169.11, 171.1, 172.1, 172.2, 172.3, 172.4, 172.5, 173.1, 174.3, 174.4, 175.1, 175.2, 175.3, 178.1, 179.1, 181.3, 181.4, 182.1, 182.2, 182.3, 182.4, 182.5, 182.6, 183.1, 183.2, 183.3, 183.4, 183.5, 183.6, 183.7, 183.8, 183.9, 183.11, 184.1, 184.2, 184.3, 185.1, 185.2, 185.3, 185.4, 185.5, 185.6, 185.7, 186.1, 186.2, 186.3, 186.4, 186.5, 186.6, 187.1, 187.3, 187.4, 187.5, 188.1, 189.1, 189.2, 189.3, 189.4, 189.5, 189.7, 194.4, 194.5, 194.6, 195.1, 195.2, 195.3, 195.4, 195.5, 195.6, 195.7, 195.8, 195.9, 195.10, 195.11, 195.12, 195.13, 195.14, 195.15, 195.16, 195.17, 195.18, 195.19, 195.20, 196.1, 196.2, 196.3, 196.4, 196.5, 196.6, 196.7, 196.8, 196.9, 196.10, 196.11, 197.1, 197.2, 197.3, 197.4, 197.5, 197.6, 197.7, 197.8, 197.9, 197.10, 197.11, 197.12, 197.13, 199.1, 199.2, 199.3, 199.4, 200.1, 200.2, 200.3, 200.4, 201.1, 202.1, 202.2, 202.3, 202.4, 202.5, 202.6, 202.7, 202.8, 203.1, 203.2, 203.3, 203.4, 203.5, 203.6, 203.7, 203.8, 203.9, 203.10, 203.11, 203.12, 203.13, 203.14, 203.15, 203.16, 204.1, 204.2, 204.3, 204.4, 204.5, 204.6, 204.7, 205.1, 205.2, 205.3, 205.4, 205.5, 205.6, 205.7, 205.8, 206.1, 206.2, 206.3, 206.4, 206.5, 206.6, 206.7, 206.8, 207.1, 207.2, 207.3, 207.4, 207.5, 207.6, 207.7, 207.8, 208.1, 208.2, 208.3, 208.4, 208.5, 208.6, 208.7, 208.8, 208.9, 209.1, 209.2, 209.3, 209.4, 209.5, 209.6, 209.7, 209.8, 209.10, 209.11, 209.12, 209.13, 210.1, 210.2, 210.3, 210.4, 210.5, 210.6, 210.7, 210.8, 210.9, 211.1, 211.2, 213.1, 213.2, 213.3, 213.4, 214.1, 215.1, 215.2, 215.3, 216.1, 216.2, 216.3, 216.4, 216.5, 216.6, 216.7, 216.8, 216.9, 216.10, 216.11, 216.12, 216.13, 216.14, 216.15, 216.16, 216.17, 216.18, 216.19, 216.20, 216.21, 216.22, 216.23, 216.24, 216.25, 216.26, 216.27, 216.28, 216.29, 216.30, 216.31, 216.32, 216.33, 216.34, 216.35, 216.36, 216.37, 216.38, 216.39, 216.40, 216.41, 216.42, 216.43, 218.1, 218.2, 218.3, 218.4, 218.5, 218.6, 218.7, 219.1, 219.2, 219.3, 219.4, 222.2, 222.3, 222.4, 222.5, 222.6, 222.7, 222.8, 225.1, 225.2, 225.3, 225.4, 225.5, 226.1, 226.2, 226.3, 226.4, 226.5, 226.6, 227.1, 227.2, 227.3, 227.4, 227.5, 228.1, 228.2, 228.3, 228.4, 228.5, 230.1, 230.2, 230.3, 230.4, 230.5, 231.1, 231.2, 231.3, 232.1, 232.2, 232.3, 232.4, 232.5, 232.6, 232.7, 232.8, 232.9, 232.10, 232.11, 232.12, 232.13, 232.14, 232.15, 232.16, 232.17, 232.18, 232.19, 232.20, 232.21, 232.22, 232.23, 232.24, 232.25, 232.26, 232.27, 232.28, 232.29, 232.30, 232.31, 232.32, 232.33, 232.34, 232.35, 232.36, 232.37, 232.38, 232.39, 232.40, 232.41, 232.42, 232.43, 232.44, 232.45, 232.46, 232.47, 232.48, 232.49, 232.50, 232.51, 232.52, 232.53, 232.54, 232.55, 232.56, 232.57, 232.58, 232.59, 232.60, 232.61, 232.62, 232.63, 232.64, 232.65, 232.66, 232.67, 232.68, 232.69, 232.70, 232.71, 232.72, 235.1, 235.2, 236.1, 236.2, 236.3, 236.4, 236.5, 236.6, 236.7, 236.8, 237.1, 237.2, 237.3, 237.4, 238.1, 238.2, 238.3, 238.4, 238.5, 238.6, 238.7, 239.1, 239.2, 240.1, 244.1, 244.2, 247.1, 247.2, 248.1, 248.2, 248.3, 248.4, 248.5, 248.6, 248.7, 248.8, 250.1, 252.1, 252.2, 252.3.

Stichwortverzeichnis

Abrunden 24, 33
Abstand 70, 86
Achsenspiegelung 79, 87
achsensymmetrisch 78, 87
Addition 40, 56
   – schriftlich 50
   – von Brüchen 208
Anteile 194
Ar 176
Assoziativgesetz 45, 56, 104, 124
Aufrunden 24, 33

Balkendiagramm 12, 32
Bilddiagramm 13, 32
Billionen 26, 33
Brüche 194, 202, 204, 206
Bruchstrich 194, 208
Bruchteile 194, 198, 208

Diagramme 12
Differenz 40, 56
Distributivgesetz 104, 124
Dividend 96, 124
Division 96, 100, 124
  mit Rest 120, 124
  schriftlich 117, 124
Divisor 96, 124
dynamische Geometriesoftware 82

Einheitentabelle 136, 147

Faktor 96, 124
Flächeninhalt 168, 178, 182, 184

Geld 132, 154
gemischte Zahl 204, 208
Gerade 64, 86

Hektar 176

Klammerregel 44, 56
Kommutativgesetz 45, 56, 104, 124
Koordinatensystem 72, 86

Längen 134, 136, 137, 154

Maßeinheit 132, 134, 146, 150, 154
Massen 146, 154
Maßstab 140, 141
Maßzahl 132, 134, 146, 150, 154
Milliarden 26, 33
Millionen 26, 33
Minuend 40, 56
Multiplikation 96, 100, 124
   – halbschriftlich 110
   – schriftlich 113, 124

Nenner 194, 208

orthogonal 66, 86

parallel 66, 86
Produkt 96, 124

Quadrat 162, 178, 184
Quadratdezimeter 172
Quadratkilometer 176
Quadratmeter 172
Quadratmillimeter 172
Quadratzahl 97
Quadratzentimeter 172
Quotient 96, 124

Rechenregeln 44, 102, 124
Rechteck 162, 178, 184
Römischen Zahlschreibweise 30, 33
runden 24

Sachaufgaben 106, 180
Säulendiagramm 12, 32
Schätzen 28, 33
senkrecht 66, 86
Stellenwerttafel 20, 32
Strahl 64, 86
Strecke 64, 86
Subtrahend 40, 56
Subtraktion 40, 56
   – schriftlich 52, 56
   – von Brüchen 206, 208
Summand 40, 56
Summe 40, 56
Symmetrieachse 78

Tabellenkalkulation 16, 123

Überschlag 50, 56, 110
Umfang 164, 166, 184
unechter Bruch 204, 208
Ursprung 72, 86

Verschiebung 84, 87

x-Achse 72, 86

y-Achse 72, 86

Zahlen 22
   – natürliche 18
   – ordnen 22, 32
   – römische 30, 33
   – runden 24, 33
   – vergleichen 22, 32
Zahlenstrahl 18, 32, 202, 208
Zähler 194, 208
Zeit 150, 154